創業基礎
(第二版)

主編 ● 鄭曉燕、相子國

再版前言

　　本次再版《創業基礎》和《創業基礎案例與實訓》，主要是應在校大學生之需和兩部教材使用之後帶來的良好反響和效果。同時，根據在使用過程中授課教師和學生提出的一些意見和建議進行了修訂和完善。在內容的安排和取捨上，在保持兩部教材原有特色的前提下，在結構設計、章節內容、案例選擇、實訓活動上仍然把創業素質和能力的訓練作為主線，以創業型人才基本素質為標準，精心提煉，意在實現從以知識傳授為主向以能力提升為主的轉變、從以教師講授灌輸為主向以學生參與體驗為主的轉變，從而調動學生學習的積極性、主動性和創造性。

《創業基礎》是以創業教育實驗區提出的「培養創業意識，激發創業熱情，提高創業能力」為導向，以系統的創業基礎知識為脈絡，以創業素質和能力教育為重點，以創業能力的提升為核心而編寫的一部側重應用、特色鮮明、集教學和能力提升為一體的應用型教材。本書各章主要結構內容如下：

第一，【本章結構圖】旨在開章明義，一目了然。

第二，【本章學習目標】通過瞭解、理解、深刻理解、掌握、重點掌握等關鍵詞，對教學內容進行指導，同時約束課後作業和試題庫建設。

第三，【主體案例】要求案例真實，有代表性，貼近教學內容，並且難易適度。要求主體案例貫穿本章始終，要有連環疑問，要在教學中一個一個地破解。

第四，【主要內容】要求緊扣教材，突出重點，貼近案例。引導教師以研究性教學為主要教學方法，以解決案例疑問為導向，以案例拓展為教學要求，啓發學生思考和自行解決問題。

第五，【學習導航】通過引用貼近本章內容的名人名言、經典著作、經典案例、詩詞歌賦等，引導學生涉獵相關書籍、雜誌。

第六，【案例分析】要求通過對主體案例的剖析，激發學生學習和討論興趣，探討多種思路和答案。

第七，【作業與思考題】要求嚴格執行【本章學習目標】的規定，並對試題庫建設做出界定。

第八，【教學設計】要求明確教學用時和時段安排，強調研究性教學在教學設計中的地位和比重，旨在推進人才培養方法的改革。

第九，【創業案例】通過搜集整理貼近本章內容的典型創業案例，作為深化教學內容、提升學生學習效果的指導。

本教材由鄭曉燕教授、相子國教授擔任主編，在修訂過程中負責整部教材的審核和修訂工作。其他參編人員分工如下：

呂志軒、張鋒負責第一章；卜慶娟負責第二章；楊淑萍、馮天忠負責第三章；楊穎、肖鳳華負責第四章；李玉霞、高曉華負責第五章；李廣濤、彭萍負責第六章。

由於主編和參編人員能力有限，雖在再版之際力求完善，但遺漏之處難免，真誠歡迎廣大讀者和同行對本書的不當之處給予批評、指導和幫助。

鄭曉燕　　相子國

目 錄

第一章 創業、創業精神與人生發展 …………………………… (1)
 第一節 創業與創業精神 …………………………………… (2)
 第二節 知識經濟發展與創業 ……………………………… (14)
 第三節 創業與職業生涯發展 ……………………………… (25)

第二章 創業者與創業團隊 …………………………………… (36)
 第一節 創業者 ……………………………………………… (38)
 第二節 創業團隊 …………………………………………… (46)

第三章 創業機會與創業風險 ………………………………… (62)
 第一節 創業機會識別 ……………………………………… (63)
 第二節 創業機會評價 ……………………………………… (78)
 第三節 創業風險識別 ……………………………………… (85)
 第四節 商業模式開發 ……………………………………… (96)

第四章 創業資源 ……………………………………………… (116)
 第一節 創業資源 …………………………………………… (117)
 第二節 創業融資 …………………………………………… (123)
 第三節 創業資源管理 ……………………………………… (133)

第五章 創業計劃 ……………………………………………… (143)
 第一節 創業計劃 …………………………………………… (144)
 第二節 撰寫與展示創業計劃 ……………………………… (152)

第六章　新企業的開辦 …………………………………………（167）
　　第一節　成立新企業 ……………………………………………（168）
　　第二節　新企業生存管理 ………………………………………（179）

　　創業型人才素質測試模擬試題………………………………（190）

第一章　創業、創業精神與人生發展

【本章結構圖】

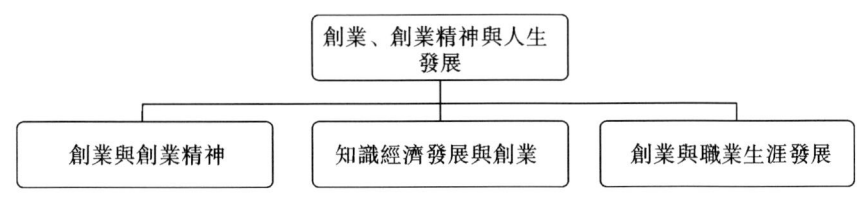

【本章學習目標】

1. 瞭解創業的概念、創業與創業精神的關係、創業與人生發展的關係。
2. 理解創業和創業精神在當今時代背景下的意義和價值。
3. 正確認識並理性對待創業。

【主體案例】

什麼是創業

故事一

　　由於工作關係，孫福玲經常出差到國外。一次偶然的機會，她在留宿的朋友家裡驚訝地發現：朋友全家上上下下總共才三口人，卻有著大大小小、功能各異的幾十條毛巾。孫福玲仔細研究了他們對毛巾的使用習慣和理念，漸漸發現，在歐美等發達國家，人們對毛巾產品的要求，早已不只是停留在去灰吸濕的簡單要求上，而是體現在對以產品質量、功能為基礎的生活品質與品位的追求上。

　　她進一步調查後發現，國內每人每年使用毛巾的數量僅為兩條，和發達國家有近十倍的差距。而近年來國內經濟的發展使家庭收入提高，人們的消費意識和觀念也在向高品質的生活方式轉變。因此，這從客觀上為國內毛巾市場提供了一個可以與歐美市場匹敵的巨大空間。讓更多的人能用上高品質毛巾的想法在孫福玲心裡油然而生，經過一段時間的準備，威海浩普國際商貿有限公司正式成立；同時，孫福玲也拿下了韓國幸運草品牌毛巾的中國代理權，與全國各地的多家零售商和代理商建立了長期穩定的合作關係。此後的經營狀況出乎孫福玲的意料，來自全國各地的諮詢電話不斷打來，公司業務量節節攀升。

　　不久，孫福玲又大膽引進國外先進的技術和原料，開始自行研發生產毛巾，基於「源於愛的幸福」的美好願望，孫福玲創立了自己的品牌「福緣愛」。經過幾年的苦心

經營，孫福玲的毛巾事業蒸蒸日上，「福緣愛」產品的知名度正一步步擴大。

過去只用於清潔的毛巾，如今經過她的打造，已與藝術、文化緊密聯繫在了一起。它可以是一幅壁畫，裝點您的家園；又可以是一件浴袍，愉悅您的身心。它可以是一床巾被，溫暖您的生活；當然，它也可以是一份禮品，為您傳遞親情，締結友誼。

故事二

張瑜 2006 年從中央戲劇學院畢業，創辦了大班家政公司。2011 年年初，張瑜嘗試把新浪微博作為公司宣傳的渠道，她開通了微博，並與一位有名的作家「互粉」，逐步建立了信任。張瑜介紹：「這個作家把我們介紹給了新浪美食名博胖星兒。」沒想到的是，這位美食名博最終成了他們的「天使客戶」，胖星兒通過大班家政找到了一個保姆，感覺比以前的都要好，便通過微博推薦了大班家政。就這樣，他們一開始進行微博營銷就成功打入高端雇主家庭。

在張瑜的帶領下，越來越多的員工也開通了微博，其中就包括高級廚師闞磊。在微博維護上，他們有一道「家常菜」屬於必備內容，那就是闞磊的廚藝培訓課。他們把闞磊培訓家政阿姨的照片、美食照片均傳到微博上，吸引了一大批潛在雇主圍觀。

微博口碑宣傳的威力正逐步凸顯出來。張瑜介紹，使用微博的第一年通過新浪微博帶來的訂單達 100 多個，2012 年預計將超過 200 個。好的時候，每天都能簽單 2～3 個。預計 2012 年全年，僅微博帶來的營業額就將近 100 萬元。張瑜透露，她的客戶中甚至包括香港著名女藝人、曾經的亞洲小姐冠軍等大腕明星以及《時尚好管家》雜誌主編等時尚圈人士。對於將來的微博怎麼做，張瑜表示，希望能火。目前，他們正在招聘微博維護專員，將微博越來越正規化地進行運作。

繼此微博之後，相繼步入微博營銷大潮的家政公司不在少數。新浪微博提供的數據顯示，目前新浪微博認證的家政公司已達 200 多個，粉絲超過 10,000 人的有 19 個帳號，粉絲超過 1,000 人的有 51 個帳號。通過微博搜索發現，微博用戶談及「家政」的關鍵詞搜索量高達 589 萬次。數目如此巨大的關鍵詞搜索量正好也驗證了微博用戶對家政服務需求的火爆以及家政公司對微博推廣的重視。

問題：上面兩則案例屬於創業活動嗎？它們有什麼區別？

資料來源：中國大學生創業網（http://www.chinadxscy.com）

第一節　創業與創業精神

【本節教學目標】

1. 瞭解創業的概念、要素和類型。
2. 理解創業過程的特徵。
3. 掌握創業與創業精神之間的辯證關係。
4. 深刻理解創業精神需要培育並可培育。

【主要內容】

一、創業的定義

《辭海》對「創業」的解釋是創立基業。在《新華辭典》裡，「創業」被定義為開創事業。而在英文中，「創業」有兩種表述方式：Venture 和 Entrepreneurship。Venture 的最初意義是冒險，但在創業領域，它的實際意義從單純的冒險擴展為冒險創建企業，即被賦予了「創業」（動態過程）這一新的特定內涵。Entrepreneurship 則主要用於表示靜態的創業狀態或創業活動，側重於從企業家、創業者角度來理解創業。

在比較了各種定義後，我們認為，創業是不拘泥於當前資源約束、尋求機會、進行價值創造的行為過程。這一定義可以概括為以下幾個方面：

（一）組織資源

企業是由資源構成的，而企業所掌握的資源總是稀缺的。對創業來講，不應拘泥於當前的資源約束。正如史蒂文森（Stevenson）、羅伯茨（Roberts）和苟斯拜客（Grousbeck）指出的那樣，創業是一個人——不管你是獨立的還是在一個組織內部——依靠運氣追蹤和捕捉機會的過程，這一過程與當時控制的資源無關。

（二）尋求機會

創業是建立在機會之上的，因此任何形式的創業都需要密切關注機會。如果創業者沒有發現並捕捉適當的創業機會，創業就很難成功。

（三）價值創造

創業活動是一個價值創造過程。這種價值可以有很多的方式表達，如精神價值、社會價值、資本實物價值，其中資本實物價值更貼近創業的實質。

二、創業的要素與類型

（一）創業的要素

創業的關鍵要素包括機會、資源和創業者。

1. 機會

機會是創業過程的核心推動力，是創業成功的首要因素，特別是在企業創立之初。真正的商機比團隊的智慧和技能、可獲取的資源都重要得多，所以創業者應當投入大量的時間和精力尋找最佳的商機。在識別並開發創業機會的過程中，資源與機會是適應→差距→再適應的動態過程；商業計劃則是提供溝通機會、團隊、資源三個要素相互匹配的規則。

2. 資源

資源的多寡是相對的。對資源最有效的保證是企業首先要有一個強大的創業團隊，當創業團隊在推動機會實現的過程中，相應的資源也就會隨即到位。同時，成功的創業企業更著眼於最小化使用資源並控制資源，而不是貪圖完全擁有資源。為了合理利用和控制資源，創業者要竭力設計精巧的創意，盡量選擇謹慎的戰略。

3. 創業者

創業者是創業成功的最重要因素。事實上，在選擇合理的投資項目時，吸引風險

投資家的往往是創業者的卓越才能。

創業三要素對於創業活動來說，缺一不可，沒有機會，創業活動就成了盲目的行動，根本談不上創造價值；沒有創業者識別和開發機會，創業活動也不可能發生；成功的創業者把握住合適的機會，還需要有資源，沒有資源，機會就無法被開發和利用。機會、創業者、資源之間的平衡和協調是創業成功的基本保證。

在創業初始階段，商業機會較大而資源較為缺乏。隨著企業的發展，企業擁有較多的資源，但這時原有的商業機會可能變得相對有限，這就導致另一種不均衡。創業者及創業企業需要不斷探求更大的商業機會，對資源進行合理運用，使企業發展保持適度的平衡，最終實現動態均衡，這就是新創企業發展的實際過程。

（二）創業的類型

瞭解創業活動的類型，有助於把握創業活動的本質和關鍵要素，掌握不同類型創業活動的特殊性。隨著環境的變化和創業活動的活躍，創業活動的類型也越來越多，無法全部列舉。表1-1概括出了幾種常見的創業活動的分類方法。

表1-1　　　　　幾種常見的創業分類方法和創業活動的類型

分類維度	類型	含義
創業主體的性質	個人獨立創業	創業者個人或幾個創業者共同組成的創業團隊，白手起家完全獨立地創建企業的活動
	公司附屬創業	由一家已經相對成熟的公司創建一家新的附屬企業
	公司內部創業	為了獲得創新性成果而得到組織授權和資源保證的企業創業活動
	衍生創業	在現有組織中工作的個體或團隊，脫離所服務的組織，憑藉在過去工作中累積的經驗和資源，獨立開展創業活動的創業行為
創業的動機	生存型創業	創業者迫於生存壓力，為獲得個人基本生存條件不得已而選擇的創業
	機會型創業	雖然有較好的就業機會，但創業者為追求更多的利潤、更大的發展空間或自身社會價值的實現，通過發現或創造新的市場機會而進行創業
創業的起點	創建新企業	從無到有地創建出全新的企業組織
	公司再創業	一個已存在的公司，由於產品、市場營銷以及企業組織管理體系等方面的原因而陷入困境，因而需要進行重新創建的過程
創業項目的性質	傳統技能型創業	使用傳統技術、工藝的創業項目
	高新技術型創業	知識密集度高，帶有前沿性、研究開發性質的新技術、新產品項目
	知識服務型創業	為人們提供知識、信息的創業項目

表1-1(續)

分類維度	類型	含義
創業方向或風險	依附型創業	可分為兩種情況：一是依附於大企業或產業鏈，為大企業提供配套服務；二是特許經營權的使用，如利用麥當勞、肯德基的品牌效應和成熟的經營管理模式創業
	跟隨型創業	即模仿他人創業。其特點一是短期內只求維持下去，二是在市場上拾遺補闕
	獨創型創業	提供的產品或服務能夠填補市場空白
	對抗型創業	進入其他企業已形成壟斷地位的某個市場，與之對抗較量

創業資源是創業活動的關鍵要素之一。本書按照創業資源需求的不同，把創業活動劃分為資合型創業、人合型創業和技術型創業。

1. 資合型創業

資合型創業的基礎是資產。創建的企業一般具有勞動生產率高、物資消耗省、單位產品成本低、競爭能力強等特點。資合性創業不僅要求有大量的資金、複雜的技術裝備，還要有能掌握現代技術的各類人才和相應的配套服務設施，否則就難以發揮其應有的經濟效果。該類創業通常出現在鋼鐵、重型機器製造、汽車製造、石油化工等行業領域內。

2. 人合型創業

人合型創業的基礎主要表現為創業者之間的相互信任和創業者擁有平等的決策權。創建的企業由於受人際關係、信用程度和個人財力的限制，融資能力較差，規模比較小。該類創業適合於產品生產技術簡單、品種多、批量小、用工比重大的企業和產品，或主要依靠傳統的手工藝，難以實行機械化、自動化生產的企業和產品。

3. 技術型創業

技術型創業的基礎是先進、現代化的科學技術。創建的企業一般具有以下特點：需要綜合運用多門學科的最新科學研究成果，技術裝備比較先進複雜，研發費用較多，中高級科技人員比重大，操作人員也要求有較高的科學知識和技術能力，使用勞動力和消耗原材料較少，對環境污染較小等。該類創業通常出現在需要花費較多的科研時間和產品開發費用，能生產高精尖產品的行業，如電子計算機工業、原子能工業等。此外，有人把創建電子計算機軟件設計、技術和管理的諮詢服務企業也歸入技術型創業。

三、創業過程與階段劃分

創業過程包括創業者從產生創業想法到創建新企業或開創新事業並獲取回報。創業過程涉及識別機會、組建團隊、尋求融資等活動。創業過程可大致劃分為機會識別、資源整合、創辦新企業、新企業生存和成長四個主要階段。

(一) 機會識別

機會識別是創業過程的核心，也是創業管理的關鍵環節。機會識別包含發現機會

和評價機會價值兩大方面。

第一，機會來自哪裡？或者說創業者應該從何處識別創業機會？

第二，為什麼某些人能夠發現創業機會而其他人卻不能？或者說哪些因素影響甚至決定了創業者識別機會？

第三，機會是通過什麼形式和途徑被識別到的？是經過系統搜集和周密的調查研究還是偶然被發現的？

第四，是不是所有的機會都有助於創業者開展創業活動並創造價值？

要解決上述問題，對創業者提出了許多要求：首先，要求創業者做到多交朋友，並經常與朋友交流溝通，以便準確識別需要解決的問題和機會；其次，要求創業者細心觀察，從以往的工作和周邊的事物中發現機會，甄別機會；最後，要求創業者對於自認為看到的機會，進行評估，判斷機會的價值。

（二）資源整合

資源整合是創業者開發機會的重要手段。強調資源整合，是因為創業者可以直接控制的可用資源少，許多成功的創業者都有過白手起家的經歷。對創業者來說，資源整合往往意味著通過整合外部的資源和別人掌握控制的資源，來實現自己的創業理想。

人、財、物是任何生產經營單位都要具備的基本生產要素，創業活動也是如此。對打算創業並識別到創業機會的創業者來說，要想成就一番事業，就要組建團隊，凝聚一批志同道合的人。創業者所需要整合的另一種基本的也是十分重要的資源就是資金，這在創業過程中被稱為創業融資。創業活動是創業者在資源匱乏的情況下開展的具有創造性的工作，勢必面臨很大的不確定性，在很多情況下，創業者自身對事業的未來發展也不太清楚。在這樣的情況下，外部組織和個體當然不敢輕易對其進行投資。所以不少創業者在創業初期乃至新企業成長的很長一段時間裡，都把主要的精力投入到融資中。

創業者不能僅靠自己所識別的機會整合資源，還需要圍繞機會設計出清晰的商業模式，向潛在的資源提供者陳述清晰的盈利模式，有時還需要制訂詳細的創業計劃。因為潛在的資源提供者也不希望自己擁有的資源閒置，他們也急於尋找資源升值的途徑。中國目前的情況是：一方面企業難以融到資金，難以找到合適的人才；另一方面則是大量的資金被存到銀行，大量的剩餘勞動力在渴望得到工作。

（三）創辦新企業

新企業的創建是衡量創業者創業行為的直接標誌，有人甚至直接將是否創建了新企業作為個人是不是創業者的衡量標準。創建新企業包括公司制度設計、企業註冊、經營地址的選擇、確定進入市場的途徑等。創業者有時甚至要在是創建新企業還是收購現有企業等進入市場的不同途徑之間進行選擇，這些也是開創新事業、公司內部創業活動等都需要思考的問題。對公司內部創業活動來說，可能沒有公司制度設計問題，但同樣要設計獎懲機制，甚至需要制定利益分配原則；可能沒有企業註冊問題，但同樣要有資金投入及預算控制機制等問題。創業初期，迫於生存的壓力，也由於對未來發展無法準確預期，創業者往往容易忽視這部分工作，結果給以後的發展帶來許多問題。

（四）新企業生存和成長

新企業的生存與成長是創業過程中的重要環節。表面看來，新企業與有多年經營歷史的現存企業沒有本質的區別，都要做好生產銷售等類似的工作，但實際上差異還是巨大的。對已存在的企業來說，其銷售工作的核心任務是注重品牌價值，維護好與老顧客的關係，提升顧客的忠誠度。而對新企業來說，首要的任務則是如何爭取到第一個顧客，如何從競爭對手那裡把顧客搶奪過來，這意味著新企業要為顧客創造更大的價值，也可能意味著為獲得同樣的收益付出更大的代價和成本。

確保新企業生存是創業者必須面對的挑戰，但創業者不能僅僅考慮企業的生存，同時還需要考慮企業的成長，不成長就無法生存得更長遠，在激烈競爭的環境中尤其如此。企業成長存在內在的基本規律，在這方面，企業成長理論（包括成長決定因素理論和成長階段理論）研究已經取得了較豐富的成果。創業者需要瞭解企業成長的一般規律，預見企業不同成長階段可能面臨的管理問題，採取有效的措施予以防範和解決，使機會價值得到充分的實現，同時不斷地開發新的機會，把企業做大、做強、做活、做長。

需要說明的是，在創業實踐中，創業過程並沒有一個固定的或嚴格遵循的模式。原因有以下三條：①創業活動的發生並沒有一定的順序；②不同的創業個案中各創業階段所花的時間差異極大；③從長期看，並非所有創業行為都遵循一套固定的流程。

四、創業精神的本質、來源、作用與培育

（一）創業精神的本質

創業者不同於其他群體的顯著特點是：創業者有其獨特的創業精神。創業精神是一種精神品質。精神首先是一種思想形式，是一種驅動智慧的意識形態。創業精神的含義是著手工作，尋找機會，通過創新和開辦企業實現個人目標，並滿足社會需求。

創業精神是創業者在創業過程中重要行為特徵的高度凝練，主要表現為勇於創新、敢冒風險、團結合作、堅持不懈等。

1. 勇於創新

創業精神的核心是創新。創新是創業者的靈魂，是創業者素質最主要的特徵。創業者要有創新意識、創新精神、創新能力、創新行為，對新事物、新環境、新觀念、新技術、新體制、新需求、新動向具有敏銳的洞察力、吸納力、轉化力，不斷對生產要素進行新組合，不斷開發新產品，採用新技術、新工藝，開闢新市場，建立新機制，啟用創新人才，謀劃新戰略，制定新規章。

2. 敢冒風險

當一個機會突然出現時，風險肯定也隨之而來。創業者只有敢於冒險才能果斷地抓住機會，而膽子大則是其中的關鍵。膽子大就是敢冒風險，這種特質在轉折時刻至關重要。比如，你需要放棄從前的工作和穩定的收入，而時間的緊張、信息的匱乏以及害怕親友失望的顧慮，都會給創業者的選擇帶來更大的壓力。

3. 團結合作

團結合作也是創新精神的重要支柱。隨著經濟的發展，企業的生存與發展環境越

來越複雜多變。在這樣的環境下，創業者團結合作精神的發揮應當也必須以競爭意識和平等觀念為前提。競爭是市場經濟的必然產物，通常情況下也是競爭促進合作。當前，合作已經演變成為競爭性的合作，競爭也在向合作性的競爭轉化。因此，創業者必須具備強烈的團結合作意識，時刻保持競爭狀態，並學會以團結合作促進競爭。但無論是競爭還是團結合作，平等的觀念對創業者都非常重要。

4. 堅持不懈

堅持不懈是創業精神的本色。「鍥而不舍，金石可鏤；鍥而舍之，朽木不折」。堅持不懈意味著鍥而不舍，意志堅強，勇往直前，執著地向目標前進。堅持不懈的創業者個性堅定，做任何事都非常有毅力，堅忍不拔，有無比的耐性和持久性。堅持不懈能夠產生創辦企業的激情。創業的道路充滿坎坷，無論是面對成功還是失敗，創業者都必須有堅持不懈的品格。縱觀每個成功企業的創業史，都是在創業者的領導下經歷了一次次的失敗後建立起來的。在失敗面前創業者要堅忍不拔、矢志不渝，在成功時創業者也要如此。

(二) 創業精神的來源

創業精神不是先天就有的，而是在一定的社會、經濟、政治、文化以及個人等條件中形成的。換句話說，影響創業精神形成的因素主要有經濟、文化、政治及家庭和自身情況。

1. 經濟形式與創業精神的形成

經濟形式是人類經濟的運行形式，是影響創業精神形成的至關重要的決定性的因素。自然經濟這一經濟運行形式是不需要創業精神的，同時，它也不可能產生和形成創業精神，因為自然經濟是一種保守、停滯、封閉和孤立的經濟。

創業精神是商品經濟發展的產物，商品經濟才是創業精神產生的天然土壤。因為，在商品經濟中，市場是方方面面聯繫的紐帶，市場競爭是「最高權威」，企業時時都處於一個充滿風險、充滿機會的急遽變化的競爭環境之中。因此，在商品經濟條件下，在市場競爭這一壓力機制下，創業者是否具有冒險、創新和競爭意識，就決定著企業的生存與發展，就決定著企業能否順利地完成「驚險的跳躍」。正是這種優勝劣汰、集聚競爭的商品經濟的存在和發展，創業者才有了展露自己才華的舞臺，才產生了冒險、創新等創業精神。

2. 文化環境與創業精神的形成

創業精神的形成需要一種適合的、特定的文化環境。而特定的文化也會形成特定的創業精神。在士、農、工、商等級森嚴的環境中，在重農抑商的文化中，是不可能形成創業精神的。重農抑商、士農工商這種文化，誘發人們的只能是「做官為榮」「升官發財」的價值取向，產生的只能是「頭懸梁、錐刺股」的「讀書做官」「學而優則仕」精神，一旦皇榜高中，便可光宗耀祖，封妻蔭子，「一人得道，雞犬升天」。在這種文化中，即便是「經商」，最終也是為了擠進仕途。

在英國歷史上，視貴族地主為最高社會階層，而企業主則為人所不齒，他們處於較低的社會階層。因此，英國企業主在經營工廠累積了一些資本後，就去購置土地和參加社交，力圖打入「上層社會」。他們建立莊園，以鄉紳生活為樂趣，熱衷於打獵、

跳交誼舞。他們不願冒險去擴大生產，謀取更多利潤，而是維護企業的平穩，確保自己有足夠補充社交活動所需的資金。

適合創業精神形成的文化環境，應該是沒有森嚴等級規定而只有社會分工不同的環境。人們在這種分工中，只要獲得了成功，就會贏得較高的社會地位。在這種文化中，人們尤其讚譽那些經濟上的成功者，因為人們知道，經濟的發展是人類社會發展和文明進步最終依賴的根本。

3. 經濟體制和政治體制與創業精神的形成

創業精神產生於特定的經濟和政治體制中，這種體制的特徵是把政府官員與企業家嚴格區分開來，各行其是、各負其責。就經濟體制而言，在高度集中的計劃經濟體制下，是不可能產生真正意義的創業者的。因為企業是國家機構的「附屬物」，它沒有生產經營的自主權，一切依照「上級」的指令行事，企業的領導人無須去挖空心思，殫精竭慮為企業的生存發展擔憂。

在市場經濟體制下，企業是市場主體，市場是企業的指揮棒，各方利益均要通過市場來實現。企業如果沒有精明的領導人，如果缺乏創業精神，就很難生存和發展。因而市場經濟呼喚創業者和創業精神，市場經濟是產生和形成創業精神的基礎。就政治體制而言，在政企不分的政治體制下，也不可能遊離出真正意義的創業者，不可能產生創業精神。

在發達國家，由企業家、工程師、教授組成的階層極為發達，他們的經濟、社會地位高於一般的官員，因為這些國家的政治體制在整體上是刺激、鼓勵和支持這個階層的成長壯大的。發達國家的創業者與官員雖然也經常對流，官員有棄政從商的，創業者也有棄商從政的，但是，創業者在經營管理企業的時候，卻完全獨立於官場之外，因為這些國家的企業領導體制與政府機構沒有關聯，不存在官方對企業體制的干涉問題。創業精神正是這些國家發達的一個重要原因。

4. 創業者家庭和自身情況與創業精神的形成

形成創業精神的個人因素，包括創業者的家庭狀況和創業者的自身狀況。就創業者的家庭狀況而言，他的家庭的社會地位、經濟條件、家庭成員尤其是父母受教育的程度、信仰、工作性質、性格以及教育子女的方式方法，對創業精神的形成有著十分重要的影響。美國學者麥克萊德（MacLeod）認為，創業精神可以從兒童時就開始培養，其中，家庭教育有著十分重要甚至是直接的作用，不適當的家庭教育往往使創業精神從小就被埋沒了。就創業者的自身狀況而言，他所受教育的程度、他的工作經歷、他的性格等也影響創業精神的形成。如創業者的創新精神的形成與他受教育的程度所引發出來的求知慾望強弱有極大關係，創業者的冒險精神則可能是在他坎坷不平、艱難曲折的成長道路中逐漸形成的。正因為如此，許多大企業在選拔經理人員的時候，總要考察他們受到過的正規教育和他們的成長經歷以及工作實踐經驗等，用以判斷他們是否具備創業精神。

（三）創業精神的作用

1. 創業精神是創造財富的源泉

創業精神所形成的創新行為可以改變資源產出。創業精神的創新行為經常表現在

建立新的顧客群。比如，麥當勞精心研究顧客所注重的價值，設計出了小孩喜歡的一套玩具，小孩每次來麥當勞就送給他一個玩具。這個做法吸引了許多孩子，建立了孩子這個新的顧客群，提高了購買力資源，為麥當勞創造了利潤。

【學習導航】

19世紀收割機被發明，由於農民的購買力低下，儘管他們需要，但無力購買。而購買力就是一種資源。發明收割機的麥克科密克（McCormick）提出了分期付款的方法。正是分期付款的提出，使得農民有能力購買收割機。也正是這種創業精神的創新行為，改變了購買力資源，創造了財富。

海上運輸業一度非常不景氣。但是，由於一個新點子——把貨車的四個輪子拿掉，變成集裝箱，使得貨船在岸邊停泊的時間大大縮短，創造了遠洋貨船四倍的效益。這也是一種創業精神產生的創新行為，它改變了資源的產出，其結果是挽救了一個行業——海洋運輸業。

資料來源：光明網（http://www.gmw.cn/content/2010-05/19/content-1123134.htm）

2. 創業精神有利於加快轉變經濟發展方式

創業行為經常表現為創造新的產業。1975年喬布斯（Jobs）在車庫裡研製了個人電腦，使得電腦成為個人擁有的工具，1976年喬布斯創建了蘋果公司。1993年馬克·安德森（Marc Andreessen）發明了互聯網信息瀏覽器，1994年成立了馬克通信公司，即後來的網景公司。楊致遠放棄了攻讀博士學位的機會，於1995年成立了雅虎公司。這些公司後來都成為著名的企業，並且都帶動了一個產業新的增長。不僅如此，創業精神的創新行為改變了經濟增長方式，改變了產業結構，創造了新的產業——高新技術產業。

3. 創業精神能夠促進經濟社會又好又快發展

在康德拉季耶夫經濟週期的長期經濟停滯期，美國經濟卻產生了4,000多萬個就業機會。這些就業機會從何而來？來自創業精神。在美國，一大批20世紀60年代出生的年輕人，受過良好的教育，有很好的技術背景，有很強的創業精神，大公司舒適的環境、穩定的生活、豐厚的薪酬都不再對他們具有吸引力。他們更願意冒險，創辦自己的企業，享受創造的樂趣。

創業精神，使得美國各個領域都建立了眾多的小型企業，有高科技公司、金融公司，甚至包括女性服飾製造公司、健身設備生產公司、牙醫診所連鎖店等。美國麥肯錫顧問公司曾就100家中小型成長公司提供的就業機會進行過調查。調查結果表明，1970—1983年，這些中小型成長公司提供的就業機會增長率是美國整個經濟環境提供就業機會增長率的3倍。創業精神擴大就業機會，就是為人類和社會謀福利，促進經濟社會又好又快發展。

（四）創業精神的培育

創業精神的培育不僅要有自身的學識修養提高，更要有制度建設。學識修養是軟件，制度建設是硬件。不能只靠內在的修養，還要靠制度的調節。

1. 建立創業精神的主體孵化機制

創業精神的某些特質是一種天賦，反應在個人身上就是許多資質都是天生的。蓋茨（Gates）不是靠幸運取得成功的，微軟也不是建立在偶然基礎上的軟件帝國。蓋茨是電腦天才，更是一個經營和管理天才。他在微軟的成長和壯大中付出的心血和汗水，他非凡的事業心和進取心，他的高瞻遠矚和異常敏銳的市場嗅覺，是任何人都無法超越的。蓋茨對於商機的直覺和判斷力方面的天賦也是任何人都無法相比的。需要指出的是，在強調天賦的同時，還應該看到後天的學習對創業精神培育的作用。

創業精神的孵化離不開創業者個人自身的勤奮學習、不斷進取以及對於某些特質、個性的刻意培養和強化。當年初中畢業的農家子弟魯冠球，如今遞出的名片上赫然印著「博士」頭銜。他告訴記者，他每天讀書看報，閱讀量不下萬字。創業者自身學習的重要性和必要性不言而喻。

2. 保持思想上的先進性

先進的思想理念，是任何行動成功的基本前提。觀念上的超前會將創業者置於更高的層次，為其提供更為廣闊的視野和更新的觀察視角。保持思想上的先進性就是要以動態的、發展的眼光看待問題，時刻與外部環境同步，保持高度的外界敏感度，在此基礎上進行不斷的觀察、分析與總結。

第一，創業者對政治、經濟、文化等宏觀環境的敏感。具體包括國內政治體制的變動，國際政治格局的重新定位，全球經濟發展趨勢及側重點的轉移，新的經濟增長點的形成以及地區和國際市場上消費者文化意識形態、觀念的發展動向、消費者新的需求傾向等。

第二，創業者對技術環境的敏感。創業者要關注新技術的出現與發展，瞭解新技術可能帶來的對人類社會生活、思想觀念的影響，以及新技術可能帶來的對新產品、新的企業甚至新的行業的重大影響。

第三，創業者對同行競爭者、供應商、經銷商、潛在入侵者、替代品生產商、政府、最終消費者等企業的利益相關者給予特別的關注。創業者通過分析市場環境的均衡力量與發展傾向，可以知曉本企業所處的地位和前途。

3. 不斷完善知識框架

現代科技的迅猛發展促使創業者知識架構的提升和更新。近年來，在以高科技創業為主流的新經濟活動中湧現出了一大批創業者，從身處美國的楊致遠、劉耀倫，到中國香港的李澤楷，再到中國內地的丁磊、張朝陽、田溯寧、施正榮等，這些創業者生動地詮釋了新經濟的力量，也打造了年輕一代華人「知本家」的創業傳奇。全球化時代，中國創業者受教育程度普遍提高，知識結構日漸豐富，逐步具備駕馭全球化時代的本領，同時他們善於把顯性知識與隱性知識結合起來，及時預測和捕捉市場商機，開始贏得管理經營上的主動權。

創業者完善的知識架構要靠日積月累、不斷充實。一方面要「博」，創業者應該廣泛涉獵社會生活知識、人文歷史知識、經濟學基本理論、管理科學知識和法律法規知識，這將有助於為自己的知識結構築就廣博的「源頭活水」；另一方面要「專」，良好的專業技能是創業者事業成功的保證，創業者應該根據自己的興趣特長深入發掘自己的專業潛能。

4. 培養過硬的心理素質

創業者的心理素質是創業者氣質、興趣、性格的統稱。創業者心理素質結構應當合理化，即創業者各種氣質、興趣、性格能夠兼容互補，減少衝突，達到和諧。

創業者的心理素質培養，應該著力於三個方面。

第一，培養頑強的忍耐力，塑造百折不撓的韌性。要認識到，困難是人生的常態，挫折是一種投資，所以要百折不撓、勇往直前。

第二，培養高度的承受力，要學會自我心理調節。商場如戰場，市場環境變化無常，福禍難測，創業者要具有良好的心理調節能力，真正做到臨危不懼，處亂不驚，受挫不餒。

第三，要學會獨處，注意時常反省自身。戒驕戒躁，不斷反省自我，時刻保持真我本色和清醒的頭腦。

5. 營造寬鬆、進取、開拓、創新的社會文化氛圍

從社會層面看，創業精神的培育與孵化具有普遍性和廣泛性。需要在全社會營造寬鬆的、積極進取的、開拓創新的文化氛圍，鼓勵企業創新創業，使創業者的個性得以最完全、充分、自由地發揮。政府相關的政治、經濟、法律等激勵政策的制定及配套完善的企業服務體系建設，將從很大程度上扶持和促進企業的創新工作，進而有助於創業精神的培育。

社會文化對創業精神的孵化有著重要的影響力。社會文化即民族文化，是全社會成員在共同的生產、生活中所形成的價值觀念、行為規範、精神信仰、心理定式、思想意識、風俗習慣、科學文化水平等文化特質。社會文化是創業精神最直接也是最充分的營養汲取源頭，社會文化中明顯的趨勢特徵往往也會在全社會的創業精神中得到充分的體現。

良好的社會文化氛圍大大推動了美國的創業行為。美國不僅創業企業的數量連年增長，而且創業企業的成功率也相當高。由此可見，寬鬆、激勵性的社會文化最適宜創業者的培養以及創業精神的孵化。

【學習導航】

美國社會十分推崇開拓創業型的企業家。很多成功的創業者被當成國家的驕傲、民族的英雄，例如比爾·蓋茨（Bill Gates）、沃頓（Joseph Wharton）、克羅克（Ray Kroc）和喬布斯（Steve Jobs）等。在美國，一個成功的創業者會給你帶來地位、榮譽和名氣。美國的許多大學都開設了創業精神專業，主要招收創業者進大學學習提高。美國百森商學院還專門設立了傑出創業者獎，每年表彰全世界的五名優秀創業者。到目前為止，已表彰了幾十位創業者，其中有美籍華人王安。美國的商業經濟刊物《財富》《福布斯》《企業》和《成功》等都舉辦過專門的活動以表彰創業者的突出成績。美國的電視也常常對創業者進行正面報導。另外，美國創業者因為社會醜聞而破產的很少。而且，許多破產的人都能東山再起，再次創辦企業。這些文化因素在相當程度上促進了創業者創業精神的發揮，同時也鼓勵更多人參與到創業活動中來。

資料來源：王亞民．美國經濟中的創業經營和創業環境．鷺匯職業大學學報．

6. 充分發揮政府的服務與導航功能

第一，一國在政治、經濟、法律等方面制定的政策和措施，有助於保護企業的相關利益，鼓勵創業者積極創業。

第二，加強企業服務體系建設，突出重點，鼓勵創業，扶持創業企業健康成長。

各國或地區的企業面臨的經營問題大同小異，所以政府向企業提供的支援服務種類也很類似，主要有信息公開、融資服務、基礎設施建設、業務拓展支持、科技支援、質量服務和人力資源發展等。

從中小企業的不同成長階段來看，服務體系建設可粗略地分為兩類：一類側重於創業環境；另一類側重於成長環境。前者重點在於簡化創業手續，降低交易成本，制定鼓勵性的政策，加強基礎設施建設，營造出激發人們創業的氛圍；後者則側重於滿足企業資源外取和擴張的需要，如融資、信息服務、管理諮詢等。

【學習導航】

許多國家都制定了創業扶持方面的法律和政策，如美國《小企業投資法》規定，允許組建為中小企業提供資金支持的中小企業投資公司，成立為中小企業發行債券提供信用擔保的債券信用擔保基金。德國《改善區域經濟結構共同責任法》規定，超過特定的最低投資額的投資即超過以往三年平均折舊額的，或者增加一個最低限額就業崗位的投資，企業均可獲得政府財政支持。日本《中小企業基本法》規定，國家應當採取提供信息、培訓、資金支持及其他必要措施，促進中小企業創業。韓國《中小企業創業支援法》規定，政府可以為創業者提供投資、融資或其他形式的支持；商工部應為創業者提供專業性輔導，為創業者使用或購買貴重設備提供支持。

資料來源：扈紀華. 中小企業促進法及相關政策法規解釋［M］. 北京：中國商業出版社，2002.

7. 健全創業者資源配置機制

經濟全球化的一個重要特徵就是各類生產要素在全球範圍內自由流通配置。創業者作為一種十分關鍵、十分特殊、十分稀缺的資源，只能通過市場配置，才能「人盡其才，才當其值」，從而使這種珍貴的資源得到最充分合理的利用，發揮其最大效益。這一點現在已達成共識，各級政府正在積極呼籲並著手建立中國的創業者市場，其中的關鍵是如何構建合理有效的運行機制，使市場充分體現優勝劣汰的效能，充分體現公開、平等、競爭、擇優的市場原則，促進創業者公平競爭、不斷自律和自我完善。

第一，政府要全面建立實施創業者市場准入制度，其前提是實行創業者資格評定。這項工作應該由政府或黨委組織部門牽頭，組織高等院校、科研機構和社會仲介機構的專家在深入調查研究的基礎上，參照國際經驗，制定創業者資格評定標準和評定辦法。

第二，政府要建立職業經理人仲介機構的職業資格制度，完善市場准入準則。政府要通過立法規範仲介機構的運作，對其資質提出明確的市場准入條件，規定其服務範圍，規範其收費行為，明確其應承擔的法律義務和責任。嚴格審核仲介機構的執業資質。

第三，仲介機構要有充分的技術能力和力量收集、整理創業者和企業信息，並能根據這些信息做出客觀、公正、科學的鑒定，為交易雙方提供權威性的資訊服務。仲

介機構應該是獨立的社會法人，不具有任何行政色彩，在市場競爭中靠自己良好的服務和職業信譽獲得應有利益和發展，通過市場的優勝劣汰迫使其自律。

黨的十六屆三中全會提出了「建立健全社會信用體系，形成以道德為支撐、產權為基礎、法律為保障的社會信用制度，是建立現代市場體系的必要條件，也是規範市場經濟秩序的治本之策」。

8. 完善創業者培訓機制

培訓不僅可以明確目標，統一思想，提高整體的認識水平，增強凝聚力和向心力，而且可以提高員工的專業水平、專業素質和專業修養。企業高層根據需要進行的培訓，往往具有導向性，會著力加強員工某一方面特質的培養，創業精神的孵化便蘊含其中。創業教育強調自我導向式學習、生活式學習和經驗式學習。教育的目的不是灌輸知識，而是改變人的行為。創業教育的目的是開發人力資源，實現資源共享，培養人的素質、技能和改變人的思維模式，是培育企業文化、增強企業凝聚力的必要途徑。所以創業教育在學習內容、學習方法、學習目的及教師的作用等方面與知識傳授教育都是完全不同的。

【學習導航】

美國創業者協會的基本信條：我不選擇做一個普通的人，成為一個不尋常的人是我的權利，如果我能夠；我尋求機遇，而不是安穩，我不希望我是一個受保護的市民，讓國家照顧我，過著謙卑、沉悶的生活；我要去冒深思熟慮的風險，去夢想並去建設，去失敗並去成功；我所秉承的是不屈、自豪、無所畏懼的屹立；我獨立思考而行動，沉浸於創造所帶來的幸福，我可以勇敢地面對世界，並且自豪地說：「在上帝的幫助下，我已經做到了。」

資料來源：宋克勤. 創業成功學 [M]. 北京：經濟管理出版社，2012：20.

【本節要點】

創業是不拘泥於當前資源約束、尋求機會、進行價值創造的行為過程。創業的關鍵要素包括機會、團隊和資源。創業過程包括創業者從產生創業想法到創建新企業或開創新事業並獲取回報，涉及識別機會、組建團隊、尋求融資等活動。創業過程可大致劃分為機會識別、資源整合、創辦新企業、新企業生存和成長四個主要階段。創業精神是創業者在創業過程中重要行為特徵的高度凝練，主要表現為勇於創新、敢冒風險、團結合作、堅持不懈等。創業精神將在新時期發揮更大的作用，其有利於加快轉變經濟發展方式，促進經濟社會又好又快發展。

第二節　知識經濟發展與創業

【本節教學目標】

1. 瞭解創業熱潮形成的深層次原因。

2. 理解經濟轉型與創業熱潮的內在聯繫。
3. 理解創業活動對於經濟社會發展的貢獻。

【主要內容】

一、經濟轉型與創業熱潮的關係

（一）知識經濟的內涵

經濟從最一般的意義上說是各種經濟資源投入、相互作用和重新生成的過程。人類經濟到目前為止的歷史，可以按照占主導地位的經濟資源的特質劃分為農業時代、工業時代和知識經濟時代。經濟形態的更替是以各種經濟資源的稀缺程度的變化為主要依據和動力的，是與人的發展特別是人的需求的發展相適應的。

在傳統的農業經濟時代，主要的經濟資源是土地和勞動。威廉‧配第（William Petty）的名言——「勞動是財富之父，土地是財富之母」是對這種經濟的簡明、形象的概括。17世紀末發生的工業大革命促使了工業經濟時代的到來。在傳統的工業經濟時代，主要的經濟資源除了土地和勞動以外，還包括能夠表現各種具體經濟資源的資本。資產階級經濟學家薩伊（Jean Baptiste Say）的「三位一體公式」，即土地—地租、勞動—工資、資本—利息，是對這種經濟的實質的歸納和總結。

知識經濟時代大致上是在第二次世界大戰以後興起的，是以電子計算機的生產為開端的。人們對於知識經濟的認識也經歷了將近半個世紀的、從模糊到明確的、從眾說紛紜到逐漸統一的過程。1996年，總部設在巴黎的、以發達國家為主要成員國的經濟合作與發展組織在作為國際組織文件的一系列報告中，正式使用了「知識經濟」這一概念，並且指出：「知識經濟是建立在知識和信息的生產、分配和使用之上的經濟。」報告把人類迄今創造的所有知識分為四大形態，即事實知識、原理知識、技能知識、人力知識。到1996年人們基本上達成共識：知識經濟作為一種全新的經濟形態已經產生，並且正在迅猛發展。經濟合作與發展組織在名為《技術、生產率和工作的創造》（1996）的報告中，對知識經濟作了一個總結：「今天，各種形式的知識在經濟過程中起著關鍵的作用，對無形資產投資的速度遠快於對有形資產的投資，擁有更多知識的人獲得更高報酬的工作，擁有更多知識的企業是市場中的贏家，擁有更多知識的國家有著更高的產出。」

知識經濟是知識資源最為稀缺的經濟，是建立在知識和信息的生產、交換、分配和使用之上的經濟，是以知識為基礎的經濟。知識經濟既是社會經濟的總體時代特徵，又是經濟資源的具體運作方式。知識經濟的產生和存在必須具備充足的客觀條件。知識經濟是人類歷史上一次社會生產方式的革命，它代表人類社會經濟發展史上的又一次大變革，是一次影響深遠的經濟轉型，即從工業經濟社會向信息、數字和知識經濟社會轉變。

（二）知識經濟的特徵

相對農業經濟和工業經濟而言，知識經濟形態具有顯著的特徵：

1. 知識是最基本的生產要素

在農業經濟時代，人類的生產活動主要是手工農業，土地是最基本的生產要素。在工業經濟時代，資本和勞動是最基本的要素。在知識經濟時代，知識將取代人力、土地和資本，成為最重要的生產要素，知識資源在經濟發展中便上升到重要的地位，一切都以知識為基礎。財富主要不是來自對勞動和土地的佔有，而是源於對人類心智的解放，來自有組織的研究開發活動，所有財富的核心都是「知識」，所有經濟行為都依賴於知識的存在。在所有創造財富的要素中，知識是最基本的生產要素，其他的生產要素都必須靠知識來更新，靠知識來裝備。在傳統的農業經濟時代和工業經濟時代，也存在著知識和知識經濟的作用，但是，只有在知識經濟時代，知識才能在各種經濟資源中占主體地位，發揮主導作用。

2. 以知識為基礎的產業在產業結構中占主體地位

每一經濟時代都有與之相適應的產業結構類型。農業化時代第一產業占主導地位，工業化階段第二產業占主導地位，知識經濟階段第三產業占主導地位。這是因為，在知識經濟時代，知識已經成為一種戰略資源，因而與之相對應的產業也迅速發展，例如貿易、金融、保險、職業服務以及政府和國防等在經濟生活中起著越來越大的作用。

高新技術產業是知識經濟的支柱。高新技術產業以高科技為其最重要的資源依託，高科技不是傳統工業技術的簡單創新。按聯合國組織的分類，它主要有信息科學技術、生命科學技術、新能源與可再生能源科學技術、新材料科學技術、空間科學技術、海洋科學技術、有益於環境的高新技術和管理科學（軟科學技術）。必須特別強調，注入了一些高新技術的傳統技術並不就是高新技術，只有當高新技術成分大大提高（按國際科技工業園區的規範超過70%）時，傳統技術才轉變為高新技術。

高新技術產業是知識經濟時代的重要標誌。高新技術產業化是知識經濟時代經濟增長的核心。在發達國家，計算機、電子和航天等高新技術產業的產出和就業的增長是最快的。過去10年，亞太經濟合作組織成員國的高新技術產品在製造業產品中的份額和在出口中的份額翻了一番多，其國內生產總值（GDP）的50%需依賴知識、科技，其科技進步對經濟增長的貢獻率已從20世紀初的5%～20%，提高到90年代的70%～80%。據專家預測，全球信息高速公路建成後，這個貢獻率有望提高到90%。

3. 研究和開發成為知識經濟的基本經濟活動

要生產知識和將知識應用於經濟，必須對知識進行研究和開發。因此，研究和開發成為知識經濟的基本經濟活動。例如，1993年，全部經濟合作與發展組織國家的工商業的科技研究開發（R&D），有將近2/3的經費是用在高科技產業上。在製造業中的高新技術行業的工資也高於平均工資水平，並且促進了生產力的最快發展。與此同時，高新技術產業也占據了工商業科技研究開發投入的大多數經費。

4. 人力的素質和技能成為知識經濟實現的先決條件

由於所有的經濟部門都變成了以知識為基礎，並以知識為增長的驅動力，以先進技術和最新知識武裝起來的勞動力就成了決定性的生產要素。例如，根據羅伯特·賴克（Robert Reich）的分析，1990年以來，美國的就業者已經形成三個大的類別，即常規生產人員、直接服務人員和符號分析人員。常規生產人員主要從事傳統的藍領工人

的工作，他們占美國就業者的25%左右。直接服務人員從事直接的服務工作，占就業者的30%。剩下的45%左右的就業者則是符號分析人員，他們是解決問題者、識別問題和戰略經紀人員，包括科學家、工程師、軟件工程師、銀行家、律師、管理顧問、管理信息專家、戰略規劃者等。

(三) 知識經濟與創業

1. 經濟轉型是創業熱潮興起的深層次原因

知識經濟時代是鼓勵創業、支持創業和培育創業的時代，創業需要融資支持，所以必須建立健全創業投資體系，發展創業投資事業。

創業是知識經濟的典型產物，是經濟發展的主要動力。在市場經濟條件下，創業始終是經濟增長的重要動力和經濟發展的「寒暑表」。發達國家用於衡量經濟是否處於成長期的重要指標之一即是新創辦企業數量，處於經濟蕭條期的重要指標則是倒閉企業數量。知識經濟時代的創業，是典型的利用知識創造價值的活動。

2. 知識經濟時代的創業行為

知識經濟時代，創業行為體現出以下四個特徵：

(1) 創業行為將更加容易，創業的源泉大大增加。由於網絡、信息產業的出現與壯大，人們獲取市場信息的方式更加快捷容易；隨著科學技術的日新月異，市場的快速變化，人們生活節奏與方式的變化，技術發明者與技術掌握者已不是主要的創業者來源，知識技術能夠面對更多的人，從而使創業機會大大增多；在知識經濟條件下，人們的文化水平普遍提高，人們將根據市場的需要，企業的需要以及先進的技術進行創業思考並實踐。可以說，在知識經濟時代，只要有願望，人人都可以找到創業的機會。

(2) 創業和成功的距離更近。在知識經濟條件下，由於創業環境大大改善，創業所需的信息可以快捷低廉地獲得，創業所需的資金也可以從風險投資家那兒得到；同時，企業孵化器和創業中心的大量出現，加之資本市場的發育成熟，使得從創業到成功、從投入到回報所花費的時間將比以往任何時候都短。

(3) 創業使得社會與企業、老師與學生、工作與學習的界限更加模糊，在知識社會，知識的快速更新要求人們在工作中不斷學習和進取，使以往存在於人們頭腦中的「學習是吸納知識，工作是使用知識」的簡單認知發生了改變，工作和學習的界限逐漸模糊。這在中關村的高科技企業以及美國硅谷的企業中體現得很明顯，由於社會與企業界限的模糊，從而出現了許多創業的新模式。比如在公司內創業，公司鼓勵與吸納新創企業，公司支持員工在社會上創業等。

(4) 創業團隊的概念將被普遍接受。創業團隊是擁有技術、管理等各種專門技能的創業人才的自願組合。有技術的創業者希望尋求有管理經驗、市場經驗的合夥人組成創業團體，共同尋求資金創辦企業；同樣，有管理經驗，瞭解市場，有創業構思的創業者希望尋求能支撐創新構思的核心技術人員加盟創業團隊共同發展；有資金的個人投資者、風險投資家同樣希望尋找到擁有核心產品或服務、管理經驗、技術能力的創業團隊作為其投資對象。利益共享、風險共擔的經營理念不僅體現在企業內部，同時更重要的是體現在企業外部。

（四）經濟社會發展不同階段創業活動的特徵

中國國有企業經歷了從放權讓利、承包制到建立現代企業制度等改革過程，從20世紀80年代起，一批企事業單位幹部離開原來的工作崗位，投身商界。他們具有一定的文化和管理水平，逐漸成為中國民營企業家的中堅力量，成為「轉軌型創業者」。這一浪潮到20世紀90年代達到一個高潮。資料顯示，20世紀中國私營企業主開業前的職業構成中，企事業單位幹部占34.73%，成為最大的一個群體。

創業者在經濟社會發展不同階段體現了不同的創業活動特徵。

1. 短缺經濟與勤勞（體力）創業

20世紀70年代末到80年代初，中國社會經濟短缺，生活資料匱乏。當部分放開商品貿易、允許小市場經營以彌補供給不足時，最早的民間創業者便有了生長的空間。這一時期的創業者大部分都是在體制外孕育成長的，他們或用很少的資金在路邊擺攤經營進而租用小店鋪；或靠自己的某種手藝承攬一些小商品的加工；或在農村通過家庭承包的土地、灘塗進行種植、養殖；還有少部分創業者則是在國有企業改革進程中，通過租賃、承包經營發展起來的，他們比前者起點稍高，但也較為艱辛。這一批在體制外謀生的創業者，文化素質不高，歷盡艱辛，至今仍有相當一部分在做小本生意，只有小部分因經營有方或機遇較好而發展起來。他們往往具有勤勞踏實、吃苦耐勞、堅忍不拔的品質（故稱「體力創業」），而且成功者多數具有頭腦靈活、對市場反應靈敏和商業意識強烈的特點。

與勤勞創業者相對應的是鄉鎮企業的興起。鄉鎮企業的興起代表著一個特定的歷史階段，也是新中國成立以來第一次創業活動浪潮。中國鄉鎮企業包括所有成立於農村地區、由農民投資和組建的企業，即鄉、鎮和村的集體企業，農民組辦、聯戶辦和個體辦的企業。1984年，在農村領域，政府放寬了對個體私營企業經濟發展的限制，允許農民集體和個人從事商業和運輸業活動，鄉鎮企業由此得到較大的發展機遇。而對於創業活動而言，非公有經濟是其最重要的載體，因此，20世紀80年代非集體所有制鄉鎮企業的興起與活躍催生了中國改革開放以來的第一次創業浪潮。

2. 雙軌制與魄力創業

20世紀80年代中後期，經濟體制的改革由農村轉向了城市，流通體制的改革使經濟步入了雙重運行規則並存時期。生產資料成為商品，部分進入了市場流通，價格實行「雙軌制」，這為在流通領域創業提供了機會。鋼材、木材、水泥等計劃價格和市場價格之間的利差催生了一大批中間商。這些創業者在這一時期借助流通領域的運作完成了創業的原始累積，由於他們所從事的交易存在較大的風險，在很大程度上是靠膽識和魄力而獲得成功的，所以被人們冠以「魄力創業」的美譽。與體力創業者相比，他們的個人素質有了較大程度的提高，所處社會階層更為複雜。他們具有較強的商業意識、經濟頭腦和創業意識，善於發現機會、把握機會。

3. 市場經濟與財力創業

20世紀90年代初，市場經濟體制建設邁出決定性的一步，改革催生了幾次大的機遇，如證券交易所的出現、房地產市場的繁榮和特區經濟的騰飛。這為上一個階段累積了一些財富和經驗的人提供了迅速發展擴張的機會，私營經濟步入了發展的快車道。

這個階段的創業者敢於冒險，他們往往抓住一個或幾個關鍵點使自己的企業從無到有，從小到大，走的都是跳躍式發展道路，每次機遇都是一個發展的支點，使得企業迅速擴張。這些創業項目的投資與擴張很大程度上與把握機遇的關係十分密切，同時其投資量較前期大得多，一定的財力基礎是其成功進入的前提，因而被稱為「財力創業」。這部分創業者帶有強烈的投資意識，頭腦靈活、行動力強，但是急於求成的心態也使得他們往往不夠冷靜，只有那些遵循市場規律，具有毅力和承受力的創業者才能領導自己的企業發展壯大。

這一階段的創業者與民營經濟的關係密切，民營企業成為中國創業活動第二個高潮的主導者。中國民營經濟幾經起落，走過了一段不平凡的發展之路。在20世紀90年代早中期，特別是在1992年以後，也就是中國確定建設社會主義市場經濟，國有企業改革進入第三階段——建立現代企業制度之際，民營經濟同時進入了歷史上最快的一次增長期（1993—1995年）。這個階段，在政策的允許甚至鼓勵下，原來國有企事業單位的大量資源流入民營企業，成就了中國民營企業的高增長。將這個情況與「財力創業者」兩相對照來看，在此時形成中國創業活動的第二次浪潮就不難理解了。

4. 知識經濟與智力創業

20世紀90年代中後期開始，知識經濟的浪潮席捲全球，中國也不例外。一批智力創業者應運而生，他們大體可以分為三類：第一類是科技型創業者，他們利用具有市場潛能的高科技發明加以開發，轉化為產品並進行市場推廣；第二類是文化型創業者，創業者一般是某種文化作品的創作者，先把自己的作品推向市場，然後加以拓展；第三類是策劃型創業者，他們運用自己的智慧為企業提供「外腦」服務，為企業提供諮詢、培訓，以此為自己帶來經濟利益。這些創業者具有較高的個人素質，大多是高級知識分子和優秀的科技人員，同時創辦經營企業的經歷使他們具有吃苦耐勞的韌性和較強的感召力。

這三類智力型創業中，科技型創業對經濟社會的影響最大，其中的一些優秀企業也成為中國經濟領域的重要參與者，他們所涉及的領域成為中國產業發展的重點。中國高科技企業從20世紀80年代初開始至90年代中後期成為潮流而得以迅猛發展，走過了一段曲折的發展道路。鄧小平南方講話和黨的十四大確立建立市場經濟後，高科技創業進入快車道，全國各地紛紛設立高新技術產業開發區，政府出抬了一系列鼓勵科技型企業發展的政策。1999年6月，中國正式啓動科技型中小企業創新基金，同時又積極醞釀創業板市場，對科技創新的籌資渠道積極探索和拓展，使高科技企業的發展環境得到了很大的改善。

從高科技企業的創業活動歷程來看，20世紀90年代以來，智力創業者的大量湧現與高科技企業的迅速發展基本是同步的。這再次證明了創業者對於創業活動的重要意義。

5. 創新社會與全民創業

21世紀初，中國的創業活動呈現出一種與以往不同的態勢。在政府關於建設創新型國家和創新型社會的倡導和扶持下，創業漸漸成為一種趨勢，人們開始將它稱為中國創業活動的第三次浪潮。根據全球創業觀察（GEM）的調查，2005年，中國全員創

業活動（TEA）指數為13.7%，高於2002年的12.6%和2003年的11.6%，在全部參與創業觀察的35個國家中居於第5位。這表明中國早期創業活動處於比較活躍的狀態。這一時期的創業主體較為分散，由於創業門檻降低、創業文化的普及以及政策的鼓勵等多種原因，社會各個階層都加入到了創業的行列。海外留學歸國人員、下崗工人、進城務工人員、退伍轉業軍人、高校畢業生都相繼加入了創業者的隊伍。

同時，創業活動被賦予新的使命。2007年黨的十七大報告中明確提出「以創業帶動就業」。2007年8月通過了《中華人民共和國就業促進法》，中國將鼓勵創業納入和諧社會建設的整體框架中，創業活動在政策層面被賦予了新的使命，受到高度重視，這是區別於前期創業活動的重要特徵。

二、創業活動的功能屬性

創業活動的功能屬性可以劃分為社會功能屬性和個人功能屬性。

（一）創業活動的社會功能屬性

1. 創業具有增加就業的功能

美國自1980年到1999年，創造了3,400萬個新就業機會，但財富500強企業失去了500多萬個工作崗位。美國僅在1993—1996年就創造了800萬個新就業機會。誰創造了這些新就業機會？僅僅5%的年輕的和快速增長的公司就創造了其中的77%，而15%的這種公司創造了這些新就業機會的94%。以20世紀70年代末創建的微軟公司為例，其1980年的收入為800萬美元，有38個員工。到1997年末，它的收入是65億美元，員工2.1萬多個。

在20世紀60年代末，大約有1/4的人為《財富》500強的公司工作，到1980年，這個數字變為1/5，而到了90年代，變為1/14。到1997年，美國的1/3家庭（相當於37%或3,500萬人）在一個新企業或正創立的企業就職。大量的研究一再證實了相同的結論：平均雇員數少於100人的小企業創造了美國經濟中的大多數新就業機會。

工作創造是由公司的誕生和增長驅動的。在20世紀60年代，據估計美國每年產生大約20萬個各類新企業；到70年代，這個數字增至原來的3倍；到1994年，這個數字是110萬~120萬。5倍的增長清楚地解釋了同期的工作崗位數量的增長。

中國從「九五」以來，在國有和集體企業下崗分流、減員增效的大背景下，國有單位和城鎮集體單位的就業空間明顯縮小，外資企業和港澳臺企業就業數量基本穩定，只有私營企業和個體經濟就業持續增長。據統計，1995—1999年，城鎮國有單位就業減少2,000多萬人，城鎮集體單位就業減少1,000多萬人，外商投資企業就業增加不到100萬人，而私營企業和個體經濟就業增加約為1,500萬人，成為就業的主要渠道。中國私營企業1989—1999年數量和從業人員的增長情況見表1-2。這些私營企業大多是這段時間創立的。中國的創業對就業機會創造的作用十分明顯。

表1-2　　　　中國 1989—1999 年私營企業數量和從業人員增長情況

項目 年份	戶數		從業人員	
	戶數（個）	比上年增長（%）	人數（萬人）	比上年增長（%）
1989	90,581		164	
1991	107,843	9.9	184	8.2
1994	432,240	81.7	648	73.7
1997	960,726	17.3	1,349	15.2
1999	1,510,000	20.4	2,020	18.2

美國的創業型就業模式和中國的經驗都充分說明了創業對增加就業具有重大作用。中國有大量的農村剩餘勞動力、大量的下崗工人和機關分流人員以及每年大量的大中專畢業生，這些人需要工作，就業壓力大，任務艱鉅。完全依靠政府和現有的企業及其他組織根本無法解決這些人的就業問題，唯一的出路就是大力倡導以創業型就業為主導的多種就業形式，並創造適宜的創業條件。

2. 創業具有促進創新的功能

創業過程的核心是創新精神。創新是創業過程的一個重要組成部分。在第二次世界大戰以後，媒體、公眾和政策制定者等多年來都相信研究和開發都發生在大公司。儘管中小企業在創新中受到資源約束，但它們的創新能力是驚人的。美國國家科學基金會、美國商業部等機構在 20 世紀 80 年代和 90 年代發表的報告令許多人吃驚。他們發現，在第二次世界大戰以後，美國小創業型企業的創新佔所有創新的一半和重大創新的 95%。其他的研究表明，較小的創業型企業的研發比大企業更有效率且更為強勁：小企業每一美元的工商業科技研究開發經費產生的創新是大企業的兩倍；每個工商業科技研究開發科研人員產生的創新是大企業的兩倍。日本的研究表明，一半的企業技術創新是由小企業進行的，而且付出了高額的創新費用。新企業不僅創新效率高，而且創新的商品化效率也高，它們可以在較短時間內使創新進入市場，平均大約 2.2 年，而大公司卻要 3.1 年。

創業者的任務不僅是搞出某個創新，而且包括將創新引向市場和利用它為顧客創造價值。所開發的產品或服務必須營利性地產生，並且由一個良性運轉和良性領導的組織進行營銷，並得到保護，以便不受競爭者的注意。創業過程包含著新產品和新服務的產生，這對創業的成功起著關鍵作用，而從整個經濟社會的角度來看，這也是產業更替和演進的過程。從經濟發展規律來看，許多新興產業的產生與發展是由一大批富有創造力和創新精神的創業者推動的，尤其是一些高新技術產業，諸如半導體、軟件、計算機、互聯網等，更是如此。

【學習導航】

摩爾定律，即計算機芯片的運行速度每 18 個月增長一倍，而價格不變，該定律實際上正在被現代芯片技術所突破。將其與管理學大師彼得·德魯克（Peter Drucker）的

假設即任何技術的、生產力的10倍增長將導致經濟的突進相結合。這樣，每5年將會有生產力的10倍增長。喬治·吉爾德（George Gilder）指出，通信的帶寬每12個月翻一番，每隔3~4年產生一次經濟突進。不難想像如此飛速發展的生產力對每個產品及其應用所產生的經濟影響。大量的機會爆炸正在迫近，孕育著創業浪潮。

值得注意的是，企業內創業對大公司的創新活動具有十分重要的意義。在如今技術迅猛發展、市場競爭日益激烈的時代，企業的實力將不取決於規模而是適應變革的能力，大企業甚至巨型企業在短時間內由盛而衰，甚至倒閉的例子屢見不鮮，其主要原因就是創新能力不足，核心競爭力缺乏。因此，一個企業的創新能力和核心競爭力將決定企業的市場地位以及生存與發展，而企業的創業活動正是獲得並強化創新能力和核心競爭力的主要途徑。

以市場為導向的創業過程就是科技成果產業化、商品化的過程。創新是創業的主要驅動力量，創業也是促進科技進步和技術創新的主要動力。

3. 創業具有創造價值、促進經濟發展的功能

創業在經濟發展中的重要作用直到20世紀80年代才被普遍接受。這是因為主流的經濟學家及以歐美為代表的國家政府一直相信大公司創造了整個社會中絕大多數的就業機會、產品和服務，是經濟發展的主導力量和社會福利的主要源泉。工業化和經濟發展被認為是基於依靠專用設備生產標準化產品的大規模生產。大公司被認為具有效率高的優點，而且是技術發展的最重要的驅動力量。美國經濟學家加爾布雷斯（Galbraith）在其著作《新工業國家》中表明了這樣的信念，即大公司將和政府及大工會和諧一致地掌管美國。這種社會由大公司主宰的觀點將規模經濟作為經濟發展的一個必要條件。

20世紀70年代初的世界經濟波動和1973年的第一次石油危機，最先表明了大公司並不總是優越的。許多大公司受到嚴重經濟問題的衝擊而被迫裁員。逐漸地，大公司被認為體制僵硬，對新的市場環境適應和調節較慢。70年代是結構危機的10年，這被看作主要是大公司的問題。

1979年，美國麻省理工學院的經濟學家伯克（Burke）發表了其經濟研究的結果。他里程碑式的研究結果震驚了研究人員、政治家和商界。他的研究表明，在美國，小企業在工作創造和經濟發展中起著重要作用。他的研究發現，美國在1969—1979年，小企業（雇員等於或少於100人的企業）創造了81%的新工作。因為他的研究結果，經濟理論和社會對創業的看法不可逆轉地改變了。自此以後，創業一直被認為是經濟發展的重要組成部分。

此後，小企業被認為是解決大公司無能為力的結構變革和就業問題的答案。在某種程度上，20世紀80年代可以看作全面認識小企業經濟重要性的10年。在90年代，伴隨深層次的經濟問題和失業的增加，人們對小企業的興趣進一步增加。通過分散化、減肥運動和業務外包，大公司進一步強化了小規模活動的重要性。如今，人們對小企業創造工作和重組經濟的期望非常強烈，甚至達到了非常著迷的程度。

全球經濟發展，特別是以美國為首的發達國家和地區的經濟發展的巨大成功證明了創業對經濟發展的促進作用，統計數據對此也加以證實。在20世紀最後的25年，創

業者和創新者已經極大地改變了世界的格局。令人驚奇的是，如今美國95%以上的財富是由1980年以後出現的具有革命性的E代人（E-Generation）創造的。創業已經成為創造美國經濟持續增長奇跡的「秘密武器」。在美國，新一代的創業者如比爾·蓋茨等已經被稱為「美國的新英雄」。

在中國，改革開放30年來，中小企業迅速崛起，在數量和質量上不斷提高。以工業為例，據1997年的統計數據，小企業數為789.90萬個，占全部工業企業總數的99.7%，實現工業產值76,864.26億元，占全部工業產值的67.58%。到1999年，小企業創造的產值占食品、造紙和印刷行業的79%，服裝、皮革、文體用品、塑料製品和金屬製品行業的80%，木材和家具行業的90%。新創的中小企業是中國經濟新的增長點，它們吸納了大量的城鎮就業人口和農村剩餘勞動力，同時提供了大量的產品與服務，對中國的經濟持續高速增長起到了重要作用。而這些中小企業，正是大量的創業者通過艱苦的創業活動建立起來的。

4. 創業的其他社會功能屬性

創業的其他社會功能屬性主要表現在以下三個方面：

（1）通過競爭使社會資源趨於更合理的配置。創業企業要想很好地生存與發展，就必須具有一定的競爭力，要有一定的科技或經營能力。從行業發展的角度來講，創業企業的成功加入會或多或少地影響現有行業的經營格局，加劇行業經營的競爭狀態，形成優勝劣汰的局面。競爭的加劇有利於資源向經營良好、效率較高的企業流入，也就有利於有限的社會資源得到更合理的配置，從而產生出相對較高的社會效益，增加社會福利，促進中國社會主義市場經濟快速發展。

（2）有利於知識向資本的轉化。一個國家知識密集型企業所占比重的大小，往往可以反應這個國家科技實力與綜合國力的強弱。知識密集型企業能為社會帶來相對較高的附加值，同時創造較大的社會財富，這也是為什麼中國要在企業經營方式上提倡「兩個轉變」的重要原因。在目前中國經濟形勢下，高新技術創業企業往往都是由具有較高知識水平的創業者創辦的。知識和管理已經成為重要的資本參與企業的分配，國家在這方面也給予了傾斜的政策。國家的政策支持有利於創業者積極性的發揮，有利於促進創業企業的成功。因此創業的成功有利於知識向資本的轉化，資本借助於知識的支持，又能發揮強大的作用，進而促進中國整體產業水平的發展。

（3）影響未來中國經濟的發展。美國新經濟的興起與發展離不開20世紀80年代硅谷創業企業的大批創立，這些創業企業的成功為美國經濟的發展做出了較大的貢獻。直到現在硅谷也依舊是美國經濟賴以保持2%～3%發展速度的重要支柱。中國目前剛剛步入創業時代，一大批創業企業尚處於初創階段，並未真正成長起來，但這些創業企業充滿了生機與活力，在政府創業促進政策的鼓勵下，終會發展成健康成長的企業。這些企業將影響未來中國經濟的發展，尤其是那些具有高附加值的知識型企業的不斷創立與發展壯大，更會對未來幾年、十幾年中國經濟建設的發展速度產生重要的影響。

（二）創業活動的個人功能屬性

1. 塑造並完善個人素質

當創業者準備創業的時候，也許創業者感覺在資金、心理等方面都準備好了，但

是做任何事情都不可能一帆風順，未來是不確定的，創業者不清楚他的性格、他現在所具備的素質能否應對未來企業的成長。當創業者決定創業並最終踏上這條道路的時候，許多他想像不到的事情便會接踵而來，對於一個成功的創業者來說，除了繼續保持自信、樂觀並盡一切努力尋找解決途徑之外，別無他法。此時，創業者會更加明白什麼是「鍥而不捨，金石可鏤」，更重要的是創業者學會利用資源，並與他人緊密合作。創業者會更坦然地面對一次次的失敗。戴比·菲爾（Debbie Phil）說：「企業家們真正的失敗在於他們停止努力，因為只有他們停止努力了，他們的失敗才成為真正意義上的失敗。」創業者也可能會對冒險產生一種莫名的眷戀，就像克羅克說的一樣：「在地板上走鋼絲沒什麼了不起，沒有冒險就沒有成功的驕傲，同樣就無快樂可言。」

2. 創造個人財富

社會上那些最耀眼的、最令人注目的人往往是通過自己創業並取得成功的人，他們的個人財富以幾何級數的方式迅速增長，他們的創業過程就像原子核內部發生的裂變一樣，如比爾·蓋茨、邁克爾·戴爾、李嘉誠等。

創業的過程本身就是財富聚斂的過程。一方面，創業者的閱歷豐富了，對社會有了更深層次的認識，創業者的個人素質也就得到更大提升，這是精神財富的聚斂；另一方面，最直接的也是人們最容易觀察到的便是創業者的物質財富，它體現了創業者的身價、在社會中所處的地位，這些和企業內部可以衡量的有形資產一樣，是最實在的東西。

3. 實現個人價值

具有創業動機的人往往希望通過創業實現自己的人生價值。當然，人生價值的實現途徑是多樣的。有的人進行發明創造，把個人價值同人類的科技進步聯繫起來；有的人致力於人類的解放活動，把個人價值同人類的自由結合起來；但是，更多的人則致力於創業，把個人的價值同社會的物質進步、人類物質文明的發展聯繫起來，在追求事業報國的活動中實現自己的人生價值。

【學習導航】

2010年8月21日溫家寶在考察深圳時指出，年輕人富有朝氣，沒有框框，敢想別人不敢想的事，敢做別人不敢做的事，反應在工作上就是勇於創新、打破框框。

資料來源：中國廣播網（http://china.cor.cn/news/201008/t201008-506929643.html）

三、知識經濟時代賦予創業的重要意義

縱觀20世紀的發展歷程，人類逐漸從工業經濟社會步入知識經濟社會。在以知識為基礎的經濟發展過程中，知識成為資本，人才和科學技術的價值得到充分的體現。生活在工業經濟時代的人們，很難想像20世紀80年代會出現比爾·蓋茨、楊致遠之類的奇跡，在短短幾年時間裡，這些年輕人憑藉自己的開拓精神、創新能力，用自己的智慧闖出一片嶄新的天地，靠計算機軟件、因特網等累積起億萬財富，同時推動整個人類文明向前發展。

這是一個創業時代。傳統的事業發展模式逐漸被打破，創造和創新日益得到認同。美國硅谷早已成為知識界、科技界、企業界有口皆碑的楷模，從那裡，人們明白了知識

原來可以這樣快速地轉變為財富，科技原來具有如此大的威力，甚至可以引發產業革命。他們能行，我們也能行！他們能做到的，我們也能做到！在追趕世界先進水平、振興國家的過程中，一批批對未來充滿希望和夢想的人，開始思索並實踐在中國的創業夢想。

最近兩年來，伴隨著風險投資、互聯網和電子商務等在中國的發展，一批創業領袖和高科技企業相繼誕生。創業領袖們的個人魅力和奮鬥經歷正感染並激勵著我們。而在科教興國的時代背景中，高科技產業的振興對於國民經濟的發展來說至關重要。高科技創業公司的出現和崛起，則是高科技產業振興的重要生力軍。創業在這樣的環境中，並不僅是個人的選擇，而是社會所認同的一種有價值的行為。

不論什麼年代，我們都可以充滿熱情和活力，但是，只有知識經濟時代才賦予了我們如此多的機遇。在這個知識創造財富、智力就是資本的時代中，我們不必再沿著工業時代前輩們的老路前進。榜樣的力量是無窮的，比爾·蓋茨如此，楊致遠如此，新經濟時代的拓荒者們大都如此。

【本節要點】

經濟轉型是創業熱潮興起的深層次原因。經濟社會發展不同階段創業活動的特徵。創業具有增加就業、促進創新、創造價值等功能，同時也是解決社會問題的有效途徑之一。

第三節　創業與職業生涯發展

【本節教學目標】

1. 瞭解創業與職業生涯發展的關係。
2. 理解創業能力提升對個人職業生涯發展的積極作用。

【主要內容】

一、廣義和狹義的創業概念

本章第一節從創業的本質、要素和類型等方面，對創業的定義進行了介紹。從廣義上講，「業」指的是事業，創辦企業是創業，在某一領域內做出創新性成就也是創業，也有人認為潛心從事基礎理論和學術研究也是創業。因此，廣義的創業概念是指創新事業發展。狹義的創業包括創建新企業和公司再造。本書所理解的創業是指狹義的創業。

創建新企業，即從無到有地創建出全新的企業組織。它既包括創業者獨立地創建一個新企業，也包括一個已經存在的公司創建一個在管理上保持獨立性的企業。公司再造是指一個業已存在的公司，由於產品、市場營銷以及企業組織管理體系等方面的原因而陷入困境，因而需要進行重新創建的過程。公司再造涉及公司組織結構的根本性變革，它需要重新建立一套全新的企業組織制度，它與創建新企業這種活動一樣面臨著企業組織制度建設問題，因此，它本質上也是一種創建企業意義上的創業行為。

公司再造包括以下三種：

第一種，基於產品創新的公司再造。產品創新既可能是基於技術創新的成果，也可能是基於工藝創新等非技術創新的成果。但無論哪種類型的產品創新，只有能夠產生新的消費者群體，從而導致市場營銷模式的創新，繼而涉及企業組織管理體系建設時，才能稱得上是創業企業。這也進一步說明，創新和創業並不是完全等同的概念。

第二種，基於市場營銷模式的公司再造。對於新創建的企業而言，它所經營的產品或許是市場上已有的產品，但如果它採取了一種有別於其他廠商的市場營銷模式，從而給消費者帶來更為高效的滿足，則同樣是在成功地創建企業。例如，美國聯邦快遞公司所提供的郵包服務，雖然在產品（郵包服務）這個層次上並沒有創新，但由於在市場營銷模式（小包裹運輸的軸心概念和輻射狀航空運輸配送系統）上實現了重大創新，因而創建起了新型企業，並獲得了巨大的成功（聯邦快遞現在已是世界500強企業之一）。

第三種，基於企業組織管理體系創新的公司再造。對於新創建的企業，它所經營的產品或許是市場上已有的產品，所運用的市場營銷模式也可能是市場上已有的模式，但由於它採取了一種有別於其他廠商的企業組織管理體系，因而能夠更高效地實現產品的商業化和產業化。例如，20世紀80年代以來，中國不少國有企業的產品本來很有潛力，市場營銷模式也沒有太大問題，但國有企業組織僵化、經營機制缺乏活力，使得它們的經營效率極低。相反，也就在這段時期，大量鄉鎮企業如雨後春筍般興起。雖然不少鄉鎮企業生產的產品以及市場營銷模式與國有企業並無太大的差別，但因為其組織機構精幹、經營機制靈活，鄉鎮企業在市場競爭中異軍突起，鑄就了輝煌的創業業績。

二、創新型人才的素質要求

創新素質是指完成創新活動所必需的基本條件。它是由創新個性、創新思維、創新意識、合理的知識結構、一定的哲學素養、較強的學習興趣保持能力和學習能力以及科學的方法等方面所組成的複雜系統。

（一）創新個性

個性，通常是指個人具有的比較穩定的、有一定傾向性的心理特徵的總和，包括性格、能力、動機、興趣、意志、情感等。創新個性是創新型人才所具有的個性特徵。創新型人才所具有的鮮明個性主要有樂觀自信、獨立自主、擁有強烈的成就動機、執著的情感、堅強的意志等。其中，成就動機是創新的動力因素，它能推動和激勵人們發動及維持創新活動；執著情感是引起、推進乃至完成創新活動的心理因素；堅強意志是在創新活動中克服困難、衝破阻礙的個性特徵。其中執著情感和堅強意志主要表現為不畏辛勞、勤奮刻苦，並能長時間集中注意力。

【學習導航】

陳景潤說過：「做研究就像登山，很多人沿著一條山路爬上去，到了最高點，就滿足了。可我常常要試9~10條山路，然後比較哪條山路爬得最高。凡是別人走過的路，

我都試過了，所以我知道每條路能爬多高。」這句話揭示出了陳景潤能夠達到光輝的頂點的原因：一方面在於他不畏辛勞、勤奮刻苦和不計代價的投入；另一方面，也是更重要的，是他具有長時間地高度集中注意力的能力。正是因為具有這一點，他才能愉快地把全部時間都花在工作上，做別人做不到的事。事實上，注意力集中的程度決定著思維的深度和廣度。科學史上思想深邃的巨人都特別能集中注意力。著名的物理學家奧托·弗里希（Otto Frisch）回憶說：「愛因斯坦（Albert Einstein）特別能集中注意力，我確信那是他成功的真正秘訣：他可以連續數小時以我們大多數人一次只能堅持幾秒鐘的程度完全集中注意力。」這句話很精彩，它清楚地揭示出了優秀科學家與一般人的不同之處。

資料來源：浙江省人事廳. 科技與創新專業技術人員提升創新能力讀本 [M]. 杭州：浙江人民出版社，2007：126-127.

（二）創新思維和創新意識

創新思維是人類思維的高級形式，它不僅能揭示事物的本質和發展規律，而且能夠提供新的、具有社會價值的產物。創新思維極其複雜，它的形式多種多樣，如發散思維、求異思維、逆向思維、側向思維、形象思維、直覺思維、立體思維等，並且常常是多種形式交織在一起。創新思維不同於一般的思維活動之處主要在於它的想像力。

【學習導航】

愛因斯坦（Albert Einstein）有句名言：「想像力比知識更重要，因為知識是有限的，而想像力概括著世界上的一切，推動著進步，並且是知識進化的源泉。」正是這種想像力，使創新思維能在現成材料的基礎上，進行想像和構思——而不是僅僅依靠對現成的表象或有關條件的描述——從而有所發現、有所發明、有所創造。

資料來源：浙江省人事廳. 科技與創新專業技術人員提升創新能力讀本 [M]. 杭州：浙江人民出版社，2007：127.

創新意識是指人們根據社會和個體生活發展的需要，引起創造前所未有的事物或觀念的動機，表現出創新的意向、願望和設想。它是人類意識活動中的一種積極的、富有成果性的表現形式，是人們進行創新活動的出發點和內在動力。創新意識與創造性思維不同，創新意識是引起創造性思維的前提和條件，創造性思維是創新意識的必然結果，兩者之間具有密不可分的聯繫。創新意識是創新型人才所必需的，其中，「好奇心」是創新意識的潛能，是創新意識的萌芽。創造欲是創新意識的表現，有明晰的創新意識者必然具有強烈的創造欲。

【學習導航】

瓦特（James Watt）觀察水開時壺蓋被掀動而成功地改良了蒸汽機，阿基米德（Archimedes）洗澡時因身體感到水的浮力而發現了著名的阿基米德原理，這些發明創造均與發明者具有強烈的好奇心有關。核物理學的一個重大里程碑——放射性的發現，就是因為年輕的居里夫人（Marie Curie）被一種強烈的好奇心所驅使，選擇了探索貝克勒爾射線（Antoine Henri Becquerel）的秘密作為論文課題。愛因斯坦（Albert Einstein）

在晚年之所以拒絕做以色列總統，是因為他對科學事業的永恆興趣。愛因斯坦曾對傳記作家塞利希（Carl Seelig）說：「我沒有什麼特別的才能，不過喜歡刨根問底地追究問題罷了。」正是這種刨根問底的好奇心，驅使他終身對科學事業不離不棄。

資料來源：浙江省人事廳. 科技與創新專業技術人員提升創新能力讀本[M]. 杭州：浙江人民出版社，2007：128.

（三）合理的知識結構

一個人能否有所創新，不完全取決於他所擁有的知識，是否具有合理的知識結構似乎更為重要。現代心理學認為，合理的知識結構有利於同化原有觀點、概念而形成新觀點、新概念。創新型人才的合理知識結構主要應該具有以下幾個方面的特徵：①有一定的基礎理論知識；②具有較深厚的專業知識；③有廣泛的鄰近學科知識；④了解相關方面的科技發展狀況的前沿知識；⑤懂得學習策略知識。

【學習導航】

創造欲是一種不滿足於現成的思想、觀點、方法及物體的質量、功用，而總想在原有基礎上搞點創新發明的慾望。推陳出新的強烈慾望，表現為不安於現狀，不墨守成規，對創造活動有極大的興趣，大腦裡經常有「能否換個角度看問題、有沒有更簡捷有效的方法和途徑」等問題盤旋。具有創造欲的人不安於書本上的答案，而要去嘗試一下，嘗試發現與書本不同的東西。擁有創造欲比擁有智力更重要。

資料來源：浙江省人事廳. 科技與創新專業技術人員提升創新能力讀本[M]. 杭州：浙江人民出版社，2007：128.

（四）一定的哲學素養

哲學對於創新的作用首先在於其懷疑和批判精神。巴甫洛夫（Pavlov）說過：「懷疑，是發現的設想，是探索的動力，是創新的前提。」大膽質疑，一是敢疑，二是善疑。哲學能讓我們站得更高，從而望得更遠、看得更清。創造性活動必須以原有的知識經驗為基礎，但又必須跳出原有知識經驗的圈子，以俯視、審視的態度來看待已有的知識經驗，這樣才能發現彼此之間的似斷實連的內在聯繫，從而產生出新思想，創造出新產品。哲學思想能幫助形成、激活借鑑意識。表面上看，借鑑是一種模仿，而本質上其實是對高效知識的濃縮、提煉而形成的簡單抽象模型在其他領域的創造性運用，其結果就是有自己特色的新產品。

（五）較強的學習興趣保持能力和學習能力

在知識經濟條件下，知識更新速度不斷加快。資料顯示，一個大學本科畢業生在校期間所學的知識僅占其一生中所需知識的10%左右，而其餘90%的知識都要在工作中不斷學習和獲取。在學習問題上，最重要的是要保持終身學習的興趣。首先，要有正確的學習定位。學習的最基本要求是滿足工作的需要。我們要以工作為中心，向領導、同事和下屬學習。其次，要保持較強的學習能力，即要「會」學知識。最後，要有個性的發展定位。我們要順應自己的天性，在自己最有興趣和最具潛力的領域累積自己的知識。

（六）科學的方法

科學的方法是人們揭示客觀世界奧秘、獲得新知識和探索真理的工具，是創新的武器。法國著名生理學家貝爾納（Bernard Claude）說過：「良好的方法能使我們更好地發揮運用天賦的才能，而拙劣的方法可能會阻礙才能的發揮。因此，科學中難能可貴的創造性才華，由於方法拙劣可能被削弱，甚至被扼殺；而良好的方法則會增長、促進這種才華。」

另外，創新型人才還必須具備一些基本的人文素質，比如「海納百川，有容乃大」和「文人相親」，即善於看到自己同行和競爭對手的優點和長處，在保持各自的風格特點的同時，相互學習、相互鼓勵、相互支持。英國著名作家蕭伯納（George Bernard Shaw）曾說過一句精彩的話，大意是：兩個人交流思想與交換蘋果不同，交換蘋果以後，每個人手裡還是只有一個蘋果，但交流思想後，每個人就都有了兩種思想。具備這一素質的人，就能不斷獲得新思想，同時也才能具有「團隊精神」。

三、創業能力對個人職業生涯發展的意義和作用

個人職業生涯是指一個人一生連續擔負的工作職業和工作職務的發展道路，職業生涯設計要求根據自身的興趣、特點，將自己定位在一個最能發揮自己長處、最大限度實現自我價值的位置上。一個人的成長與發展需要進行個人職業生涯的規劃與設計，確定適合個人條件的各個階段的發展方向和目標。

具體而言，個人的職業生涯規劃是指在對個人和內部環境因素進行分析的基礎上，通過對個人興趣、能力和個人發展目標的有效規劃，以實現個人成就最大化而做出的行之有效的安排。從職業生涯發展過程看，職業生涯發展分為不同的時期。

（一）職業準備期

職業準備期是形成了較為明確的職業意向後，從事職業的心理、知識、技能的準備以及等待就業機會的時期。每個擇業者都有選擇一份理想職業的願望與要求，準備充分的人能夠很快地找到自己理想的職業，順利地進入職業角色。

（二）職業選擇期

這是實際選擇職業的時期，也是由潛在的勞動者變為現實勞動者的關鍵時期。職業選擇不僅是個人挑選職業的過程，也是社會挑選勞動者的過程，只有個人與社會成功結合、相互認可，職業選擇才會成功。

（三）職業適應期

擇業者剛剛踏上工作崗位，存在一個適應過程，要完成從一個擇業者到一個職業工作者的角色轉換。要盡快適應新的角色、新的工作環境、工作方式、人際關係等。

（四）職業穩定期

這一時期，個人的職業活動能力處於最旺盛的時期，是創造業績、成就事業的黃金時期。當然職業穩定是相對的，在科學技術發展迅速、人才流動加快的今天，就業單位與職業崗位發生變化是很正常的現象。

（五）職業結束期

職業結束期是指由於年齡或身體狀況等原因，逐漸減弱職業活動能力與職業興趣，

最終結束職業生涯的時期。

近年來，大學畢業生就業壓力越來越大，已成為當前不容迴避的客觀現實。面對這種形勢，自主創業既可以為自己尋找出路，又能為社會減輕就業壓力。現在想要自主創業的人不少，自主創業越來越被大學生們所接受，他們不再完全依賴家長和學校幫助找工作，而是主動發現和尋找機遇，把創業當作一種職業理想，給自己一片更廣闊的天空。

未來自主創業的人會越來越多，甚至有可能成為就業的主流，成為畢業大學生就業的首選。據報導，在20世紀末，國際教育界曾做過這樣的預測：就世界範圍而言，21世紀將有50%的大中專學生要走自主創業之路。1998年10月在巴黎召開的世界高等教育會議更是明確提出「高等學校，必須將創業技能和創業精神作為高等教育的基本目標，為了方便畢業生就業，高等教育應主要關心培養創業技能與主動精神」，要使高校畢業生「不僅成為求職者，而且成為工作崗位的創造者」。有一種說法，沒有學生創業就沒有美國硅谷。高校畢業生創業不僅應作為一種能力來培養，更應作為一種文化來塑造。

在中國，大學生自主創業具有良好的環境。從中央到地方到各個高校都鼓勵、支持大學生畢業後自主創業，各級政府為大學畢業生創業制定了一系列的優惠政策。例如，國務院辦公廳發布的《關於做好2003年普通高等學校畢業生就業工作的通知》指出，凡高校畢業生從事個體經營的，除國家限制的行業外，自工商部門批准其經營之日起，1年內免交登記類和管理類的各項行政事業性收費。有條件的地區由地方政府確定，在現有渠道中為高校畢業生提供創業貸款和擔保。這些鼓勵措施不僅為大學生開創了一條就業渠道，更激發了大學生自主創業的熱情和上進心。因此，對有條件的大學生來說，在深思熟慮之後，不妨勇敢地去創業，給自己一個開闢一番新天地的機會。

目前，大學生創業的渠道相當廣泛。許多大學生創新意識強，有自己的專利或開發項目，創辦高科技企業，是大學生創業的一條理想之路。除此之外，還有許多創業之路可供選擇。例如，一些大學畢業生運用自己的專長、特長，個人或合夥開辦餐館、書店、諮詢公司等。大學畢業生自主創業不僅解決了自己的就業問題，而且還給別人提供就業機會。可以說，對當代大學生而言，自主創業是職業生涯設計的一條光明之路、希望之路。

在大學階段，大學生學習的根本目的就是多學知識、學好知識。創業知識是大學生所學知識的一部分，只有奠定了良好的創業知識基礎，大學生才有望在以後的形式多樣、內容豐富的創業活動中如魚得水、融會貫通，才能在今後的創業實踐中得心應手、運作自如。

【本節要點】

創業並不只是開辦一家企業。創業能力具有普遍性與時代適應性。創業能力對個人職業生涯發展起著積極作用。

【案例分析】

按照創業的定義，本章主體案例中孫福玲的「毛巾事業」和張瑜的「微博營銷」都屬於創業活動，因為他們都識別到了機會（國內毛巾市場有一個可以與歐美市場相匹敵的巨大空間；微博用戶對家政服務需求的火爆），都注重組合資源（孫福玲拿下韓國品牌毛巾的中國代理權，創立了自己的品牌「福緣愛」；張瑜與著名作家「互粉」、阿姨爭相「上微博」），都在一定程度上創造了價值（孫福玲的毛巾事業蒸蒸日上，將毛巾與藝術和文化緊密聯繫在一起；2012年微博營銷預計將給張瑜帶來近百萬元的營業額）。

孫福玲的威海浩普國際商貿有限公司和張瑜的大班家政都屬於創建新企業；而張瑜的「微博營銷」則屬於基於市場營銷模式的公司再造。

【作業與思考題】

一、填空題

1. 創業過程可以分為_____、_____、_____、_____四個主要階段。
2. 如果將中國經濟社會發展階段分為短缺經濟、雙軌制、市場經濟、知識經濟、創新社會的話，那麼與每個階段相對應的創業活動的特徵可分別概況為：_____、_____、_____、_____、_____。
3. 創業具有_____、_____、_____等功能，同時也是解決_____的有效途徑之一。
4. 對當代大學生而言，_____是職業生涯設計的一條光明之路、希望之路。

二、名詞解釋

1. 創業
2. 創業精神
3. 職業生涯

三、論述題

大學生應當如何培育創業精神？

【教學設計】

第一時段：2節課，100分鐘。
課前準備：5分鐘。點名，介紹本章教學師資、課時、計劃安排。
開課問題：5分鐘。就主體案例提出啟發性問題。
講授內容：80分鐘。圍繞主體案例，以教材為內容，系統講解創業與創業精神。
總結要點：5分鐘。總結本節要點。
布置問題：5分鐘。布置與本節有關的作業與思考題。

第二時段：2節課，100分鐘。

課前準備：5分鐘。點名。

開課問題：5分鐘。就社會經濟形態提出啓發性問題。

講授內容：80分鐘。以學習教材為內容，系統講解知識經濟發展與創業的關係。

總結要點：5分鐘。總結本節要點。

布置問題：5分鐘。布置與本節有關的作業與思考題。

第三時段：2節課，100分鐘。

課前準備：5分鐘。點名。

開課問題：5分鐘。就職業生涯規劃提出啓發性問題。

講授內容：60分鐘。以學習教材為內容，系統講解創業與職業生涯發展的關係。

總結要點：5分鐘。總結本節要點。

延伸案例：20分鐘。以大學生創業案例為引線，引導學生正確認識並理性對待創業。

布置問題：5分鐘。布置與本節有關的作業與思考題。

【創業案例】

故事兩則

案例一

胡啓立是武漢科技學院電信學院應屆本科畢業生。2002年，他借錢上大學。在大學期間，他打工、創業，不僅還清了債務，為家裡蓋起了兩層洋樓，還在武漢購房買車，擁有了自己的培訓學校。他創業走過了怎樣一條路？學校師生對他創業又是如何看的呢？

大學時間相對充裕，稍不注意就會養成懶散的習慣，而胡啓立是個閒不住的人，他決定提前走入社會，大一下學期就開始了自己的創業之路。他找到的第一份兼職工作是給一所仲介機構貼招生海報，期間遇到了在附近一所大學網絡中心搞勤工儉學的大四學生王某，並萌生了利用網絡中心的電腦和師資面向大學生搞電腦培訓的念頭。

「只要你能招到生，我們就把整個網絡中心的招生代理權交給你。」王某慷慨地說，並預付給胡啓立1,800元的招生經費。胡啓立印海報、買糨糊，邀請幾個同學去各個高校張貼，結果只花了600元錢，淨掙1,200元。這是他掙到的第一筆錢。儘管只花了600元錢，招生效果卻不錯，一下子就招到了幾十個人。然而，這些學生去學電腦時卻遇到了麻煩，因為動靜搞大了，學校知道了這件事情，叫停了網絡中心的這個電腦培訓班。胡啓立幾次跑到網絡中心，都沒辦法解決這件事情。他無意間發現網絡中心樓下有個培訓班，也是搞電腦培訓的，能不能把這些學生送到那去呢？對方一聽說有幾十個學生要來學電腦，高興壞了，提出給胡啓立按人頭提成，每人200元。非常意外地，胡啓立一下子拿到了數千元錢。

2005年，「胡啓立會招生」的傳聞開始在關山一帶業內傳開了。一家大型電腦培訓機構的負責人找胡啓立商談後，當即將整個招生權交給他。隨著這家培訓機構一步步壯大，胡啓立被吸納成公司股東。但胡啓立並不滿足，他註冊成立了自己的第一家

公司——一家專門做校園商務的公司。

胡啓立談起成立第一家公司的目的：「校園是一個市場，很多人盯著這個市場，但他們不知道怎麼進入。成立公司，就是想做這一塊的業務，我叫它校園商務。」同時，胡啓立發現很多大學生通過仲介公司找兼職，上當受騙的較多，就成立了一家勤工儉學中心，為大學生會員提供實實在在的崗位。他的勤工儉學中心影響越來越大，後來發展到 7 家連鎖店。「高峰時，每個中心每個月能有一萬元左右的純收入。」

在給一些培訓學校招生的過程中，胡啓立結識了一家籃球培訓學校的負責人，開始萌生涉足體育培訓業務的念頭。經過多次考察比較，2006 年年底，胡啓立整體租賃漢陽一所中專校園，正式進軍體育培訓。當年招生 100 餘人，2007 年的招生規模是 300 人。「以前都是為別人招生，這次總算是為自己招了。」如今，胡啓立已涉足其他類型辦學，為自己創業先後已投入 200 萬元左右。

儘管現在成了校園裡的創業明星，在外面也買了房子，但胡啓立一點也不張揚，還和以前一樣住在學生宿舍、吃學生食堂，而且他看上去和大多數同學差不多，只不過稍顯得老成一些而已。

其實，班裡對胡啓立的看法，分成兩種：一部分人十分羨慕他，大學還沒畢業就能自己賺錢買車買房；另一部分人認為他雖然創業成功了，但學習沒跟上，而且他現在從事的工作和專業沒什麼關係，等於放棄了自己的專業，怪可惜的。班主任杜勇老師談起自己的這個特殊學生時說：「我帶過很多學生，但胡啓立是其中最特別的，創業取得的成績也較大。」他認為在現在大學生就業形勢整體不太好的前提下，大學生自主創業，不僅解決了自己的就業問題，做得好的話還可以為別人提供崗位。「但要是能兼顧學業就更好了。」

案例二

在紹興市新建北路 5 號，有家「新天烘焙」蛋糕店。與其他蛋糕店有點不同，這家店不僅店面寬敞明亮，而且在店鋪的一角擺放著一張圓桌、兩張凳子，桌上還放著幾本雜誌，有點休閒吧的味道。

這家與眾不同的蛋糕店的主人，是位走出大學校門才兩年的年輕人——浙江大學城市學院 2006 屆畢業生陶立群。他畢業後自主創業，現在已擁有 5 家蛋糕連鎖店和一家加工廠，成為紹興市裡小有名氣的創業青年，今年被評為紹興市創業之星。

2006 年 6 月，陶立群從浙江大學城市學院工商管理專業畢業後，決定開個蛋糕店。他做出這個決定並不是盲目的——大學期間，他曾經經營過校內休閒吧、小餐廳，都做得不錯。曾做過「元祖蛋糕」代理的他，對蛋糕市場有所瞭解，覺得能在這一行闖出一片天地。雖然父母極力反對，但陶立群認準了這條路，決意走下去。2006 年夏天，他白天頂著烈日逛紹興市區大大小小的蛋糕店，看門道、想問題，晚上則躲在房間裡查資料，瞭解市場行情。他還跑到杭州、上海等大城市做蛋糕市場的調查，進行可行性分析。

陶立群的調查有不小的收穫：紹興當時只有「亞都」「元祖」兩家知名品牌蛋糕店，其餘的都是本地小蛋糕店，中高檔品牌蛋糕市場相對空缺，而且當時紹興還沒有一家蛋糕店的糕點是現烤現賣的。陶立群的創業夢想定位在打造本地中高檔蛋糕品牌上。

兩個多月後，當滿滿9頁的《新天烘焙蛋糕店可行性策劃書》放在父母面前時，陶立群的父母被感動了，他們拿出積蓄支持兒子創業。2006年年底，第一家「新天烘焙蛋糕店」在紹興市新建北路5號正式開張，陶立群做起了小老板。他將店面分成兩部分，前半部分是自選式的透明櫥窗，便於顧客自行挑選；後半部分則用來加工糕點，現做現賣。

　　起早摸黑，對在創業之初的陶立群來說是常事。為節約成本，採購、運貨等工作陶立群都自己一個人做。優質的用料、獨特的口味、有人情味的服務，贏得了消費者的喜愛。目前，陶立群已先後開出五家連鎖店。談及今後的打算時，陶立群說，他下一步要在蛋糕店的團隊建設上下功夫，並且要不斷改善店裡的蛋糕品種以及銷售服務，打響「新天」品牌，力爭開出更多的連鎖蛋糕店。

　　成功總是留給那些有準備的人。陶立群在正式創業之前，對自己的能力有清醒的認識，對蛋糕行業有詳細的調查、分析，這正是他創業初步成功的基礎。大學生創業時不能盲目，一定要對即將進入的行業作充分的瞭解。

　　傳統的觀念認為，對於知識層次高、有一定的專業知識的大學生們來說，「創業」理應是在高知識、高科技領域上的。更有不少大學生則一提到創業就好高騖遠，絲毫沒有想到應該往「小而細」方面去努力創業。在中國目前大學教育與社會實踐脫節現象比較嚴重的情況下，那種來自「傳統行業」的「新創意」式的創業，則是值得肯定和學習的。例如，復旦大學計算機本科畢業的顧澄勇，在任何人都會的「賣雞蛋」上，也賣出了「新創意」，他成功開發出「阿強」雞蛋的「網上身分查詢系統」，滿足了大家對雞蛋新鮮衛生的需求。此外，打造雞蛋品牌，推出滿足人們對營養最足的頭窩雞蛋需要的「頭窩雞蛋」等做法，也為他開拓出了一片「創業新天地」。

　　此外，建收廢品網站創業、擦皮鞋開連鎖店創業、賣鐵板燒創建「大學生鐵板燒連鎖店」創業等，都讓一些大學生嘗到了創業的成功和快樂。

比爾‧蓋茨的忠告

　　1975年，一名18歲的大三學生從哈佛退學，一頭扎進個人計算機軟件領域，創建了微軟公司。這個不務正業的大學生就是當今世界首富比爾‧蓋茨。

　　比爾‧蓋茨一直是當今世界大學生的榜樣，特別是那些正在大學就讀的學生，每當他們躍躍欲試，急欲放下學業，張開創業翅膀而遇阻時，他們常常搬出比爾‧蓋茨。在許多人眼裡，只要有創意有資金，實現創業夢想就近在眼前，他們思維活躍，敢想敢為。不可否認，大學生創業有許多成功的案例，例如胡啓立就取得了不錯的成績，但實際上，大學生創業更多的是失敗、是苦澀。

　　大學時代是一個人廣泛學習各種基本技能、培養健康穩定的文化心態的黃金時期，大學生可以利用課餘時間參加實踐，體驗社會，但還是應以學業為重。向比爾‧蓋茨看齊，更應該注重的是他的開創精神，而不是草率的盲從。比爾‧蓋茨接受中國中央電視臺記者採訪，在提到當年退學創業時說：「我鼓勵人們還是要完成學業，除非有一些非常緊迫的，或者是不容錯過的事情。完成所有的學業會好得多。」比爾‧蓋茨不可能像他的電腦軟件一樣可以被複製。讓我們記住比爾‧蓋茨的忠告。

　　希望大家能從這兩個案例中學到一些能夠運用到自己身上的東西。面對就業壓力，

你應該怎樣選擇？機會靠自己爭取，別怕苦、別怕累、別怕碰壁、別怕失敗，要自信、要堅持。放棄休息、放棄舒服、放棄單一的理論，用實際的行動、用自己的雙手、用自己的創新，掘取屬於你的第一桶金。

資料來源：湖南商學院就業信息網

第二章　創業者與創業團隊

【本章結構圖】

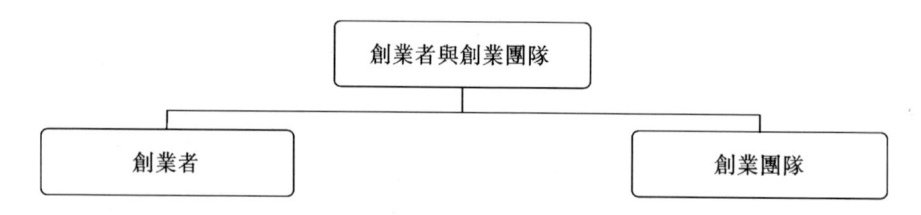

```
            創業者與創業團隊
           /              \
        創業者            創業團隊
```

【本章學習目標】

1. 理解創業者應具備的基本素質和能力。
2. 瞭解創業動機及其對創業的影響。
3. 理解創業活動的理性因素。
4. 理解創業團隊對創業成功的重要性。
5. 深刻理解組建創業團隊的思維方式。
6. 掌握組建創業團隊對創業活動的影響。
7. 掌握管理創業團隊的技巧和策略。
8. 理解創業團隊領袖的角色與作用。

【主體案例】

佩奇、布林與谷歌

谷歌創始人謝爾蓋·布林（Sergey Brin）出生於莫斯科，是馬里蘭大學的榮譽畢業生，擁有數學和計算機專業的理學學位。隨後他考入斯坦福大學計算機專業。目前他從計算機研究所博士班休學，全力發展谷歌公司。

謝爾蓋·布林的父親邁克爾·布林（Michael Brin）是一名數學家，曾經在蘇聯的計劃委員會就職。由於蘇聯對猶太人的歧視政策，1979年邁克爾一家移民到了美國。邁克爾說：「我離開蘇聯除了自身的原因，再有就是考慮到了謝爾蓋的前途。當時我並沒有想到謝爾蓋日後會成為一名產業巨子，我只是希望他能順利拿到博士學位，並最終成為一名對社會有用的人，當然最好是像我一樣成為一名教授。」但是謝爾蓋並沒有按照父親給他制定的規劃發展，他在斯坦福大學攻讀博士學位期間選擇了休學，並和拉里·佩奇（Larry Page）一起創建了家喻戶曉的互聯網搜索引擎——谷歌。

佩奇畢業於密歇根州安娜堡大學，擁有理學學士學位。受擔任計算機系教授的父

親啓蒙，佩奇早在1979年就開始使用計算機了。目前他從斯坦福大學計算機研究所博士班休學，與好友布林共同經營谷歌公司。

1998年9月，25歲的佩奇和24歲的布林決定合夥開個公司，公司提供的唯一服務就是搜索引擎。兩人在對商業計劃一無所知的情況下就從斯坦福校友、思科公司的原副總裁貝托爾斯海姆（Andy Bechtolsheim）那裡順利地拿到了第一筆投資——10萬美元。他們的搜索引擎谷歌脫胎於1996年1月誕生的BackRub（Google的原名），後者最初只是佩奇和布林的一個課題實驗。有一天，他們驚奇地發現：每天有成千上萬人在使用原本只有少數導師知道的BackRub系統。兩人興致勃勃地準備出售BackRub，但當時各大門戶網站對這項技術非常冷漠，佩奇和布林決定自己幹。於是，1998年9月，谷歌就在一個車庫中誕生了。在創立之初，公司除了佩奇和布林之外，就只有一個雇員克雷格·西爾維斯通（Craig Silverstein），他現在是谷歌的技術總監。

1998年9月7日，谷歌公司正式誕生。辦公室就是朋友轉租的車庫，住著公司的3位員工。這個辦公室有不少便利之處，因為裡面還有洗衣機、干衣機和熱水大浴盆，還提供了一個停車空間，剛好可以供公司雇傭的第一位員工克雷格·西爾維斯通停車。那時候，Google.com（谷歌網站）每天已有10,000次搜索，媒體也開始關注這顆耀眼的新星。《今日美國》文章讚美了谷歌出色的搜索結果，《個人電腦雜誌》（*PC Magazine*）也將谷歌列為1998年度最佳的100網站之列。谷歌就這樣勢不可擋地走向了世界。

1999年2月，原有的辦公室已經容不下迅速發展的谷歌，於是他們搬到了帕洛阿爾托（Palo Alto）大學街的新辦公室。員工人數也翻了一番，達到了8個人。谷歌每天處理的搜索已經達到了50萬次，谷歌成為最著名的Linux軟件公司紅帽子（Red Hat）的第一個商業客戶，從此谷歌成為開放源代碼軟件的忠實用戶。

1999年6月7日，絕對是歷史性的一天。因為，這一天他們得到確切的結果：硅谷最有名的兩家風險投資公司克萊納巴金斯（Kleiner Perkins Caufield & Buyers）和美洲杉（Sequoia Capital）都同意一共向谷歌投資2,500萬美元。據說，這兩家相互競爭的風險投資公司，還從來沒有同時投資過同一家公司。兩家公司的兩大人物——美洲杉的邁克·莫里茲（Mike Moritz）和克萊納巴金斯的約翰·杜爾（John Doerr）同時進駐公司的董事會。這兩個人物可是Sun（太陽公司）、Intuit（財捷集團）、Amazon（亞馬遜）和Yahoo（雅虎）等公司成功故事的締造者。從此，谷歌不再是一家車庫公司，而成為互聯網大潮中的正式玩家之一。

富有才華的佩奇和29歲的布林堪稱黃金搭檔，兩人是公司的聯合總裁。佩奇是主管產品的總裁；布林是主管技術研發的總裁。有其人必有其公司，兩位創始人都是計算機科班出身，決定了谷歌是一家典型的以技術為核心優勢的公司。

資料來源：郭小平，祝君紅．創業營銷［M］．北京：清華大學出版社，2009．

問題：
1. 創業者應該具備什麼樣的素質？
2. 什麼樣的創業團隊創業成功的可能性更大？
3. 你更適合和什麼類型的人合作創業？
4. 採用什麼措施能更好地管理創業團隊？

第一節　創業者

【本節教學目標】

1. 理解創業者應具備的基本素質和能力。
2. 瞭解創業動機及其對創業的影響。
3. 理解創業活動的理性因素。

【主要內容】

一、創業者的含義和類型

（一）創業者的含義

大多數人都可以成為創業者。近些年來，國內外學者逐漸認同：創業者不是唯一的創造社會新價值的人，也不是一個特殊人群。管理大師彼得·德魯克（Peter F. Drucker）認為，創業者就是有賦予資源以生產財富能力的人。西方社會通常把創業者與職業經理人作為對比概念加以區分。創業者，指開辦或經營自己企業的人，他們既是員工，又是雇主，對經營企業的成功與失敗負責。職業經理人通常不是他們所管理公司的所有者，而是被雇來管理公司日常運作的人。

本書認為，創業者是發現和利用機會，通過一定的組織形式創造新價值並承擔風險的人。這一含義可從以下幾個方面來理解：

（1）創業者應該善於發現外部機會，發掘自身的能力和資源，充分利用市場機會，啟動創業，並謀求發展空間。

（2）創業者應該組建團隊，通過團隊的力量開展創業。

（3）創業者是將勞動、資本、土地這三項生產要素結合起來生產第四項要素的人，是把經濟資源從生產率較低、產量較少的領域轉移到生產率較高、產量更大的領域的人。

（二）創業者的類型

創業者可以從幾種不同的角度分類，本書主要從創業過程所處的角色和所發揮的作用、創業的背景和動機兩個不同角度進行分類。

1. 按照創業者在創業過程中所處的角色和所發揮的作用劃分

同為創業者也有不同的角色和地位，有人適合獨立創業，如有一定的資金、有極強的獨立性的人；有人不適合獨立創業，如欠缺獨立性、優柔寡斷的人。有人適合合夥創業，如容易與人相處的人；有人不適合合夥創業，只適合獨立創業，如該人能力很強，但不善於與人相處，聽不進別人的意見。在合夥創業中，有人適合做主要領導人，有人只適合做參與創業者。

（1）獨立創業者。獨立創業者是指獨自創業的創業者，即自己出資、自己管理。獨立創業者的創業動機和實踐受很多因素影響，如發現很好的商業機會，對工作具有

專注的精神、獨立性強、失去工作或找不到工作、對目前的工作缺乏興趣、對循規蹈矩的工作模式和個人前途感到無望、受他人創業成功的影響等，從而產生了獨立創業的想法。

獨立創業充滿挑戰和機遇，可以充分發揮創業者的想像力、創造力，自由展示創業者的主觀能動性、聰明才智和創新能力；可以主宰自己的工作和生活，按照個人意願追求自身價值，實現創業的理想和抱負。但是，獨立創業的難度和風險較大，創業者可能會缺乏管理經驗，或缺少資金、技術資源、社會資源、客戶資源等某一方面或某幾個方面的要素，生存壓力較大。

（2）主導創業者。主導創業者是創業團隊中帶領創業的人。1976年，時任臺灣家族企業榮泰電子協理的施振榮因榮泰電子受家族關聯企業財務的影響而不得不結束營業時，與林家和、黃少華等五人共同籌集了100萬元新臺幣創立宏碁，其中施振榮和他太太占股50%，其餘5人占股50%。施振榮為頭，即是主導創業者。

（3）跟隨創業者。跟隨創業者是創業團隊中除主導創業者以外的成員，也稱參與創業者。上例中所提到的宏碁創業團隊中的林家和、黃少華等創業團隊成員即為跟隨創業者。

2. 按照創業者創業的背景和動機劃分

（1）生存型創業者。創業者大多為下崗工人、失去土地或因種種原因不願困守鄉村的農民，以及剛剛畢業找不到工作的大學生。這是中國數量最大的一撥創業人群。清華大學的調查報告指出，這一類型的創業者占中國創業者總數的90%。

（2）變現型創業者。變現型創業者就是過去在黨、政、軍、行政、事業單位掌握一定權力，或者在國企、民營企業當經理人期間累積了大量資源的人，在機會適當的時候，自己出來開公司辦企業，實際是將過去的權力和市場關係變現，將無形資源變現為有形的貨幣。在20世紀80年代末至90年代中期，以前一類變現者居多，現在則以後一類變現者居多。

（3）主動型創業者。主動型創業者又可以分成兩種情況：一種是盲動型創業者；一種是冷靜型創業者。前一種創業者大多極為自信，做事衝動。這樣的創業者很容易失敗，但一旦成功，往往就是成就一番大事業。冷靜型創業者是創業者中的精華，其特點是謀定而後動，不打無準備之仗，或是掌握資源，或是擁有技術，一旦行動，成功概率通常很高。還有一種奇怪類型的創業者，也應該屬於主動型創業的一種特例。除了賺錢，他們沒有什麼明確的目標，就是喜歡創業，喜歡做老板的感覺。他們不計較自己能做什麼、會做什麼。可能今天在做著這樣一件事，明天又在做著那樣一件事，他們做的事情之間可以完全不相干。其中有一些人，甚至連對賺錢都沒有明顯的興趣，也從來不考慮自己創業的成敗得失。奇怪的是，這一類創業者中賺錢的並不少，創業失敗的概率也並不比那些兢兢業業、勤勤懇懇的創業者高。而且，這一類創業者大多過得很快樂。

二、創業者的素質與能力

（一）創業者的基本素質

從成為創業者這一角度來看，顯然並無太多特殊的要求，創業者並不是特殊人群。

而成功的創業者不僅要具備一般人的基本素質，還要具備獨特的創業素質。這些獨特的創業素質主要包括以下七個方面：

1. 創業者身體素質

良好的身體素質是成功創業的前提，健康的身體是成功創業的基礎。第一，創業之初，受資金、制度、管理、經營環境等各方面條件的限制，許多事情都需創業者親力親為；第二，創業過程中，創業者需要不斷地思索如何提高經營管理水平，從而使企業在激烈的競爭環境中迅速成長；第三，在整個創業過程中，創業者工作時間遠遠長於一般工作者，並且需要承受巨大的風險壓力。所有這些因素要求創業者必須具備充沛的體力、旺盛的精力、敏捷的思路，如果沒有過硬的身體素質，創業者必然力不從心、難以承受創業重任。

2. 創業者道德素質

道德是理想之光，成功的創業者必定是一個道德高尚的人，他會在創業的過程中，造福一方、惠及他人，做到言出必行、講誠信。創業過程中，創業者要做到兩點：第一，適度控制私心小利。從個體角度講，如果創業者過於看重自己的利益得失，不注重維護創業團隊成員或企業員工的利益，創業者將成為孤家寡人。從企業的角度講，如果創業者過於關注企業局部、短期的利益，企業則很難做大、做強、做久。第二，創業者要做到得意不忘形，失意不失志。一個成功的創業者在創業順利時能夠居安思危，在創業失利時能夠保持鬥志使企業轉危為安。

3. 創業者心理素質

創業的成功在很大程度上取決於創業者的心理素質。創業者在創業的過程中難免會遇到諸多的挫折、壓力甚至失敗，這就需要創業者具有非常強的心理調控能力，能夠持續保持一種積極、沉穩、自信、自主、剛強、堅韌及果斷的心態，即有健康的創業心理素質。宋代大文豪蘇軾說：「古之成大事者，不唯有超世之才，亦必有堅忍不拔之志。」只有具有處變不驚的健康心理素質，才能到達勝利的彼岸。

4. 創業者思想素質

企業是一步一步做大做強的，這要求創業者必須具備特殊的思想素質，具體包括：第一，既要志存高遠，又要腳踏實地。創業者既要為企業做全局的、長期的未來戰略規劃，又能步步為營按照市場規律辦事，從小處做起，做到精細管理。第二，既要有膽有謀，又要有風險防範意識。創業不是靠運氣，而是靠膽識和謀略，是一種理性的風險投資，這也要求創業者必須有膽有謀。同時，創業集融資與投資為一體，有一定的風險，這又要求創業者必須有一定的風險及防範風險的意識。

5. 創業者知識素質

創業者的知識素質對創業起著舉足輕重的作用。創業者要具有創造性思維，要做出正確決策，必須掌握廣博知識，具有一專多能的知識結構。具體來說，創業者應該具有以下幾方面的知識：第一，正確認識國家政策法規，唯有此才能用足、用活政策，依法行事，用法律維護自己的合法權益；第二，瞭解科學的經營管理知識和方法，提高管理水平；第三，掌握與本行業本企業相關的科學技術知識，依靠科技進步增強競爭能力；第四，具備市場經濟方面的知識，如財務會計、市場營銷、國際貿易、國際

金融等。

6. 創業者經驗素質

經驗素質是創業者在創業過程中實踐經驗的累積。經驗是形成管理能力的仲介，是知識昇華為能力的催化劑。缺少創業經驗，是創業者特別是大學生創業者面臨的一個重要問題。創業需要創業者具備很強的綜合能力，一些創業者雖然有一些好的創業構想，但是由於缺乏創業經驗，不是項目很難得到市場的認可，就是很容易被別人複製。要想提高自己的創業成功率，創業者就應該考慮如何去累積創業經驗，切實提高經驗素質。

7. 創業者協調素質

創業者在創業過程中需要協調企業內部各部門、各成員之間的關係，同時，還要協調企業與外部相關組織、個人之間的關係，這種關係既包括工作關係也包括人際關係，所有這些要求創業者必須具備綜合的協調素質。創業者的協調素質，是一種性質複雜的素質，要求創業者懂得一套科學的組織設計原則，熟悉並善於運用各種組織形式，善於用權，能夠指揮自如，控制有方，協調人力、物力、財力，以獲得最佳效果。

（二）創業者能力

創業者能力是指創業者解決創業過程中遇到的各種複雜問題的本領，是創業者基本素質的外在表現。從實踐的角度看，創業者能力表現為創業者把知識和經驗有機結合起來並運用於創業管理的能力。它具體包括以下六個方面的能力：

1. 創業機會識別能力

創業機會識別能力是指創業者採用種種手段來識別市場機會的能力。創業者可以通過以下四個方面提高自身的機會識別能力：第一，關注技術、市場和政策的變化，提高對環境變化的敏感度及警覺性；第二，重視交往，組建自己的社會網絡，豐富創業信息來源渠道；第三，明確創業目標，提高創業機會評價能力；第四，重視自身創造力的培養，塑造創造型人格，提升機會識別潛力。機會總是稍縱即逝，能敏捷捕捉機會，果斷決策，是創業者創業的思維基本功。

2. 創業風險決策能力

風險決策能力主要體現在創業者的戰略決策上，即創業者在對企業外部經營環境和內部經營環境進行周密細緻的調查和準確而有預見性的分析的基礎上，確定企業發展目標，選擇經營方針和制定經營戰略的能力。創業者有時候也進行一些戰術性決策，但更多的精力是用於戰略決策。

創業者培養決策能力應注意以下三點：第一，克服從眾心理。決策能力強的人，能擺脫從眾心理的束縛，思想解放，衝破世俗，不拘常規，大膽探索，唯有此，創業者才能獨具慧眼，捕捉到更多的機遇。第二，增強自信心。創業者首先要有迎難而上的膽量，其次要變被動思維為積極思維，再次要培養自己的責任感和義務感。第三，決策不求十全十美，注意把握大局。

提高創業者決策能力有以下幾種途徑：從博學中提高決策的預見能力；從實踐中提高決策的應變能力；從思想上提高決策的冒險能力；從心理上提高決策的承受能力；從思維上提高決策的創造能力；從信息上提高決策的競爭能力；從群體上提高決策的

參與能力。

3. 創業戰略管理能力

創業戰略管理能力指創業者整體地考慮企業經營環境，理解如何適應市場，如何創建競爭優勢的能力。創業者需要根據企業的優勢、劣勢並結合外部環境的機會、挑戰正確地制定企業發展的戰略目標。只有確定了正確的戰略目標，企業才能走得更遠。創業者的創業戰略管理能力要素包括三個方面：第一，專業技能，即做好工作需要的知識、經驗，如設計能力、系統分析能力等；第二，交際技能，即能使企業產生正面的工作態度的能力，如合作、協調、激勵、溝通等；第三，概念思考力，綜合判斷的能力，即能從企業整體的視野判斷解決問題，做對公司整體有利的決策。

4. 創業開拓創新能力

開拓創新能力的實質是一種綜合能力，它是各種智力因素和能力品質在新的層面上相互作用、有機結合所形成的一種合力。它是以智能為基礎具有一定科學根據的標新立異的能力。創業者培養開拓創新能力要做好以下三點：第一，累積知識，增加才干。開拓創新需要膽識，也需要知識和才干。沒有知識的累積，缺乏必要的才干，開拓創新就無從談起。創業者的知識和經驗累積越多，開拓創新的能力就愈強。因為一個人只有具備豐富的知識與經驗，才能擁有超群的才干，過人的膽識，才能接受新思想，吸納新知識，抓住新機遇，創造新成果。第二，培養想像力。想像力是從事任何職業的人都需要的，對需要具備開拓創新能力的創業者而言，進一步培養自己的想像力就變得更為重要。愛因斯坦在總結自身經驗時指出：想像力概括著世界上的一切，推動著進步，並且是知識進化的源泉。第三，培養發散性思維能力。發散思維又稱創造性思維、求異思維，是沿著不同方向、不同角度、全方位、多層次地尋找解決問題答案的一種思維方式。具備發散性思維能力，對培養創業者的開拓創新能力無疑如虎添翼。

5. 創業網絡構建能力

創業者應當善於建立本行業的廣泛社會網絡，包括有關本行業的現代電腦網絡。密集的行業網絡溝通有助於創業者從廣泛的社會網絡中獲取高回報的創業信息，促使創業者在巨型網絡提供的信息精華中，吸取經驗教訓、培養創業精神，既勇於冒險，又坦然地接受失敗。「網絡」素質較高的創業者，由於掌握了豐富的發明、生產、銷售等信息，因而其決策更為科學，成功率更高。

6. 創業組織管理能力

創業者是研究、開發、生產、銷售等各個環節的協調者、組織者和領導者，因此，創業者應當具有組合生產要素，形成系統合力的組織管理能力。創業者尤其應具備以下兩方面的能力：一是必須對自己經營的事業了如指掌，有預測生產和消費趨勢的能力；二是善於選擇合作夥伴，有組織或領導他人、駕馭局勢變化的能力。

三、創業動機的含義與分類

（一）創業動機的含義

創業動機是指引起和維持個體從事創業活動，並使活動朝向既定目標發展的內部動力。它是鼓勵和引導個體為創業成功而行動的內在力量。創業動機是創業者的內在

動力，創業行為是這種內在動力的外在表現。創業動機產生的內在動力是需求，外在條件是誘因。創業動機可以激發、指導、維持和協調創業活動。

1. 創業動機產生的內在動力與外部條件

第一，創業動機產生的內在條件是需求。生存需求、自尊需求、自我實現的需求是創業動機產生的三個內在條件。例如，有人是為了生存而創業，有人是為了獲取他人的尊重、獲得自尊心的滿足等而創業，還有人是為了實現自身的價值和人生的理想而創業。

第二，創業動機產生的外在條件是誘因。物質和非物質的刺激是驅使創業者產生創業動機的外部因素。例如，有人是因為受到別人較豐富的物質條件的刺激而產生創業想法，有人是因為沒有得到他人或社會足夠的重視和尊重而產生創業動機，還有人是因為看到他人為理想而奮鬥、開創自己喜歡的事業而萌生創業的想法。

2. 創業動機的激發、指導、維持和協調功能

創業動機具有三種功能。①激發功能。創業動機能激發創業者產生某種創業活動。創業者在受到某些刺激，特別是當這些刺激和當前的創業動機有關時，創業動機更容易被激發。②指向功能。創業動機使創業活動針對一定的目標或對象。例如，在成就動機的支配下，有人會放棄舒適而穩定的工作而選擇創業。創業動機不同，創業活動的方向和所追求的目標也不同。③維持和協調功能。當創業活動產生以後，創業動機維持著這種創業活動，並調節創業活動的強度和持續時間。如果創業活動達到了目標，創業動機促使創業者終止這種活動；如果創業活動尚未達到目標，創業動機將驅使創業者維持（或加強）這種活動，或轉換活動方向以達到某種目標。

（二）創業動機的分類

許多人因受到現實的刺激而創業，這種刺激有可能是物質上的匱乏，也有可能是精神上的空虛。這種刺激以一定的動力為基礎，而需求則是創業的內在動力。據此，創業動機可以劃分為生存需求滿足型、自尊需求滿足型和自我實現滿足型。

1. 生存需求滿足型

生存需求滿足型是創業者為滿足生存需求而創業的一種動機類型。生存需求是創業最原始、最具有動力的需要。很多人創業往往是從無法生存開始的，創業的目的是解決個人和家庭的最基本的溫飽及生存問題。生存是很多人一輩子的追求，每一個人都為生存而選擇著這樣或那樣的方法，而創業是生存下去的一種有效方式。生存需求滿足型的創業動力來自本能、來自生活的挑戰。生存需求滿足型是創業動機最基本的類型，大多數創業者是因這種創業動機而開始創業的。

2. 自尊需求滿足型

自尊需求滿足型是創業者為滿足自尊需求而創業的一種動機類型。「自尊需求」也叫尊重需求，包括自尊、他尊和權力欲三類，具體表現為：第一，渴望實力、成就、適應性和面向世界的自信心以及獨立與自由。第二，渴望名譽與聲望。聲望為來自別人的尊重，受人賞識、注意或欣賞。滿足自我尊重的需求導致自信、價值與能力體驗、力量及適應性增強等多方面的感覺，而阻撓這些需求將產生自卑感、虛弱感和無能感。基於自尊需要，創業者希望通過創業成功而受到別人重視及尊重，樹立良好的聲望和

名譽，借以自我炫耀，從而滿足自身尊重的需求。自尊需求滿足型創業的動力源泉主要是人性的偉大和昇華，包括對生活的追求態度、對人生的滿意程度。

3. 自我實現需求滿足型

自我實現需求滿足型是創業者為滿足自我實現的需求而創業的一種動機類型。「自我實現需求」即馬斯洛的關於成長與發展、發揮自身潛能、實現理想的需要。自我實現需求是一種追求個人能力極限的內驅力，這種需要一般表現在兩個方面：一是勝任感，即有這種需求的人力圖控制事物或環境，而不是被動地等事物的發生與發展；二是成就感，有這種需要的人認為成功的喜悅比任何報酬都大，他們更注重結果。自我實現需求創業的動力主要來自文化價值觀。很多創業者在克服了諸多的心理因素（如冒險）、個人背景因素、自身經濟因素等元素後，他們擁有更多的是光耀門楣與出人頭地的價值觀。

（三）創業動機對創業的影響

創業動機不僅是個體創業行為發生的思想前提，而且是克服創業困難、繼續創新行為的心理保障，它在整個創業過程中起著十分重要的決定作用。創業動機對創業的主要影響可概括為四個方面：

1. 創業動機能激發主體有意識地關注創業機會

創業者在何種行業以及怎樣創業和其掌握的信息、知識與經驗密切相關。但是，創業者發生創業行為具有必然性，因為，即使他們不在這個行業創業也會在其他行業創業，即創業的具體領域或創意或創業的時機具有偶然性，但創業行為發生具有相當大的必然性，其中，支持這種必然性的就是創業動機。

2. 創業動機促使創業者朝目標方向努力

創業是十分龐雜的系統，創業動機使個體不迷失目標。在公司創立時創業者的創業動機決定了初創公司的模式和發展方向，企業組織的成功、發展、增長和改變都是建立在這些動機之上。

3. 創業動機可以維持個體創業的激情和信心

創業過程充滿風險，創業者會遇到很多不可測的困難，這對個體的心理素質是極大的考驗。創業動機是克服困難繼續創業行為的心理保障。

4. 創業動機影響創業績效

創業動機不僅會對創業行為的產生有重要影響，而且還會影響公司創建後的創業行為和創業管理，最終影響創業企業績效。

四、產生創業動機的驅動因素

（一）創業者選擇創業的動機受諸多直接和間接因素的影響

創業者產生創業動機的驅動因素包括直接和間接兩個方面。直接因素包括個性特徵因素、社會特徵因素和認知特徵因素及個體所擁有的資源狀況；間接因素包括宏觀因素中的社會保障水平、收入水平和人口統計特徵。

1. 直接因素的影響

（1）個性特徵因素。和從事固定工作相比，開創事業風險更大，創業者必須承擔

這些相對較大的風險。創業者常常因其新創企業的績效差而感到不滿，且超過一半的企業在 5 年內都失敗了，更確切一點，新企業在 5 年之內的存活率在 33% 左右，由此可見創業過程中存在的風險是非常高的。創業者的冒險精神顯著強於管理者，風險傾向強的個體更容易產生創業動機。

（2）社會特徵因素。創業動機呈低級需求動機、中級需求動機和高級需求動機三因素結構。最近的研究表明，產生創業動機的驅動因素最重要的是高級情感、成就、自我實現等高級需求，其次是源於興趣，生存動機在三因素中居於最後的位置，特別是大多數大學生創業並不是迫於生計、不得已而為之，而是經過理性思考之後的主動行為。

（3）認知特徵因素。創業者的自我效能感是指個體相信自己能夠成功扮演各種創業角色，並完成各項創業任務的信念強度。創業自我效能感是創業者的一種信念和自信，具體是指創業者對其能力能夠影響所處環境並通過相應行為獲得成功的自信。當人們面對挫折的時候，自我效能影響人們的選擇、熱情、努力和堅持，同時，也影響人們對目標能夠成功實現的信念，自我效能感是評價創業行為非常關鍵的認知變量。只有人們對創業成功具備足夠的信念和自信的時候，才有可能產生創業的穩定傾向，因此自我效能感越強，創業動機越強。

（4）資源因素。個體擁有較多的創業資源，不僅能夠增強創業者創業認知的渴望性，產生創業傾向，而且對創業認知的可行性產生了積極的正面影響。張維迎指出，成為成功的創業者的一個重要條件是資本（資本是創業資源之一），個人所能調配的創業資源越多，創業動機越強烈。

2. 間接因素的影響

從間接影響創業動機形成的原因看，創業者的需求層次還受諸多具有長遠意義的宏觀因素的影響。

（1）社會保障水平。高水平的社會保障可以提高人們的需求層次，由於需求層次決定創業動機，從而可以得出：社會保障水平越高，高級需求動機類型的人創業動機越高；社會保障水平越低，低級需求動機類型的人創業動機越高。

（2）收入水平。創業者作為有理性思維的個體，短期內的收入變化不會對創業者的需求層次產生顯著作用，對創業動機的形成沒有太大影響；長期內收入提高有利於創業者需求層次的提高，從而影響創業動機的形成。

（3）人口統計特徵。人口統計特徵是創業者群體特點的體現，主要表現為創業者群體受教育水平、經驗和經歷等。由於人口統計特徵的差異，相同的外部因素對創業者個體的作用產生不同的結果，從而形成了同一國家或同一地區創業者需求層次的多樣性和創業者創業動機的差異。

（二）創業者可以通過創業教育培養和提高創業素質和能力

創業者的大多數能力並非天生的，他的某些方面可以通過教育來獲得和傳承。被譽為「現代管理學之父」的彼得・德魯克說過：「創業學並不神祕，它不是模式，更與基因無關，它是一門學科。像任何的學科一樣，它可以通過學習獲得。」

不能要求創業者必須具備優良的素質和能力才能去創業，但創業者本人要有不斷

提高自身素質的自覺性和實際行動。提高素質的途徑一靠學習，二靠改造。要想成為一個成功的創業者，就要做一個終身學習者和自我改造者。大量事實表明，創業者可以通過創業教育培養和提高創業素質率。人們之所以認為創業不是一種理想的職業選擇，是因為人們對創業教育的重視不夠，缺乏創業的意識和基本技能。

創業教育可以降低創業者、創業團隊在創業時源於管理層面的風險。有經驗的創業者或者受過良好創業教育的準創業者，將會有能力提高新事業的存活率。大多數研究表明，創業能力是可以通過創業教育被傳授，或者至少是可以被鼓勵的。因此，筆者認為創業能力是可以培養的，而且是創業型人才培養的基礎內容。

以美國百森商學院為例，該商學院學成的傑出創業者第一批有21位學員，這21位著名的創業者在談及獲得成功的原因時都提到的3種品質是「對挑戰做出正面反應以及從錯誤中學習的能力」「個人創造」和「極大的恒心和決心」。這些重要的態度和行為表明，創業者可以通過學習和教育來對一些重要的創業素質和能力進行培養和實踐。

【學習導航】

1976年4月，年僅21歲的喬布斯（Steve Jobs）與好友沃茲尼亞克（Aleksandra Wozniak）在自家的車庫內成立了蘋果電腦公司。當年，為了創辦蘋果電腦公司，喬布斯和好友沃茲尼亞克賣掉了他們最值錢的東西。喬布斯賣掉了大眾小巴，沃茲尼亞克則賣掉了惠普科學計算器，他們一共籌到了1,300美元，創辦了新公司。隨後推出的「蘋果Ⅱ」是首批商業上取得成功的個人電腦之一。1982年，喬布斯在創辦蘋果電腦公司六年後，身價一夜暴漲至1.59億美元，從而首次登上《時代》雜誌封面。

資料來源：喬布斯創業史：車庫裡誕生的蘋果公司. http://finance.sina.com.cn/chuangye/it/20111006/104610579388.shtml。

【本節要點】

創業者並不是特殊人群。具備一些獨特技能和素質有助於創業者成功創業。大多數創業能力可以通過後天培養而習得。創業者選擇創業的動機受諸多直接和間接因素的影響。創業者可以通過創業教育培養和提高創業素質和能力。

第二節　創業團隊

【本節教學目標】

1. 理解創業團隊對創業成功的重要性。
2. 深刻理解組建創業團隊的思維方式。
3. 掌握組建創業團隊對創業活動的影響。
4. 掌握管理創業團隊的技巧和策略。
5. 理解創業團隊領袖的角色與作用。

一、創業團隊及其對創業的重要性

（一）創業團隊的含義

創業團隊是由兩個以上具有一定利益關係、共同承擔創建企業責任的人組建形成的工作團隊。創業團隊是團隊而不是群體，也不同於一般團隊。

1. 創業團隊是團隊而不是群體

團隊與群體的根本差別在於：團隊中成員所做的貢獻是互補的，而群體中成員之間的工作在很大程度上是互換的。具體表現在：

第一，團隊的成員對是否完成團隊目標一起承擔成敗責任並同時承擔個人責任，而群體的成員則只承擔個人成敗責任。

第二，團隊的績效評估以團隊整體表現為依據，而群體的績效評估以個人表現為依據。

第三，團隊的目標實現需要成員間彼此協調且相互依存，而群體的目標實現卻不需要成員間的相互依存。此外，團隊較之群體在信息共享、角色定位、參與決策等方面也進了一步。

因此，團隊是群體的特殊形態，是一種為了實現某一目標而由相互協調、依賴並共同承擔責任的個體所組成的正式群體。

2. 創業團隊不同於一般團隊

創業團隊與一般團隊的差異主要體現在：

第一，團隊的目的不同。初創時期的創業團隊建設的目的在於成功地創辦新企業，隨著企業成長，創業團隊可能會發生成員的變化，新組建的高管團隊是創業團隊的延續，其目的在於發展原來的企業或者開拓新的事業領域。然而，一般團隊的組建只是為瞭解決某類或者某種特定問題。

第二，團隊成員的職位層級不同。創業團隊的成員往往處在企業的高層管理者的位置，對企業重大問題產生影響，甚至會關係到企業的存亡。而一般團隊的成員往往是由一群能解決特定問題的專家組成，其絕大多數也並不處於企業高層位置。

第三，團隊成員的權益分享不同。創業團隊成員往往擁有公司股份，以便團隊成員負有更高的責任，而一般團隊未必要求成員擁有股份。

第四，團隊關注的視角不同。創業團隊成員關注的往往是企業全局性的、戰略性的決策問題，而一般團隊成員只關注戰術性或者執行層面的問題。

第五，成員對團隊的組織承諾不同。創業團隊成員對公司有一種濃厚的情感，其連續性承諾（由於成員對組織投入而產生的一種機會成本，足以讓成員不離開組織的傾向）、情感性承諾（個體對組織的認同感）和規範性承諾（個人受社會規範影響而不離開組織的傾向）都較高，而一般團隊其成員的組織承諾則並不高。

（二）創業團隊對創業的重要性

團隊創業與個體創業相比較具有多方面的優勢，這些優勢對創業成功起著舉足輕重的作用。

1. 與個體創業相比較，團隊創業具有多方面的優勢
（1）集體合作的結果優於個人成果的加總。
（2）由於人們信息的掌握不完全，個人無法發揮最大的潛能，而團隊間的信息共享能有效解決這一問題。
（3）團隊比個人更具有創造性。
此外，團隊還能充分協調成員間的關係。團隊的主要價值在於人們能夠相互配合，貢獻各自的力量，從而提高整個團隊的工作效率。

2. 創業團隊對創業成功起著舉足輕重的作用
創業團隊對創業成功起著舉足輕重的作用，是新企業通向成功的橋樑。

第一，機會識別能力較強。創業團隊能夠獲得更為科學的機會評價標準，具有更大的可能性認知創業機會的必要信息，也利於實現對機會的共同認知。

第二，機會開發能力較強。創業團隊可以比較不同的開發方案，從而避免失誤，團隊成員的社會聯繫可以有效獲得開發機會所需要的資源，團隊成員的經驗累積可以增加開發成功的可能性。

第三，機會利用能力較強。創業機會的利用有兩種方式：一是自己利用，二是出售。創業團隊在自己利用機會方面有優勢，具體表現在：在思考重大決策和企業戰略的時間上有保證；團隊成員共商創業大計，避免個人臆斷，確保創業方案穩定。

二、創業團隊的優劣勢分析

依據不同邏輯組建創業團隊既可能帶來優勢，也可能帶來劣勢，對後續創業活動會帶來潛在影響。依據理性與非理性邏輯創建的創業團隊各有優缺點。

1. 基於理性邏輯創建的創業團隊的優劣勢

創業過程中會涉及一些關鍵任務和關鍵資源，一旦欠缺這些資源，創業活動就難以開展，在自己不掌控資源的情況下，借助別人獲取這些資源是一種解決之道。有些創業者會理性分析創業所需要的資源和能力，並將其與自己所擁有的資源和能力相比較，將組建創業團隊視為彌補自身空缺的一種方式，目的是整合優秀的資源來推動創業成功。

例如，太陽微系統公司創業的過程是，首先由維諾德·科爾斯勒（Vinod KhMla）確立多用途開放工作站的概念，接著他找了喬（Joy）和貝托爾斯海姆（Bechtolsheim）兩位分別在軟件和硬件方面的專家，和一位具有實際製造經驗和人際技巧的麥克尼里（McNeary），組成了太陽的創業團隊。

從本質上看，選擇理性邏輯創建創業團隊的創業者更看重創業的客觀要求（技能和資源）。基於理性邏輯創建的創業團隊的優勢在於：一是創業團隊平均規模更大；二是團隊成員之間因強調技能互補的組合而異質性更強。其劣勢在於：一是團隊成員之間的熟悉程度可能較低；二是團隊成員之間的溝通和交流需要更加謹慎。

2. 基於非理性邏輯創建的創業團隊的優劣勢

在創業初期團隊成員的凝聚力也非常重要。在大多數情況下，成功並不是因為團隊結構有多麼優秀，而是因為團隊成員之間的齊心協力；失敗也並不是因為團隊結構有缺陷，而在於團隊成員之間的內部爭鬥。在一些情況下，創業者會遵循非理性邏輯

來組建創業團隊，他們看重的並不是團隊成員擁有什麼資源和能力，而是團隊成員自身的人際吸引力。例如，是否具有共同的興趣，是否具有相似的工作背景，是否具有共同的創業理想等，目的是強化創業團隊成員之間的信任和感覺，因此，創業者更傾向於找那些志趣相投而不是技能互補的人入伙。

例如，微軟的比爾‧蓋茨（Bill Gates）和童年玩伴保羅‧艾倫（Paul Allen），惠普的戴維‧帕卡德（David Packard）和他在斯坦福大學的同學比爾‧休利特（Bill Hewlett）等多家知名企業的創建者多是先由於關係和結識，基於一些互動激發出創業點子，然後合夥創業。

從本質上講，選擇非理性邏輯創建創業團隊的創業者更看重自身的主觀偏好（志同道合）。基於非理性邏輯創建的創業團隊的優勢在於：一是團隊成員之間的熟悉度較高；二是團隊成員之間的溝通和交流更加暢通。其劣勢在於：一是創業團隊平均規模更小；二是團隊成員之間因強調物以類聚而同質性更強。

【學習導航】

創業者須知：創業者選擇搭檔的標準

創業很多時候需要與人合作，除了供貨商、分銷商、顧客，還需要與房東、政府等合作，這些都是外部合作人。除了這些，更關鍵的還有內部合作人，這就是我們的員工和生意合夥人，找到合適的合夥人則是一切的起步，也是一個生意成功的根本，是所有生意合作人中最關鍵的一步。

合夥創業就好比結婚做夫妻，成與不成，就看婚後三年。如果你需要合夥人的錢來開辦或維持企業，或者這個合夥人幫你設計了這個企業的構思，或者他有你需要的技巧，那麼請他加入進來。創業者對合夥搭檔的選擇和看法可總結如下：

（1）有德有才，人品過關。剛開始創業，沒那麼多經驗或精力去規範和約束，更多的是激情和自發。如果是成天防著對方，那最好就別合作。

（2）能夠溝通，志同道合。企業是個利益共同體，不是家，創業是件嚴肅的事情。雙方都有責任主動地去溝通，中國人的個性相對含蓄謙虛，常常有話說三分，所以溝通的空間相對較大。凡事不要見面無聲，面後有聲。這往往是雙方的因素，但肯定有一方是主導。誤會的產生往往是認為別人應該會理解或明白自己。解決誤會的最佳辦法是主動溝通及多溝通。觀點和想法就如盲人摸象，各人有各人的點，吵架也是必然的，是好事。團隊更有價值，也是因為存在不同的點。

（3）風險共擔，取長補短。人有所長，必有所短。選擇的時候要看清其長，以後也要學會包容對方的短。所謂取長補短，是取別人的長補自己的短，此為團隊的真正價值，長城不是一人築成，想做出點成績，就得有做事情的開放心態。

選擇好合夥人以後，就需要與合作者或合夥人很好相處，這樣才能夠保證合作的長久，「和氣生財」是放之四海而皆準的一句話，否則將是創業不成，老板也做不成。創業是一個不斷犯錯、不斷學習改過的過程。不僅是自己犯錯，還包括團隊的任何人。要有準備及有責任為自己及團隊成員的過錯買單。

作為合夥人，在平時的交往與合作中要坦誠，尊重對方，擺正自己的位置。既然

是合夥人，也就是出資人，請在心中時時提醒自己，雙方都是為了共同的利益才在一起的，無論出資多少，都不會拿著自己的錢出來玩；不能把企業當家庭來管，必要的財務、人事、工資、分紅、業務分工制度必須建立，而且要帶頭執行，這樣的老板才能樹立威信，經營才會有起色，管理也才能出效益。

資料來源：郭小平，祝君紅. 創業營銷 [M]. 北京：清華大學出版社，2009.

三、組建創業團隊的策略及其後續影響

（一）組建創業團隊的策略

實際上，選擇理性邏輯和非理性邏輯創建團隊的差異主要在於創業者看重的是創業的客觀要求（技能和資源），還是創業者的主觀偏好（志同道合）。很難說清楚依據哪種邏輯組建的創業團隊更好，但創業機會特徵是在創業者組建創業團隊時必須考慮的重要因素。

1. 基於理性邏輯組建創業團隊的策略

如果創業機會所蘊含的不確定性較高，價值潛力較大，往往意味著創業過程中面臨的任務也就越複雜，越具有挑戰性，此時採用理性邏輯來組建創業團隊可能會更好地應對創業過程中繁重複雜的任務，有助於創業成功。例如，在高新技術領域，大部分創業者都在依據理性邏輯來組建創業團隊，強調團隊成員之間在技術、營銷、財務等技能經驗領域的互補性。

2. 基於非理性邏輯組建創業團隊的策略

如果創業機會所蘊含的不確定性較低，價值創造潛力一般，在這樣的條件下，創業團隊成員之間的齊心協力和信任感更加關鍵，採用非理性邏輯創建的創業團隊更可能成功。例如，在服裝、零售、餐飲等傳統行業，大多數創業者都是依據非理性邏輯創建創業團隊，夫妻店、兄弟店、父子店比比皆是。

（二）組建創業團隊對創業活動的後續影響

基於理性與非理性邏輯組建的創業團隊各有優劣勢，在組建的過程中要揚長避短，在後續的經營管理中創業者有著不同的管理側重點。因此，基於理性與非理性組建的創業團隊對創業活動會產生不同的後續影響。

1. 基於理性邏輯組建的創業團隊對創業活動的後續影響

針對理性邏輯組建的創業團隊，創業者的管理重點在於溝通和協調、信任感培養、成員特長的整合，可採取的方式包括制訂明文的分工協作和決策程序、以利益為中心的團隊凝聚力培養、以信任為中心的團隊溝通管理等。

2. 基於非理性邏輯組建的創業團隊對創業活動的後續影響

針對非理性邏輯組建的創業團隊，創業者的管理重點在於外部資源整合、避免決策一致性傾向、信任感維持，可採取的方式包括招募並維持核心員工、聘用外部專業顧問、以利益分配為中心的團隊凝聚力管理等。

四、創業團隊的管理技巧和策略

（一）異質性創業團隊的多樣性優勢

由於理性邏輯和非理性邏輯創建團隊的差異主要在於創業者看重的是創業的客觀

要求還是自身的主觀偏好，因此，依據理性邏輯創建的創業團隊，其成員之間異質性（即在技能和資源上的互補性）較強，在此，我們將其稱為異質性創業團隊。而依據非理性邏輯創建的創業團隊，其成員之間同質性（即在技能和資源上的相似性）較強，在此，我們將其稱為同質性創業團隊。

創業團隊中寬泛的知識、技術和經驗有利於新企業的發展，因此，在互補性而不是相似性的基礎上選擇合作創業者通常是一種更為有效的策略。創業團隊為獲得成功，必須掌握非常寬泛的信息，擁有相應的技能、才能和能力，當創業團隊的所有成員在各重要方面都具有高度的相似性時，這種成功不太可能出現。與同質性創業團隊相比，異質性創業團隊的優勢在於其團隊成員的多樣性及互補性。如果一個團隊成員所缺少的東西可以由另一個或者更多的其他成員提供，而且團隊能整合人們的知識和專長，那麼，整體績效的確大於各部分之和。

（二）創業團隊管理的重點

創業團隊管理的重點是在維持團隊穩定的前提下發揮團隊多樣性優勢。

1. 創業團隊的基礎管理：團隊穩定的維持

個人英雄主義的時代已經過去，創業需要的是團隊的協作和分工，創業的過程總的來說還是人的活動，需要整個團隊共同的努力，因此保持團隊的穩定對創業的成功起著至關重要的作用。創業團隊穩定主要表現在：團隊成員穩定、成員崗位穩定、收入增長穩定（穩定增長）、成員情緒穩定、成員之間及成員與團隊的關係穩定五個方面。

維持團隊穩定是創業團隊的基礎管理，其維持的方法主要有四種：第一，用事業穩定團隊。具體可以通過提供奮鬥事業的平臺、機制、氛圍，創業團隊領袖不斷支持鼓勵團隊成員，對出色成員給予表揚和獎勵，大力宣傳突出的貢獻和成果從而增加團隊成員的成就感、自豪感等。第二，用感情穩定團隊。具體可以建立和諧的創業團隊成員關係和深厚友誼，真心關懷團隊成員的工作、成長、家庭，解決成員的困難等。第三，用文化穩定團隊。即建立積極健康充滿活力的團隊文化，確定充滿挑戰和社會價值的願景目標，樹立崇高的團隊價值觀、人生觀、世界觀，積極開展團隊活動，增強員工歸屬感和凝聚力等。第四，用福利穩定團隊。具體表現為：確保團隊成員的薪酬有競爭力並穩定增長，提供安心的社會保障、生活保障，提供合理的假期和休閒活動，提供生日、紀念日禮物和舉辦慶祝活動等。

2. 創業團隊的重點管理：團隊多樣性優勢的發揮

現代組織理論中，異質性被描述為「雙刃劍」。創業團隊的異質性也如此。一方面，團隊異質性能使團隊成員獲得多重資源和技術，進而提高團隊績效和團隊決策質量；另一方面，團隊異質性也會使異質成員間不協調的分工阻礙團隊互動，降低成員滿意度及組織認同感，進而引起衝突，並影響團隊績效。因此，創業團隊管理應該特別重視團隊多樣性優勢的發揮。創業團隊的多樣性可以使其充分地實現各方面的互補。創業者知識、能力、心理等特徵和教育、家庭環境方面的差異，容易對創業活動產生不利影響，創業者可通過組建創業團隊來發揮各個創業者的優勢，彌補彼此的不足，從而形成一個知識、能力、性格、人際關係資源等全面具備的優秀創業團隊。

創業的成功不僅是自身資源的合理配置，更是各種資源調動、聚集、整合的結果。創業團隊是由很多成員組成的，團隊成員在團隊裡扮演的角色不同，對團隊完成既定的任務所發揮的作用也不同。

（1）不同角色對團隊的貢獻。不同角色在團隊中發揮著不同作用，因此，團隊中不能缺少任何角色。一個創業團隊要想緊密團結在一起，共同奮鬥，努力實現團隊的願景和目標，各種角色的人才都不可或缺。例如，創新者提出觀點，實幹者運籌計劃，凝聚者潤滑調節各種關係，信息者提供支持的武器，協調者協調各方利益和關係，推進者促進決策的實施（沒有推進者效率就不高，推進者是創業團隊進一步發展的「助推器」），監督者監督決策實施的過程，完美者注重細節，強調高標準（沒有完美者的團隊的線條會顯得比較粗，因為完美者更注重的是品質、標準）。

（2）團隊角色搭配。團隊當中有不同的角色，角色和角色間配合的時候，也會存在著若干問題，在角色搭配的時候需要特別注意以下幾點：第一，創新者碰到協調類的上司，這時他們間的關係應該沒有問題，因為協調者善於整合各種不同的人一起去達成目標；但如果創新者碰到實幹類的上司往往就會不太理想，因為實幹者喜歡按計劃做事，不喜歡變化。第二，作為同事，創新者和凝聚者之間不會有問題，因為凝聚者擅長協調人際關係；但如果一個創新者碰到另一個創新者同事，這時兩人會圍繞著各自的立場和觀點展開爭議，內耗也就可能出現。第三，創新類的領導，如果碰到一個實幹類的下屬會很高興，因為有人在幫他把具體的工作細節往前推，正好是一種互補；但要碰到一個推進類的下屬，他們間的矛盾可能就會激化。第四，兩個完美者在一起，可能作為上司的完美者並不欣賞作為下屬的完美者，因為完美者永遠覺得自己的標準是最高的，很難接受別人的標準；但如果完美者碰到實幹者同事，往往彼此間很欣賞；如果碰到一個信息類的上司，完美者下屬與他就會有一些衝突，因為信息導向者對於外界的新鮮事物接受很快，而完美者主張必須有120%的把握才去做，他們會對要不要採取新的方式和方法產生矛盾。

在瞭解不同的角色對於團隊的貢獻以及各種角色的配合關係後，就可以有針對性地選擇合適的人才，通過不同角色的組合來達到團隊的完整。並且由於團隊中的每個角色都是優點和缺點相伴相生，領導者要學會用人之長、容人之短，充分尊重角色差異，發揮成員的個性特徵，找到與角色特徵相契合的工作，使整個團隊和諧，達到優勢互補。優勢互補是團隊搭建的根基。

（三）創業團隊管理的技巧

擁有頂級團隊的最佳上司明白創業團隊的重要性，也知道應該掌握每位團隊成員的情況。如果做不到，那麼團隊就會逐漸產生隔閡。創業團隊的管理應注意以下十點技巧：

1. 擺脫表現欠佳的人員

擺脫有害的成員，會為自己節省很多時間，也會讓其他團隊成員的關係更為友好。

2. 使用合適的人選

把擁有優良態度和優秀技能以及十分重視細節和後續貫徹工作的人放在合適的職位上。

3. 為團隊設定願景

為團隊設定目標，並清晰地描繪在未來幾周或幾月或幾年想要完成的事情，里程碑圖能描述成員的表現。

4. 跟進並提醒隊員

團隊領導者要經常告知團隊成員在完成計劃的過程中他們的表現如何。

5. 遵守會議規則

會議應該準時開始和結束。同樣，團隊成員不能在開會時遲到和早退。

6. 團隊成員進行定期會談

會談至少每月一次，最好每兩週一次。否則，團隊成員就會逐漸產生隔閡。

7. 減少全員會議的次數

更多地與相應的工作人員進行小規模會議。只和最需要的人開會，會議數量更少，團隊也會更快樂。

8. 討論團隊成員的發展需求

這是高績效團隊和低績效團隊之間的一個重大區別。優秀的團隊會為此花時間，團隊成員也會重視這件事，並在他們需要進步的領域做得更好。

9. 讓團隊成員負起責任

如果有人不做好自己的分內工作，那麼你就得和他（她）好好談談。

10. 每年衡量一次團隊的進步

團隊領導者應該養成習慣，每年以一些工具為標準，評估團隊的績效。讓團隊成員將自己的評級白紙黑字記錄下來，這樣做更容易就需要改進的地方達成共識。

（四）創業團隊管理的策略

1. 打造團隊文化

發揮團隊文化塑造價值和傳遞價值的雙重作用，能夠深入員工內心，使員工緊密團結，榮辱與共。及時消除團隊內耗，營造一個相互幫助、相互理解、相互激勵、相互關心的工作氛圍，有利於穩定員工的工作情緒，激發工作熱情，形成共同的價值觀。

2. 建立歸屬感

應該在員工清楚自己角色的基礎上，留住員工的心，增強員工的歸屬感。組織應積極幫助員工進行職業生涯規劃，讓員工更好地規劃自己的人生方向。員工只有能更好地開發自己的潛能，實現自我價值，才能為團隊帶來更多的價值。

3. 加強溝通

溝通是指人與人之間、組織與組織之間的信息交流。作為團隊領頭人，要能信任下屬，充分授權，培養員工的成就感；要開誠布公，利用多種方式，讓每位成員充分瞭解組織內外信息，解釋團隊做出某項決策的原因，鼓勵員工發表自己的看法，做到充分溝通、坦誠相待、客觀公平。

4. 增強尊重與信任

團隊的尊重與信任包括兩重含義：一是特定團隊內部的每個成員能夠相互尊重和彼此信任；二是組織的領袖或團隊的管理者能夠為團隊創造一種相互尊重、彼此信任的基調，確保團隊成員有一種完成工作的自信心。人們只有彼此尊重和信任對方，團隊工

作才能比這些人單獨工作更有效率。

五、創業領導者的角色和行為策略

(一) 創業團隊領袖的角色

創業團隊領袖是創業團隊的靈魂，是團隊力量的協調者和整合者。

在一個創業團隊裡面，常常存在著兩類創業領袖：一類是正式創業團隊領袖，一類是非正式創業團隊領袖。正式創業團隊領袖是指由團隊公認，有正式職位的人員，是公司運轉的骨架，能起到承上啓下、綱舉目張作用的創業領導人，如總經理、副總經理、經理、主管、主任等。非正式創業團隊領袖是指沒有行政職務，但對工作氛圍、員工積極性的調動有著舉足輕重的作用的領袖。在一個團隊裡面，有特長技藝的人、善於溝通的人容易成為團隊裡的非正式領袖。本書所提到的創業團隊領袖專指正式創業團隊領袖。

1. 創業團隊領袖是創業團隊的靈魂

與其說領導者是一個職位，倒不如說它是一種角色，一種帶有多面性的綜合角色。也就是說，在不同的場合、不同的環境、不同的任務中，領導創業者將分別扮演不同的角色。以下是其需要經常扮演的角色。

(1) 目標和計劃的制定者。大到公司的戰略規劃，小到一次小型促銷活動，都需要領導者進行周密的策劃和慎重的思考，制定合理的目標和具體的行動計劃。領袖可以通過設定適當的目標，誘發組織成員的動機和行為，達到調動成員積極性的目的。領袖還應當將各項任務按照輕、重、緩、急，加以區分，並把主要精力和注意力集中在主要的任務和關鍵性的問題上。

(2) 方案決策者。決策是企業經營中最重要的管理活動，對於領袖而言，決策是最重要、最困難也是最富挑戰性的一項工作，它往往與風險和責任聯繫在一起，因此它更需要領導者的勇氣、魄力及責任感。領導者只有搞清了需要決策問題的性質，才能更有效地進行決策。

(3) 計劃執行者。領袖必須直接參與到戰略與計劃的執行中去，除非在所有關鍵的領導管理崗位上都配備了合格的、有能力的、意志堅定的人才，否則要取得執行的成功是不太可能的。卓越的領導者必須具備高超的執行力和技巧。

(4) 團隊教練。領袖還應該是一名好的教練，讓員工明確地知道哪些行為是公司積極倡導和鼓勵的，幫助員工把握正確的方向，掌握必備的能力和技巧。卓越的領導者善於營造積極向上的學習氛圍和環境，發展學習型團隊，促進合作學習。

(5) 成員激勵者。領袖應該針對組織及員工的特點，根據組織原則和公司文化，尋求最有效的激勵方法，引導員工朝著共同的組織目標而努力。領袖深知獎勵的激勵作用，好的激勵應該是物質激勵與精神激勵的有機結合，對於為團隊做出重要貢獻、創造了巨大價值的員工決不吝惜金錢。

(6) 啦啦隊長。好的領導者都是優秀的啦啦隊長，他們不僅為自己的團隊搭建足夠大的平臺，而且親自在臺下擔任啦啦隊長。他們清楚地知道應該在何時鼓掌、何時搖旗吶喊、何時掀起人浪、何時燃放鞭炮、何時拋擲礦泉水瓶。

2. 創業團隊領袖是團隊力量的協調者和整合者

創業團隊的整體表現有賴領導者成功的帶領。一個好的團隊領導者，所要做的工作包括理清團隊目標、建立團隊共識與自信、提升團隊工作技巧、消除外界障礙等，這使得團隊領袖成為團隊力量的協調者和整合者。

（1）創業團隊領袖是團隊力量的協調者

協調是領導者的一項重要職責。創業團隊領袖為團隊的核心，在團隊管理中發揮著多方面的作用，其中協調的作用顯得特別重要。創業團隊領袖的協調能力主要體現在以下四個方面：

第一，分工協調能力。分工與協調是組織的兩項基本職能。團隊成員分工合理化是彰顯團隊領袖統籌水平、增強班子凝聚力的重要前提。創業團隊成員之間的合理分工，不僅有利於維持團隊穩定，而且有利於強化核心領導、樹立領導權威、提升工作績效。創業團隊領袖必須堅持「有所為有所不為」，尤其在人權、財權和決策權上，要依據領導成員自身能力合理分工，科學放權，避免大權獨攬影響整體工作績效。

第二，領導授權能力。在20世紀最後十年期間，授權成為管理方面最常用的詞語之一，但不幸的是它也同樣成為被誤用得最多的概念之一。「授權」比「命令」更重要也更有效。但是，領導者該如何做好授權呢？這其中最重要的就是權力和責任的統一。即在向員工授權時，既定義好相關工作的權限範圍，給予員工足夠的信息和支持，也定義好它的責任範圍，讓被授權的員工能夠在擁有權限的同時，可以獨立負責和彼此負責，這樣才不會出現管理上的混亂。

第三，團隊協作能力。做一個成功的領導，要通過協作性或推動性的組織和激勵方法影響人們，使之採取能使他們發揮最大潛力、達到最高績效的行動。我們可以看到，在很多案例中，實現了高度協同效應的團體能夠提高績效，增強人們的學習動機，為每個人提供一種互惠的利益。通過組織和社會轉變實現的變革會幫助這些團體中的每一個成員發揮出他們作為個體的最大潛能，幫助他們更清晰地瞭解他們在社會生活的各個領域中做出的特殊貢獻。

第四，人際交往能力。每一個企業領導都會面臨至關重要的人際關係問題，即使是生活在孤島上的魯濱遜‧克魯索也要和僕人「星期五」打交道。人們就像嬰兒一樣離不開別人，領導者更是如此，團隊領導者能根據自己的具體情況，虛懷若谷地去建立一個和諧的人際關係。領導者的工作重點是領導人，而非管事，所以優秀的領導者必須在業務的所有方面都加入人的因素。如果你能把人放在重要的位置上，以誠懇的態度尊重人，對待人，那麼別人才會追隨你，與你一起成長和發展。領導人必須樹立為大多數人所認同的價值觀、人生觀和管理觀，以身則，正確處理各級人際關係。

（2）創業團隊領袖是團隊力量的整合者

創業團隊領袖需要整合團隊的各種資源，是團隊力量的整合者。創業團隊領袖要提高自身的整合能力，必須從三個方面下功夫：

第一，在觀念上，必須樹立任何資源都是可用的現代管理理念。整合資源，首先不是一種能力，而是一種意識和觀念。在優秀的創業團隊領袖的思想意識中，任何事物都是有價值的，尤其是人力資源。很多事物、很多人才之所以還沒有表現出它的價

值，沒有充分發揮其作用，主要原因，不是它沒有價值，而是放錯了地方，或者沒有給其發揮作用的空間和舞臺。只有打破思維上的定勢，才能進一步開闊眼界，培養創業團隊領袖進行資源整合的能力。

第二，在眼界上，要具有開闊的視野和獨到的眼光。善於整合資源的創業團隊領袖往往獨具慧眼，能夠從一件事物、一個人身上看到別人所看不到的價值，並且具有開闊的眼界和豐富的想像力，能夠把似乎毫不相關的事物聯繫起來，為實現同一個目標、完成同一項任務做出貢獻。

第三，從領導行為上，要注意克服「比試心理」的影響。對於創業團隊領袖而言，整合團隊內外部的人才資源，往往是其最重要的一項資源整合能力。但很多領導在這方面的表現卻不盡如人意，其中一個重要的原因，往往是其內心深處的「比試心理」在作怪。很多領導人往往不自覺地將自己的業務專長和業務水平與他人做比較，這勢必會帶來負面效應。

（二）創業團隊領袖的行為策略

領導創業者應該採取以下行為策略才能做好團隊管理工作：

（1）建立良好的激勵制度。讓具有特殊技能，或者技能過硬的人得到較高的報酬，同時增大他們的工作壓力和激情，讓他們在時間和心態上都沒有辦法成為非正式領袖。

（2）建立透明的傳播途徑。把所有管理制度、薪酬制度、人員制度表格化、公示化，消除員工對企業的猜疑和窺探心理，讓小道的傳播渠道消失或者失去它的非正式引領作用。

（3）組織好8小時外的團隊活動。建立起團隊良好的公眾活動安排，讓大家都能夠感受到團隊的凝聚力和溫暖，讓團隊的非正式領袖沒有時間和方法來組織活動，從而把他們的影響力降到最低。

六、創業團隊的社會責任

創業團隊的社會責任包括為投資者創造利潤、為政府創造稅收、為員工創造工資、為消費者創造產品和服務、為社會公眾創造福利和保護自然環境等。創業團隊的社會責任要求創業團隊必須超越把利潤作為唯一目標的傳統理念，強調要在創業過程中對人的價值的關注，強調對消費者、環境和社會的貢獻。

創業團隊應該承擔的社會責任主要包括：

1. 向社會提供優質產品和服務的責任

由種種原因造成的誠信缺失正在破壞著社會主義市場經濟的正常運行，由於企業的不誠信，假冒商品隨處可見，消費者的福利損失每年在2,500億～2,700億元，占國內生產總值（GDP）比重的3%～3.5%。很多企業因商品造假的干擾和打假難度過大而難以為繼，岌岌可危。為了維護市場的秩序，保障人民群眾的利益，創業團隊必須承擔起明禮誠信確保產品貨真價實的社會責任。

2. 為投資者和促進國家創造和累積財富的責任

企業的任務是發展和盈利，並擔負著增加稅收和促進國家發展的使命。企業必須承擔起發展的責任，搞好經濟發展，要以發展為中心，以發展為前提，不斷擴大企業

規模，擴大納稅份額，完成納稅任務，為國家發展做出貢獻。但是這個發展觀必須是科學的，任何企業都不能只顧眼前，不顧長遠，也不能只顧局部，不顧全局，更不能只顧自身，而不顧友鄰。所以無論哪個創業團隊，都要高度重視在「五個統籌」的科學發展觀指導下發展。

3. 節約資源保護環境的責任

中國是一個人均資源特別緊缺的國家，企業的發展一定要與節約資源相適應。企業不能顧此失彼，不顧全局。作為創業團隊，一定要站在全局立場上，堅持可持續發展，高度節約資源。並要下決心改變經濟增長方式，發展循環經濟、調整產業結構。尤其要回應黨中央號召，實施「走出去」的戰略，用好兩種資源和兩個市場，以保證經濟的運行安全。隨著全球和中國的經濟發展，環境日益惡化，特別是大氣、水、海洋的污染日益嚴重，野生動植物的生存面臨危機，森林與礦產過度開採，給人類的生存和發展帶來了很大威脅，環境問題成了經濟發展的瓶頸。為了人類的生存和經濟持續發展，創業團隊一定要擔負起保護環境維護自然和諧的重任。

4. 提高就業率和就業質量的責任

人力資源是社會的寶貴財富，也是企業發展的支撐力量。保障企業職工的生命和健康，確保職工的工作與收入待遇不僅關係到企業的持續健康發展，也關係到社會的發展與穩定。為了應對國際上對企業社會責任標準的要求，也為了使黨中央關於「以人為本」和構建和諧社會的目標落到實處，我們的創業團隊必須承擔起保護職工生命、健康和確保職工待遇的責任。作為創業團隊要重視遵紀守法，愛護企業的員工，搞好勞動保護，不斷提高工人工資水平和保證按時發放工資。創業團隊要多與員工溝通，多為員工著想。

5. 履行社會公益事業的責任

雖然我們的經濟取得了巨大發展，但是作為一個有 13 億人口的大國還存在很多困難。特別是農村的困難就更為明顯，更有一些窮人需要幫扶。這些固然需要政府去努力，但也需要企業為國分憂，參與社會的扶貧濟困。為了社會的發展，也是為企業自身的發展，我們的創業團隊，更應該重視扶貧濟困，更好承擔起扶貧濟困的責任。

【本節要點】

創業團隊是團隊而不是群體。團隊中成員所做的貢獻是互補的，而群體中成員之間的工作在很大程度上是互換的。創業團隊是由兩個以上具有一定利益關係、共同承擔創建新企業責任的人組建形成的工作團隊。與個體創業相比，團隊創業具有多方面的優勢，這些優勢對創業成功起著舉足輕重的作用。依據不同邏輯組建創業團隊既可能帶來優勢，也可能帶來劣勢，對後續創業活動會帶來潛在影響。創業團隊管理的重點是在維持團隊穩定的前提下發揮團隊多樣性優勢。創業團隊領袖是創業團隊的靈魂，是團隊力量的協調者和整合者。

【作業與思考題】

一、名詞解釋

    1. 創業者

    2. 創業動機

    3. 創業團隊

二、簡答題

    1. 創業者需要具備哪些素質？

    2. 創業團隊的組成要素有哪些？

    3. 怎樣組建高效率的創業團隊？

三、論述題

    試述組建創業團隊的思維方式及各自的優劣勢。

【教學設計】

第一時段：2節課，100分鐘

課前準備：5分鐘。點名，介紹本章的教學目標、結構框架及學習注意事項。

開課問題：5分鐘。就主體案例提出3個啓發性問題。

講授內容：60分鐘。圍繞主體案例，以教材為內容，系統提煉講解創業者的相關內容。

延伸案例：25分鐘。以主體案例為引線，鼓勵學生主動創業。

布置問題：5分鐘。選擇5個小組長，每人1~2個問題。

第二時段：2節課，100分鐘

課前準備：5分鐘。點名，介紹創業團隊在創業中的重要性。

開課問題：5分鐘。就創業案例提出3個啓發性問題。

講授內容：60分鐘。圍繞主體案例，以教材為內容，系統提煉講解創業團隊的相關內容。

延伸案例：25分鐘。以主體案例為引線，鼓勵學生參與大學生創業團隊。

布置問題：5分鐘。選擇5個小組長，每人1~2個問題。

【創業案例】

專家型創業團隊造就企業領先技術

    海納醫信（北京）軟件科技有限責任公司（以下簡稱「海納醫信」）核心創始人崔彤哲是清華大學生物醫學工程專業學士、清華大學經濟管理學院工商管理碩士（EM-BA），北京市海聚工程海外高層次人才及北京市特聘專家。憑藉公司深厚的技術背景和行業口碑，海納醫信雖然很「年輕」，但是已經成為走在影像歸檔和通信系統（Picture Archiving and Communication Systems，PACS）及遠程診斷會診系統技術前沿的知名

企業。

海納醫信成立於2008年，位於北京市中關村清華科技園，是由數位畢業於清華、北大以及留美學習、工作多年的醫學影像領域的專家歸國創立的國家級高新技術企業，該企業致力於為各級醫療機構提供國際領先的醫學影像信息系統及相關服務。公司核心創始人及首席執行官（CEO）崔彤哲，具有多年在國外知名公司開發國際一流醫學影像系統的輝煌經歷。就是這樣一位專家型的領導者，帶領著海納醫信走上了一條以技術創新為發展核心，建立品牌型企業的發展之路。

憑技術實力贏得第一桶金

公司的三位創始人崔彤哲、孫毅、胡暉於2002年歸國共同創立海納維盛公司，研發了當時國際領先的網絡化三維醫學影像後處理系統。產品於2003年6月在美國加州大學聖地亞哥醫學院成功上線運行，並引起業界的廣泛關注。包括通用、西門子等國際大企業都來評估過海納維盛的產品，並將該公司作為併購的對象。海納維盛最終於2004年2月被一家專業做三維影像工作站系統的美國上市企業國泰威泰爾（Vital Images）以1,800萬美元併購。這次併購幫助幾名創業者淘到了人生的第一桶金。

海納維盛被併購後，崔彤哲出任Vital Images全球研發總監，負責整合海納維盛和Vital Images公司的產品線，並於2004—2008年間幫助Vital Images在美國發布了三代新產品。2008年崔彤哲離開Vital Images前發布的最後一代產品威達利企業套餐（Vitrea Enterprise Suite）被美國放射學權威網站映像教學網（AuntMinnie）評為2009年年度最佳放射新軟件（Best New Radiology Software）。

創業者的成功來源於紮實的技術、先進的理念以及對醫療影像行業深刻的理解和思考。三人於2008年二次創業成立海納醫信時，仍然將技術創新作為公司的根基。崔彤哲說：「海納醫信擁有專業的精英團隊，既有海外歸國的專家級、科學家級人才，也有國內多年培養累積起來的國際級研發團隊。我們在深入調研中國醫療信息現狀與需求的基礎上，研發了國際領先的綜合性醫療影像信息平臺HINA MIIS（海納醫信）。這一系統為綜合性的一體化平臺，涵蓋全院級PACS（Picture Archiving and Communication Systems的縮寫，意為影像歸檔和通信系統）、房地產信息集成系統［Realty Information（Total）Solution，RIS］、遠程診斷會診，以及高端的三維醫學影像分析處理等主流醫學影像功能，以滿足從基層到大三甲醫院以及區域醫療的全面影像應用需求。」

中國市場的兩大機遇

1999年，崔彤哲在美國留學期間，決定輟學加入當時在硅谷剛剛成立而日後逐漸成為業界頂級PACS公司的斯藤托耳（Stentor）。他作為核心開發人員，從無到有，全程參與開發了Stentor三代PACS產品網絡遊客（iSite）。憑藉在美國市場的出色表現，iSite產品於2003、2004年連續兩年被評為KLAS排名PACS類產品第一名，並於2005年被飛利浦以2.8億美元併購。基於多年國際化的技術開發和實踐，崔彤哲對全球的PACS技術發展有著深刻的思考，面對當今中國PACS市場的現狀，他同樣有著自己的看法：「目前，PACS在中國的發展現狀和市場表現美國也曾經經歷過。現在的市場很『熱』，但也不可避免地呈現出了雜亂無序的狀況。在醫改的大潮下，各省市、地區，以及醫療機構都在紛紛上馬大小不一的PACS項目，價格也從幾萬到上百萬，甚至上千

萬不等。用戶應用這些軟件後，感受肯定會有很大的區別，進而影響到他們的第二次選擇。這就是一個行業的洗牌過程，技術領先的企業會在大浪淘沙中走到最後。我們現在所做的一切努力都是為了在技術上保持領先者的水平，在行業的整合、洗牌中取得最終的勝利。」

也就是在這種市場現狀下，崔彤哲看到了公司優勢與行業發展趨勢的融合點，並將此作為重要的市場機遇。崔彤哲說：「機遇是留給做好準備的人的，在看準這樣一個市場機遇後，我們就開始了PACS系統的研發，很快我們就有了第一個客戶。」

北京安貞醫院作為國內頂級的心血管專科醫院之一，對PACS系統的選擇一直非常謹慎，曾經進行過兩次PACS招標，但是最後都由於沒有找到一個令醫院滿意的系統而決定暫緩。2009年7月，由於醫院320排CT（計算機斷層掃描）的上線，產生的數據量激增，院方不得不考慮上線一套高性能PACS系統，以緩解大數據量存儲的壓力。經過多方調研論證，決定選用海納醫信的醫療影像信息管理系統作為其PACS存儲系統，北京安貞醫院也成為海納醫信PACS存儲系統的第一個客戶。

2010年6月，海納醫信的全院級PACS、RIS系統正式上線首鋼醫院，該案例的特殊點在於，由於首鋼醫院的影像數據存儲量的持續增長和醫院業務的攀升，原有的PACS系統已經不能滿足醫院的要求和需要。2010年，北京大學吳階平泌尿醫學專科中心大樓在首鋼醫院正式啓動，又將有大批的高端影像設備進入醫院。也正是由於該中心的啓動，首鋼醫院需要選擇一個更高效、穩定的PACS系統，這樣才能支撐新大樓的正式使用。海納醫信經過多次演示，最終獲得首鋼醫院的認可。「當時為了獲得醫院的認可，我們甚至許諾，上線所需要的所有硬件設備我們可以墊款購買，如果上線達不到醫院的要求，我們買的硬件都送給首鋼醫院！」正是崔彤哲擁有的這種壯士斷腕的氣魄和信心，打動了首鋼醫院，讓首鋼醫院最終選擇了海納醫信。

崔彤哲介紹說：「這個機遇的發現，是源於微軟和衛生部合作的一個關於農村醫療信息化合作備忘錄的國家級試點項目。該項目是市縣鄉村信息化及遠程診斷會診平臺建設的典型案例，我有幸作為信息化專家顧問受邀參與該項目。在這個項目中我發現，遠程診斷及會診將成為今後中國區域醫療發展的重要方向之一。所以海納醫信成立初始，就毫不猶豫地開始了遠程診斷會診平臺相關技術的研發和累積，產品推出後，獲得微軟試點項目組技術專家的一致認可，順利承擔了這個國家級試點項目中組建市縣鄉三級遠程醫療平臺部分的技術支撐工作。」

通過這一項目的參與，結合中國醫療衛生行業發展的現狀和趨勢，以及中國的國情，崔彤哲預測：未來鄉鎮衛生院的醫療影像診斷服務將由縣級醫院提供。也就是說，鄉鎮衛生院在國家政策的傾斜下，逐步完善了醫院硬件建設，但是在面臨醫療服務人員匱乏的問題上又沒有快速解決的良策，在這種情況下，通過遠程診斷的方式，可以快速、有效地解決這些問題。

與此同時，海納醫信在北京大學人民醫院醫療服務共同體的案例也同樣充分體現了他們用技術解決醫療衛生行業難題的能力。2011年7月15日至16日在衛生部的組織領導和統籌協調下，北京大學人民醫院與青海省衛生廳在青海省西寧市、海南藏族自治州及貴德縣隆重啓動了北大人民醫院支援青海「醫療衛生服務共同體」項目。海

納醫信承擔了北大人民醫院「醫療衛生服務共同體」醫學影像遠程診斷與會診平臺的建設任務。在這一項目的啟動儀式上，依託海納醫信的系統，北大人民醫院的神經內科專家為貴德縣的一例腦神經疑難病例進行了現場會診支援，為患者提出了具體的診斷及治療意見。青海省人民醫院、海南藏族自治州人民醫院以及貴德縣人民醫院的專家及醫生通過互聯網，在各自的醫院參與了這次會診。

與北大人民醫院的合作，也是一個偶然的機會，在項目最終要確定合作廠商前夕促成的。而促成的原因就是崔彤哲到北大人民醫院做的一次系統演示。崔彤哲說：「北大人民醫院一直是醫療信息化建設排在前列的大型三甲醫院，我們當時是慕名到醫院進行產品介紹的，事先並不知道他們即將選擇一個遠程影像診斷會診平臺。結果我們當天一介紹完，院方很認可，接下來又連續邀請我們去醫院給不同科室的相關人員進行了進一步介紹，並且很快就決定選用海納醫信的遠程診斷會診系統！」依託這一平臺，北大人民醫院不僅成功連接了多家「醫療衛生服務共同體」中的基層醫院，將醫學影像診斷會診服務帶給更多的邊遠地區，同時還在北大人民醫院內部建立了醫學影像共享交互及發布平臺，以支持院內各科室的臨床醫生對患者影像進行更便捷的交互會診。這一項目的最新進展是，2012年2月29日，服務共同體支援雲南西雙版納正式開通啟動。

合作高端保持先進性

2011年4月8日，美國哥倫比亞大學與海納醫信簽訂合作研發備忘錄，決定採用海納醫信的醫療影像信息管理系統作為其科研PACS系統（Research PACS），同時雙方建立研究合作關係。

在哥倫比亞大學對海納醫信產品的調研過程中，海納醫信通過跨洋互聯網連接，為哥倫比亞大學醫學院放射系的醫生及科研人員數次遠程演示HINA MIIS系統，獲得系主任施瓦茲（Dr. Larry Schwartz）的認可。隨後，施瓦茲教授及其研究團隊決定與海納醫信合作，不僅是因為其產品的領先性，更重要的是因為海納醫信團隊的自主研發能力。

目前，海納醫信HINA MIIS已作為哥倫比亞大學科研PACS系統正式上線並投入使用。依託海納醫信的PACS系統，一方面對哥倫比亞大學及數家合作醫院的科研影像數據進行高效管理，讓來自不同研究機構的專家可以隨時隨地對科研數據進行調閱和分析，並可以高效開展多方的病例討論和研究。另一方面，雙方依託該系統平臺進行深度合作，共同研發醫療影像信息在臨床藥理驗證領域的應用並進行相應的高級三維圖像和計算機輔助診斷分析算法研究。

崔彤哲介紹說：「海納醫信與哥倫比亞大學的合作開創了中國自主研發PACS進入美國知名醫學院的先河。這一成功案例進一步表明了，海納醫信自主研發的PACS系統在同類產品中已達到甚至超過國際領先水平，提升了國產PACS系統與國際一流廠商的競爭能力。特別要強調的是，這樣的合作也為海納醫信在全世界樹立自己的品牌聲譽提供了保障。」

資料來源：清華科技園網站。http://www.spmember.com//news/news.aspx?newsTD-4966

第三章　創業機會與創業風險

【本章結構圖】

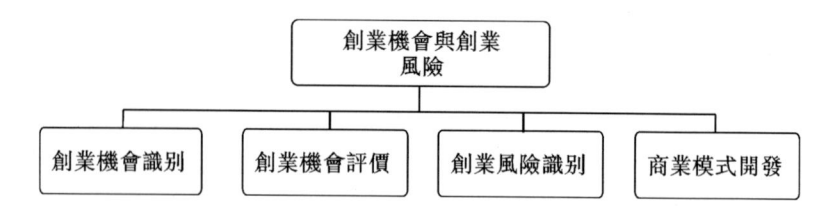

```
            創業機會與創業
                風險
    ┌───────────┬───────────┬───────────┐
創業機會識別  創業機會評價  創業風險識別  商業模式開發
```

【本章學習目標】

1. 瞭解識別創業機會的一般步驟與影響因素。
2. 瞭解戰略與商業模式之間的關係。
3. 理解創意與機會之間的聯繫和區別。
4. 理解創業的機會風險。
5. 深刻理解商業模式的本質及開發商業模式的關鍵影響因素。
6. 掌握創業機會的概念、來源和類型。
7. 掌握創業風險規避和防範的方法。
8. 掌握商業模式設計和開發的思路。
9. 重點掌握識別、評價與利用有價值的創業機會的方法。

【主體案例】

神州租車：讓愛車人有了新選擇

面對越來越高的轎車使用、保養費用，許多準備買車的人都比較猶豫。簡單算一筆帳，如果是一輛 10 萬元的普通轎車，一旦購買，每年的損耗會在 3 萬元以上（包括購車款投資收益的機會成本、使用費用、折舊費等）。再考慮現在大城市的交通現狀，許多有能力購車的人寧可坐地鐵也不願開車。當然，擁有一輛車，肯定會提高生活質量，但如果只是用於假日出遊，還真得考慮考慮。北京神州汽車租賃有限公司（本文中簡稱「神州租車」）以新穎的經營模式給愛車族提供了新選擇。

神州租車借鑑發達國家成熟的服務模式，依靠規模化、網絡化、規範化向客戶提供服務。總裁陸正耀把公司的服務理念歸納為「多快好省」：服務網點遍布各主要城市及旅遊地區的機場、碼頭、車站、商業中心區及旅遊景區，客戶可以在這些網點方便地實現預約、提車、還車等各項服務及其他會員服務；神州租車採用成熟的國際通行

規則，只需客戶提供有效的身分證件、駕駛證和信用卡（兩證一卡），即可在 5 分鐘內辦理租車手續；神州租車出租的所有車輛都是購置的新車，且車齡都在兩年之內，車輛全部配備倒車雷達和 GPS（Global Positioning System，全球定位系統）導航儀；租車的價格體系專為客戶的消費回報最大化而考慮，客戶以最低的價格即可體驗到神州租車最佳的產品、服務和支持。此外，公司還為客戶提供了全國救援、異地還車、GPS 導航、兒童座椅、上門送車、代駕等增值服務。

一個商業模式有無生命力，關鍵看是否給客戶帶來了價值，是否給投資方帶來了收益。神州租車一輛車每天租金（散租）大概是購車款的千分之三。以捷達為例，購買費用全部加起來不到 8 萬元，每天 24 小時的租金是 210～230 元，一年就可以回本。採用這種租車模式，客戶覺得便宜，公司覺得掙錢。一般人每年用車時間約為 30 天（不用於上下班），租車費用大概 1 萬元，況且每次都可以選擇不同的新車，也不用擔心日常的保養維修。神州租車現有凱越、君越、別克 GL8、途勝等車款，可以滿足不同用戶的需求。神州租車已經在 2008 年年底前將服務網絡覆蓋到全國的 100 個重點城市和旅遊地區。

這麼好的商業模式，為什麼早先沒有？陸正耀覺得：一是現在這個行業才算進入一個較佳的發展時期，以前汽車租賃屬於限制行業，很多地方將租賃車牌照等同於出租車，審批非常嚴格，現在已經放開。二是近年汽車降價幅度很大，雖然高端車還有一定的空間，但中低端車基本見底，最多還有 10% 的降價空間。三是信用體系相對完善——神州租車的身分識別系統可以與相關機構的識別系統對接，任何人來租車，都可以進行核對，杜絕使用假證的情況；公司還要求租車人使用信用額度過萬元的信用卡來租車。這些都在一定程度上解決了以前租車業普遍存在的信用問題。另外，神州租車還採用一些其他高科技手段，保證車輛的安全。陸正耀說，這個行業還不具備完善的條件，國內的金融配套體系還不是特別完善，但基本問題已經解決。

1. 結合本案例談談商業模式創新的必要性，並回答商業模式創新的創意主要來源於哪些方面？
2. 陸正耀設計盈利模式的依據是什麼？
3. 結合本案例談談市場調查和創業機會識別的關係。

資料來源：道客巴巴網．http://www.doc88.com/p-98039382813.html

第一節　創業機會識別

【本節教學目標】

1. 掌握創業機會的概念、來源和類型。
2. 理解創意與機會之間的聯繫和區別。
3. 瞭解識別創業機會的一般步驟與影響因素。
4. 掌握識別創業機會的行為方式。

【主要內容】

一、創意與機會

（一）創意

對機會的識別源自創意的產生。創意是指具有創業指向同時具有創新性甚至原創性的想法或概念，是創業者的初步設想或靈感。

1. 創意的來源

創意經常來源於新的市場需求、技術創新、產品缺陷以及企業經營模式的變化等。

（1）新的市場需求。隨著社會的發展，市場上會不斷產生新的需求，如何滿足這些需求，正是創意的最重要來源。當我們在商場或服務場所聽到消費者的抱怨時，一個新的創意可能已經出現在我們的眼前。

【學習導航】

臺商李先生本來在臺灣與別人合作創辦了一家旅行社，他一面帶著旅遊團到內地遊覽，一面借機尋找在內地投資的機會。他發現大陸沿海城市有很多制鞋廠，制鞋所用的鞋裡布全依靠進口。李先生看到了這裡面蘊涵的巨大商機，他當即與人合作在福州開辦了一家無紡布工廠，專為各鞋廠提供高級鞋裡布。

英雷公司的創辦者周先生瞭解到國內菸草、鋼材和木材等行業的企業為控制產品質量需要高精度地測量水分。當時測定水分的儀器主要依靠進口的紅外線水分測量儀，於是他利用業餘時間研製水分測量儀，並取得了成功。1998年他辭職下海創辦英雷公司，生產的水分測定儀質量不低於進口產品，但售價只有進口產品的三分之一，該產品的國內市場佔有率在60%以上。

日本聲寶公司根據市場調查研究發現，日本有40%的主婦有全職或者兼職工作，其中70%的家庭在早上洗衣服，而多數主婦又希望多睡一會兒。於是公司推出了一種早晨全自動洗衣機，主婦們只要在臨睡前調好時間，第二天早晨醒來，衣服就已洗滌乾淨。這種洗衣機一上市，就受到家庭主婦們的歡迎，銷量直線上升。

資料來源：韓國文. 創業學［M］. 武漢：武漢大學出版社，2006.

（2）技術創新。新技術會激發創業者的思維，形成新的創意，構思出新的產品。一項新技術轉化為新產品或服務，進入生產和消費領域，並滿足社會需求才能實現其價值，這便是新技術的轉化推廣過程。技術創新基於新技術的出現，這類創意在形成產品實現創業的過程中風險很大，但一旦成功將具有「里程碑」的意義，同時會激發形成更多的創意。

（3）產品缺陷。對生產企業來說，產品存在缺陷是很不幸的事，但對於創業者來講，卻是絕好的機會，創業者可以通過對市場上已有的產品和服務進行追蹤、分析和評價來發現現有產品的缺陷，從而有針對性地提出改進的方法，並以此開發出有巨大市場潛力的新產品。

【學習導航】

美國杜邦公司在1963年推出了一種合成材料，目的是代替皮革，但是價格較高。杜邦公司不惜成本做廣告，搞促銷。另外一家公司看到了杜邦公司產品滯銷的主要原因是產品成本太高，因而研製出了另一種成本低的合成材料，產品價格便宜而且美觀，很快占領了市場。杜邦公司在耗費了大量的時間和金錢之後，以失敗告終。再如「南山」奶粉針對市場上絕大多數奶粉必須用熱開水沖才能溶化並且喝後容易上火的缺陷，進行技術攻堅，最後開發出「涼開水即溶，喝了不上火」的新型奶粉。憑藉這一優勢，「南山」奶粉的市場份額迅速上升。

資料來源：韓國文．創業學［M］．武漢：武漢大學出版社，2006．

（4）企業經營模式變化。企業經營管理思想、方法或運作模式的改變也可以形成新的創意。麥當勞並沒有發明任何新事物，它提供的產品是美國任何一家餐館每天都可以提供的，但是麥當勞運用新的管理方法，使產品生產過程和服務標準化，既大大提高了產品質量，又開拓了新的市場。

【學習導航】

戴爾曾就讀於得克薩斯大學，19歲退學。1984年，戴爾以1,000美元和一個在個人計算機業中前所未有的理念建立了戴爾公司，即避開對產品增值較少的中間商，直接向最終用戶銷售量身定制的個人計算機。通過這種創新的直線訂購方式和在業界率先倡導的服務和支援方案，戴爾公司已成為全球頂尖的個人計算機供應商之一，並且是領先的計算機直線訂購公司和全球發展最快的主要計算機系統公司。戴爾公司在互聯網上的領導地位帶來了最新的全球革命，被公認為是最大的計算機系統的網上供應商，每天在線銷售額達3,000萬美元。

資料來源：韓國文．創業學［M］．武漢：武漢大學出版社，2006．

2. 創意的分類

根據發生領域，可以把創意劃分為科技創意、經濟創意、政治創意、社會創意和文化創意。

根據所屬專業，可以把創意劃分為設計創意、營銷創意、管理創意、技術創意、規劃創意等。

根據完善程度，可以把創意劃分為萌芽創意和成熟創意。成熟創意雖然比較理想，但是也來源於萌芽創意。

根據發展狀況，可以把創意劃分為原始創意和派生創意。原始創意始於原始創新，消化吸收再創新產生派生創意。

根據參與程度，可以把創意劃分為團隊創意和個體創意。

根據產生條件，可以把創意劃分為主動創意和偶然創意。

3. 具有價值潛力的創意的基本特徵

（1）新穎性。創業的本質是創新，創業指向的想法首先應具有新穎性。這裡的新穎性可以是新的技術和新的解決方案，可以是差異化的解決辦法，也可以是更好的措

施。新穎性意味著一定程度的領先性，不少創業者在選擇創業機會時，關注國家政策優先支持的領域就是在尋找領先性的項目。

（2）真實性。有價值的創意不是空想，要有現實意義，具有實用價值。創意要可實現，判斷標準是能夠開發出可以把握機會的產品或服務，而且市場上存在對產品或服務的真實需求，或可以找到讓潛在的消費者接受產品或服務的方法。

（3）價值性。創意的價值特徵是根本，好的創意要能給消費者帶來真正的價值。創意的價值要靠市場檢驗，好的創意需要進行市場測試。

4. 創意是否具有商業價值存在不確定性

創意是創業活動的開端，創業者要做的第一件事是為新的業務進行一項創意。一個好的創意是創業成功的前提條件。但是，好的創意和成功創業之間沒有必然聯繫。現實中，創意的數量遠比市場機會多得多，只有那些具有商業價值的創意才能帶來好的市場機會。事實上，由於環境、技術、市場等因素的不斷變化，發現真正有商業價值的創意是一個充滿不確定性的過程，很多創業者的創業結果甚至完全不同於其最初的設想。例如，以一次成像技術而聞名於世的寶麗來公司成立的時候銷售的是汽車前燈。然而，寶麗來公司發展到目前數億美元的規模與汽車前燈已經完全不相干了。

此外，即使第一個獲得最好的創意也並不能保證成功。率先擁有好的創意並付諸實踐當然是一件好事，但除非能夠迅速佔有很大的市場份額，或是建立起進入該市場領域的不可逾越的障礙，從而搶先於競爭對手獲得創意帶來的豐厚利潤，否則只能算是開拓了一個供競爭對手謀取利潤的新市場。例如，第一臺便攜式個人計算機是由亞當·奧斯本推出的，丹·布利克林是第一個使用電子數據表軟件的人，但他們都沒有成為該領域成功的創業者。

由此可見，創意是否具有商業價值存在不確定性。成功的創業者能夠迅速地把那些潛力不大的創意拋開，聚焦於少數應予以改進和研究的創意，這需要創業者對該領域有深入的瞭解並能夠準確判斷創意的真正價值。

（二）機會

機會是指未明確的市場需求或未充分使用的資源或能力。獲取和抓住機會是創業活動的現實起點。

1. 機會的來源

從產品市場角度來看，機會的來源主要有：

（1）新技術的發明所帶來的新產品及新的信息。

（2）信息不對稱導致的市場低效率。

（3）政治因素、規章制度的變動帶來的相關資源使用上的成本收益的變動。

大多數的機會存在於產品市場之中，要素市場中的創業機會同樣不能忽視，例如某一新材料的發現等。

2. 機會的類型

按照機會的來源和發展程度，機會可以分為以下四種類型：

（1）市場需求未識別且資源和能力不確定（問題及其解決方法都未知），表現為藝術家、夢想家、一些設計師和發明家的創造性。他們感興趣的是將知識的發展推向一

個新方向和使技術突破現有限制。

（2）市場需求已識別但資源和能力不確定（問題已知，但其解決方法仍未知），描述了有條理地搜集信息並解決問題的情況。在這種情況下，機會開發的目標往往是設計一個具體的產品或服務以適應市場需求。

（3）市場需求未識別但資源和能力已確定（問題未知，但可獲得解決方法），如人們常說的「技術轉移」的挑戰，又如尋找應用領域和閒置的生產能力。這裡的機會開發更多強調的是尋找應用的領域而不是產品或服務的開發。

（4）市場需求已識別且資源和能力已確定（問題及其解決方法都已知）。機會的開發就是將市場需求與現有的資源匹配起來，形成可以創造並傳遞價值的新企業。

3. 機會之窗

機會之窗理論認為產業的發展有一個生命週期，而在產業剛剛產生時，人們並不瞭解這個產品，所以在市場上只有很少或者幾乎沒有顧客群，而到了大家開始認識這個產品時，它會出現暴發式的增長，這時產品和行業都進入了高速成長期。對於創業者來說，進入期是最難的，這個時期最大的問題就是如何生存下去，並且一方面要完善產品，一方面要宣傳產品。這時的機會非常小。而到了成長期，機會突然大增，彼得·德魯克（Peter F. Drucker）把它比喻為如同為機會打開了一扇窗戶，所以把這個現象取名為「機會之窗」。成長期結束前，會有更多的企業湧入，這時成長的空間越來越小，大淘汰開始了，機會之窗會漸漸關閉（見圖3-1）。

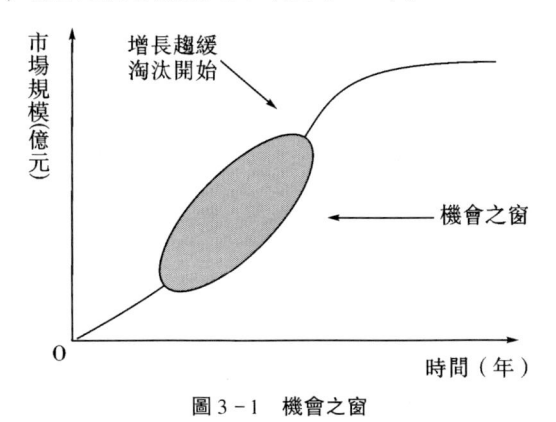

圖3-1　機會之窗

（三）創意與機會之間的聯繫與區別

對機會的識別源自創意的產生，在創意產生之前，機會的存在與否意義並不大。創意的典型特徵是具有創業指向。有創業意向的人在產生創意之後，會很快甚至同時把創意發展為可以在市場上進行檢驗的商業概念。商業概念既體現了顧客正在經歷的也是創業者試圖解決的種種問題，同時體現瞭解決問題所帶來的顧客利益和獲取利益所採取的手段。這種利益是顧客認可並願意為此支付的價值。

看到機會、產生創意並發展成清晰的商業概念意味著創業者識別到機會，並因為找到解決問題的手段而有可能把握住機會，這是啓動創業活動所需的基本前提。

儘管如此，創意並不完全等同於機會。一個好的創意並不意味著就一定有市場機會。對創業者來說，一個好的創意只不過是一個工具。在把企業家的創造力轉化為創業機會的艱鉅過程中，發現好的創意只是第一步。這是因為創意的本質只是一種有吸引力的思想、概念或想法，不必十分注重其實現的可能性，但機會卻必須是實實在在的，是能夠用來作為創業基礎的，這是一個相當關鍵的區別。

二、創業機會與商業機會

（一）創業機會

創業機會是具有商業價值的創意，其表現為特定的組合關係。

在一個完全自由的市場體系中，創業機會的出現往往是因為創業者準備進入的行業和市場上存在著縫隙，這是由商業環境的變化、市場體制不協調或不健全、技術的落後或領先、信息的不對稱以及市場中其他各種因素影響的結果。對創業者而言，創業機會能否有效把握依賴於創業者能否準確識別和充分利用這些市場縫隙。市場越不完善，相關知識和信息的缺口、不對稱或不協調就越大，商業機會就越多，創業機會也就越多。

從這個意義上講，中國的創業機會遠比發達國家多，因為發達國家的市場已經相對完善，市場幾乎沒有縫隙，而中國的市場還很不發達、很不完善，因而充滿了各種機會。這也是近年來外國投資者紛紛到中國投資、大批海外留學人員矢志回國創業的基本動因。

（二）商業機會

商業機會也稱市場機會，是指有吸引力的、能實現某種商業盈利目的的、適時的商務活動的空間。

商業機會是一個人決定是否進行創業的核心要素，也是創業行為的起點。一個人只有在發現商業機會後，才可能進一步考慮能否配置到必要的資源，以及利用這個商業機會能否最終盈利，如果能夠，則這個商業機會對於這個人而言就成為創業機會，進而就可以決定是否開始進行創業。

創業過程始於商業機會，而不是資金、戰略、網絡、團隊或商業計劃。開始創業時，商業機會比資金、團隊的才干和能力及適合的資源更重要。商業創意來自創業機會的豐富和邏輯化，並最終演變為商業模式，好的商業模式對社會資源具有極大整合力。

商業機會往往是由消費者未能滿足的消費需求引發，這種未能滿足的需求導致了可以給顧客提供更多價值的產品和服務的機會。可是，一個好的想法未必是一個好的商業機會。例如，你可能通過一項新技術發明了一個非常有創意的產品，但是市場可能並不需要它；或者，一個想法聽起來不錯，但是在市場上沒有競爭力，或不具備必要的資源；或者說，儘管有時市場有需求，但是需求的數量不足以收回成本，那也不值得考慮。事實上，過去有超過80%的新產品開發是失敗的，很多發明家的想法聽起來很好，但是經受不住市場的考驗。將一個好的想法或創意轉化成一個商業機會，主要標準是有市場需求且能夠獲得利潤。

三、創業機會的特徵與類型

創業機會是具有商業價值的創意，表現為特定的組合關係。創業機會來自一定的市場需求和變化。

（一）創業機會的特徵

1. 創業機會的一般特徵

（1）潛在的盈利性。盈利性是創業機會存在的基礎。創業者追逐創業機會的根本目的是基於創業機會組建企業，進而獲得財富。如果創業機會不具有盈利性，機會也就不是創業機會了。同時，創業機會的盈利性是潛在的。對於這種潛在盈利性的理解尤其需要創業者擁有一定的知識和技能，同時也需要相關領域的實際經驗。因此，這也為創業機會的評價和識別造成一定的難度。很多創業機會看起來似乎具備較強的盈利可能，但是經過仔細推敲之後卻發現是虛假的信號。因此，在創業機會的識別和評價方面，需要創業者投入更多精力。

（2）創業機會需要具體的商業行為來實現。現實中，富有價值的創業機會具有很強的時效性，如果沒有及時地把握住，一旦時過境遷，由於條件所限，原有市場不復存在，或者已經有其他創業者搶先一步占據市場先機，原先具有巨大價值的創業機會也會淪為無價值的一條市場信息。將創業機會商業化，還取決於許多客觀條件，特別是創業者所面臨的創業環境和所能夠擁有的資源狀況。因此，在創業機會的識別和開發上，創業者應當做好準備。

（3）創業機會的潛在價值能夠不斷開發和提升。創業機會的潛在價值依賴於創業者的開發活動，也就是說創業機會並非是被發現，而是被「創造」出來的。創業機會的最初形態很可能僅僅是一些散亂的信息組合，只有創業者以及創業過程的各類利益相關者積極地參與到機會識別中來，不斷磨合各自的想法，創業機會的基本盈利模式才能夠逐步形成，並且最終成為正式的企業。因此，創業機會的潛在價值具備很強的不確定性，它會隨著創業者的具體經營措施和戰略規劃而發生變動。如果創業者的戰略方案與創業機會的特徵得到良好的匹配，創業機會的價值就能夠得到很大的提升，創業活動也能夠獲得較好的效果。如果相關戰略規劃與創業機會特徵不匹配，甚至產生嚴重的失誤，那麼即使創業機會潛在價值很大，也無法得到有效機會，甚至引起創業失敗。

2. 創業機會的核心特徵

創業機會的核心特徵表現為具有商業價值的創意。從某種意義上說，創業機會是創意的一個「子集」。創業機會可以滿足創意的諸多特徵：來源廣泛；具有較強的創新性；未來的發展帶有很大的不確定性。但是，創業機會擁有大多數創意所不具備的一個重要特徵：能滿足顧客的某些需求，因而具有商業價值。這一特徵使有價值的創業機會得以從眾多創意中脫穎而出，成為創業者關注的焦點。有商業價值的創意有兩個特性：有用性及可行性。換句話說，漫無目的或是異想天開、天馬行空的創意點子對創業是沒有什麼幫助的。

因此，從眾多創意中尋找值得關注的機會，是創業者選擇創業生涯、實施創業戰略的第一步。而創業機會具有吸引力強、持久、適時的特性，它根植於可以為顧客或

用戶創造或增加價值的產品或服務中。

(二) 創業機會的類型

1. 市場層面的創業機會類型

(1) 面向現有市場的創業機會。在現有市場上通常已經有企業在經營，這些企業往往是一些成熟的大企業，創業者唯有通過有效的創新手段，營造新的經營模式，才可能在市場上占據一席之地。

【學習導航】

在邁克爾·戴爾想要進軍個人計算機行業的時代，個人計算機產業已經在飛速發展，很多著名的個人計算機廠商在這一市場上激烈競爭。戴爾開創了一個全新的個人計算機經營模式，這條更好的路子就是向客戶直銷，它繞過了分銷商這個中間環節。戴爾從消費者那裡直接拿到訂單，然後購買配件組裝計算機。因此戴爾計算機公司不需要車間和設備生產配件，也不需要在研發上投入資金。這樣，戴爾通過為消費者消除中間環節而使自己獲得了大量財富。在20世紀90年代，戴爾計算機公司的成功經歷成為很多教科書上的經典案例。

資料來源：李賢柏. 創業學 [M]. 重慶：重慶大學出版社，2009.

(2) 面向空白市場的創業機會。空白市場屬於現有行業範圍內尚未被開發的市場。這一市場可能是縫隙市場，尚未被現有的大型企業所關注，如果經營得當，便可能創造出可觀的價值。

【學習導航】

過去農村零售業一直被認為是一個空白市場，許多大型的連鎖超市往往致力於開發城市市場，一直忽略農村市場。而在農村，已有的商業體系則只是一些日漸退化的供銷社、農民在業餘時間開的雜貨鋪、隔三岔五出現的集市等。現在，這一空白市場正被很多企業盯上。在各地，規範的農村連鎖體系一出現便受到歡迎，顯示出莫大的生命力。一些發展較為良好的農資連鎖品牌包括「農家福」「惠多利」等已開始進軍農村市場，而北京物美、京客隆、上海華聯等知名連鎖集團，也已開始了全國性的農村市場布點。

資料來源：李賢柏. 創業學 [M]. 重慶：重慶大學出版社，2009.

(3) 面向全新市場的創業機會。這一市場上的創業機會不屬於任何已經存在的行業。因此，創業者將要進入的是一個全新的市場，市場上暫時沒有任何競爭對手，也沒有現成的經營模式可循。在這種情況下，需要警惕的是，這一全新的市場是否具備高度成長可能。如果該市場發展緩慢，即使創業者及時進入，也會由於市場的成長性不足，使企業發展大大受限。反過來，如果該市場成長性非常強，創業者則不需要花費多少時間和精力就能夠建立起很強的競爭優勢，此時創業者也需要警惕追隨者。如果先進入的創業者沒有足夠的準備和應對措施的話，先進入者的優勢也會轉化為劣勢，緊跟而來的追隨者完全有可能後來居上。

2. 產品（服務）層面的創業機會類型

（1）提供現有產品的創業機會。這一類型的創業機會在所提供的產品方面並沒有什麼創新或者改進，但是，只要市場上存在空間供創業者發展，那麼該創業機會就具備一定的可行性。當然在創業活動中需要注意應當盡可能避開與市場上提供該類型產品的成熟企業直接競爭。因為創業者的資源和發展能力都較為有限，應當積極探索空白市場或者現有企業力所不能及的市場，在累積一定資源和能力之後再考慮下一步的發展。例如，很多生存型創業選擇開個餐廳或者一些簡單的服務性企業，這些企業實際上在提供的產品方面沒有太多創新，但是只要選址得當，企業仍然有發展空間。

（2）提供改進產品的創業機會。這一類型的創業機會所提供的產品是對現有產品的改進，改進的對象可能是原材料、生產工藝、核心技術、銷售渠道等，通過對現有產品進行改進，創業者有可能實現比同類產品供應商更為低廉的成本、更為獨特的功能、更為有效的生產和經營方式以及更有吸引力的利潤。對現有產品進行改進，是一種省力且見效快的好辦法，但是改進方式必須有章可循。通常認為，對一種產品改進的程度往往可以分為較小、中度、重大三個層次。

【學習導航】

從打字機改進到電子打字機，可視為一個較小的產品改進，而從電子打字機改進到計算機文字處理系統，則是一個重大的改進。產品改進程度越大，可能的收益就越大，對於創業者的經營能力要求也越高。

資料來源：劉世忠. 老板是怎樣煉成的——商機發現 [M]. 西安：西安交通大學出版社，2009.

（3）提供全新產品的創業機會。這一類型的創業機會所提供的產品是現有市場上從未出現過的。全新產品的推出會引起整個市場翻天覆地的變化，原有產品市場會大大萎縮，讓位於新的產品。同時，全新產品的經營風險也非常大，經營經驗以及顧客認可的缺乏都會影響創業活動的推進。因此，全新產品的推出時機以及創業者的自身準備對於創業活動的成功至關重要。

【學習導航】

中國第一家互聯網服務公司——瀛海威早在1995年就已創辦，但這一企業卻沒有等到20世紀末的互聯網浪潮。1998年，創始人張樹新向董事會提交了辭呈，退出了自己一手締造的瀛海威。瀛海威的失敗主要是因為它生不逢時，在中國誕生得過早，國內尚未具備發展的資源條件。當然，應該說瀛海威為後來的互聯網企業起到了一定的先導作用，之後的搜狐、新浪、網易等一批網絡服務公司不僅很好地存活下來，而且也令人看到了網絡行業未來的希望。

資料來源：李賢柏. 創業學 [M]. 重慶：重慶大學出版社，2009.

四、創業機會的來源

變化是創業機會的重要來源，沒有變化，就沒有創業機會。創業機會的出現往往是因為環境的變動、市場的不協調或混亂、信息的滯後以及各種各樣的其他因素的影

響。也就是說，在一個自由的企業系統中，當行業或市場中存在變化著的環境、混亂、混沌、矛盾、落後與領先、知識和信息的鴻溝以及各種各樣其他真空時，創業機會就產生了，如技術革新、消費者偏好的變化、法律政策的調整等。以下四種變化是構成創業機會的主要來源。

（一）技術變革

技術變革帶來的創業機會，主要源自新的科技突破和社會的科技進步。通常，技術上的任何變化，或多種技術的組合，都可能給創業者帶來某種商業機會，具體表現在三個方面：

1. 新技術替代舊技術

當在某一領域出現了新的科技突破和技術，並且它們足以替代某些舊技術時，通常隨著舊技術的淘汰和新技術的未完全占領市場而暫時出現市場空白。

2. 實現新功能

創造新產品的新技術的出現無疑會給創業者帶來新的商機，例如互聯網的發明伴隨著一系列與網絡相關的創業機會的出現。

3. 新技術帶來的新問題

多數技術的出現對人類都有既有利又有弊的兩面性，即在給人類帶來新的利益的同時，也會給人類帶來某些新的問題，這就會迫使人們為了消除新技術的某些弊端，再去開發新的技術並使其商業化，例如汽車的消聲器和樓房的避雷針，這就會帶來新的創業機會。技術變革使人們可以做新的事情或者以更有效率的方式做從前的事情，比如因特網技術的出現，改變了人們溝通的方式，溝通更快捷、更有效率。不是所有的新技術都對新企業有利。研究發現，小規模、個性化生產的彈性（柔性）製造技術和「數字技術」更適合於新企業的建立。

（二）政府政策變化

政府政策變化會給創業者帶來商業機會。隨著經濟發展、科技變革等，政府必然會不斷調整自己的政策，而政府政策的某些變化，就可能給創業者帶來新的商業機會。政策的變化能夠帶來創業機會，是因為它使創業者能夠提出更多不同的想法，而這些創業者可能在一個常規體制下面是被禁止進入的。政策的變革也清除了很多不利於生成新企業的官僚政治障礙，這些障礙的清除，使得創業者的創業成本大大降低，原來無利可圖的創業項目變得有利可圖。

政策也可能通過強制增加需求的方式創造出新的商機，如汽車安全帶。政府政策的改變可以為新企業帶來機會，例如對某些行業進入限制條件的放寬（如民用航空、資源開採等）、政府採購政策的導向（對科技型新小企業、創造大量就業的企業）有可能為新企業帶來機會。

（三）社會和人口因素的變化

隨著社會和人口因素的變革產生出創業機會。人的需求是變化的，不同時期的社會和人口因素的變化會產生不同的需求。

隨著現代社會發展的加快，這種變化中的需求更加明顯。大量女性人口加入就業領域，創造了家政服務業和快餐食品業的市場機會；人口壽命延長導致的老齡化問題，

創造了老齡用品市場；計劃生育政策使得教育市場高速發展；「單身貴族」的產生，促進了小戶型商品房的熱銷。

社會和人口是緊密聯繫在一起的，有時候社會文化的變革也是創業機會產生的引擎，例如隨著中國國家實力的增強，中國文化產業的相關市場也得到了蓬勃發展，越來越多的外國人學習中醫、太極拳和中國傳統文化，中餐、中國結和唐裝等中國文化產品在國外的市場也越來越大。社會和人口因素的變化改變了人們對產品和服務的需求，需求的變化就帶來了產生新事物的機會。

歐美人口減少的趨勢也引起大學增加吸引來自發展中國家的留學生的需求，從而產生了一些針對國際學生的服務項目。社會和人口的改變也產生了針對新的需求所要求的新的解決方案，這些方案會比目前的方案更有效率。

（四）市場需求變革

1. 市場出現新需求

市場上出現了與經濟發展階段有關的新需求，相應地，就需要有企業去滿足這些新的需求。

2. 市場出現供給結構性缺陷

當期市場供給缺陷產生新的商業機會。非均衡經濟學認為，市場是不可能實現真正的完全供求平衡的，總有一些供給不能實現其價值，因此，創業者如果能發現這些供給結構性缺陷，同樣可以找到可以用來創業的商業機會。

3. 產業轉移帶來市場機會

先進國家（或地區）產業轉移帶來市場機會。從歷史上看，世界各國各地的發展進程是有快有慢的，即便在同一國家，不同區域的發展進程也不盡相同，這樣，在先進國家或地區與落後國家或地區之間，就有一個發展的級差，當這個級差大到一定程度時，由於國家或地區之間存在成本差異，再加上經濟發展到一定程度時，例如環保等問題往往會被先進國家或地區率先提到議事日程上，先進國家或地區就會將某些產業向外轉移，這就可能為落後國家或地區的創業者提供創業的商業機會。

4. 中外差異中隱含的商機

從中外比較中尋找差距，差距中往往隱含著某種商機。通過與先進國家或地區比較，看看別人已有的哪些東西我們還沒有，借鑑西方國家成熟企業的發展經驗，也可能發現某種商業機會。需求條件通常由市場規模、市場成長與市場細分來描述。研究發現，新企業在市場需求規模大的市場比較小的市場中業績更好；在成長較快的市場比在成長較慢的市場業績更好；在市場分割（市場細分）更多的市場比分割更少的市場業績更好。

【學習導航】

程登輝大學畢業後一直找不到合適的工作。當她看到城裡人很喜歡山裡的土特產時，就想到把老家邊遠山區那些純天然的山貨運到城裡來銷售。打定主意後，程登輝先是帶了一小部分品種來到成都「探路」，結果大受歡迎，原因是這種無污染的山貨正是追求生活質量的城市居民最為喜歡的。嘗到甜頭後，程登輝立即在家鄉找了幾個幫

手。她親自前往湘西山區組織貨源，並在成都租了一個20多平方米的門面，專門銷售農家山貨。沒多久，程登輝又將小店一分為二，一邊為批發部，一邊為零售部。為充分利用店裡的空間，她又在靠門道的位置賣起了山裡的苦涼茶。用程登輝的話說，這叫全方位發掘資源，半成品都堆放在店裡，拿來燒成茶水賣，利潤就提高了十多倍。這些苦涼茶品種有金銀花、野菊花、涼茶葉……幾乎全是山上野生野長的。開始時，程登輝還擔心這種難登大雅之堂的苦涼茶在城裡賣不動，不想一經推出就大受歡迎。顧客反應，這種山裡的苦涼茶雖然味道苦些，喝起來不如現代流水線生產出來的茶口感好，但原料地道正宗，在炎炎夏日飲用能起到真正清熱解暑的作用。而且對於每杯一元的價格，顧客都說「實惠、物有所值」。接著，程登輝招了兩名幫工，一副放開手腳大干一場的架勢，一邊賣山貨，一邊賣煮好的苦涼茶。初次創業的登輝，在短短一年時間裡，居然靠賣山貨與賣苦涼茶賺到了10萬元。

資料來源：搜狐新聞. http://news.sohu.com/20070310/n248627791.shtml

五、影響機會識別的關鍵因素

創業者能夠成功識別機會，取決於創業者的四類關鍵因素。

1. 創業者的實踐與創業經驗

特定產業中的實踐經驗有助於創業者識別機會。1989年，對美國《財富》500強企業創建者的調查報告顯示，43%的被調查者是在同一產業內企業工作時獲得新企業創意的。在某個產業工作，個體可能識別出未被滿足的利益市場。同時，創業經驗也非常重要，一旦有過創業經驗，創業者就很容易發現新的創業機會。這被稱為「走廊原理」，即指創業者一旦創建企業，就開始了一段旅程，在這段旅程中，通向創業機會的「走廊」將變得清晰可見。這個因素的原理是，某個人一旦投身於某產業創業，將比那些從產業外觀察的人，更容易看到產業內的新機會。

2. 創業者的個人素質

對於機會識別來說，更重要的因素應當來自創業者的個人素質。從本質上說，機會識別是一種主觀行為。某一機會表現出較好的預期價值，但是並非每個人都能從事這一機會的開發，並且堅持到最後的成功。創業者的個人素質對於機會識別來說更為重要。在創業機會識別中，個人素質包括警覺性、個人特性、先驗知識、認知學習能力、創業動機等因素。

3. 創業者的社會關係網絡

個人社會關係網絡的深度和廣度影響著機會識別。建立了大量社會與專家聯繫網絡的人，比那些擁有少量網絡的人容易得到更多的機會和創意。一項對65家初創企業的調查發現，半數創建者報告說，他們通過社會關係得到了商業創意。在社會關係網絡中，按照關係的親疏遠近，我們可以大致將各種關係劃分為強關係與弱關係。強關係以頻繁相互作用為特色，形成於親戚、密友和配偶之間；弱關係以不頻繁相互作用為特色，形成於同事、同學和一般朋友之間。研究顯示，創業者通過弱關係比通過強關係更可能獲得新的商業創意。一位電工向餐館老板解釋他如何解決了一個商業問題。當聽到這種解決辦法後，餐館老板可能會說：「我絕對不可能從本企業或本產業內的人

那裡聽到這種解決方案。這種見解對我來說是全新的，有助於我解決自己的問題。」

4. 創業者的創造性

創造性是產生新奇或有用創意的過程。從某種程度上講，機會識別是一個創造過程，是不斷反覆的創造性思維過程。在聽到更多趣聞軼事的基礎上，你會很容易看到創造性包含在許多產品、服務和業務的形成過程中。

六、識別創業機會的一般過程

創業過程開始於創業者對創業機會的把握，創業者從成千上萬繁雜的創意中選擇了他心目中的創業機會，隨之持續開發這一機會，使之成為真正的企業，直至最終取得成功。在這一過程中，機會的潛在預期價值以及創業者的自身能力得到反覆的權衡，創業者對創業機會的戰略定位也越來越明確，這一過程可以稱為機會的識別和開發過程。

創業機會的識別分為五大步驟：

第一步，判斷新產品或服務將如何為購買者創造價值及使用新產品或服務的潛在障礙。根據對產品或服務使用的潛在障礙以及市場認可度的分析，得出新產品的潛在需求、早期使用者的行為特徵以及產品創造收益的預期時間。

第二步，分析產品在目標市場投放的技術風險、財務風險並進行機會之窗分析。

第三步，明確在產品的製造過程中是否能保證足夠的生產批量和可以接受的產品質量。

第四步，估算新產品項目的初始投資額，明確使用何種融資渠道。

第五步，在更大範圍內考慮風險程度以及如何控制和管理那些風險因素。

這一過程可以概括成3個階段，如圖3-2所示。

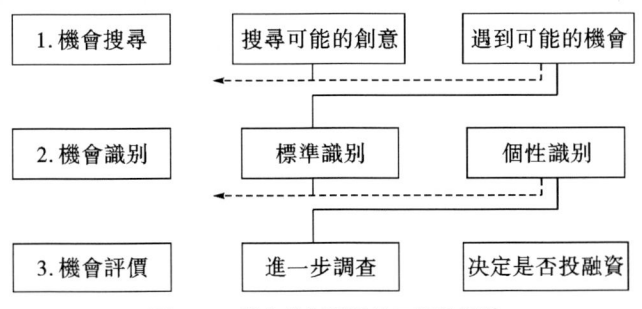

圖3-2 機會識別過程的三階段模型

第一階段，搜尋機會。這一階段創業者對整個經濟系統中可能的創意展開搜索，如果創業者意識到某一創意是潛在的商業機會，具有潛在的發展價值，就將進入機會識別階段。

第二階段，識別機會。相對整體意義上的機會識別過程，這裡的機會識別應當是狹義上的識別，即從創意中篩選合適的機會。這一過程包括兩個步驟：第一步是通過對整體的市場環境和一般的行業分析來判斷該機會是否在廣泛意義上屬於有利的商業機會，所以該階段也稱為機會的標準化識別階段；第二步對於特定的創業者和投資者

來說，是考察這一機會是否有價值，也就是個性化的機會識別階段。

第三階段，評價機會。實際上這裡的機會評價已經帶有部分「盡職調查」的含義，比較正式，考察的內容主要是各項財務指標、創業團隊的構成等。通過機會的評價，創業者決定是否正式組建企業、吸引投資。

事實上，在一些研究中，機會識別和機會評價是同時進行的，創業者在對創業機會識別時也在有意無意地進行評價活動。創業者在機會開發中的每一步，都需要進行評估，也就是說，機會評價伴隨著整個機會識別的過程。在機會識別的初始階段，創業者可以非正式地調查市場的需求、所需的資源，直到判定這個機會值得考慮或是進一步深入開發；在機會開發的後期，這種評價變得較為規範，並且主要集中於考察這些資源的特定組合是否能夠創造出足夠的商業價值。

七、識別創業機會的行為技巧

既然創業要從機會中產生，那麼機會在哪兒？哪些情況又代表著機會呢？可以說機會無時不在，無處不在。但如果想知道掌握機會的簡便方法，不妨關注以下幾個方面。

（一）從「低科技」中搜尋機會

隨著科技的發展，開發高科技領域是時下熱門的課題。但是，創業機會並不只存在於高科技領域。在運輸、金融、保健、飲食、流通這些所謂「低科技」領域也有機會，關鍵在於發現。

【學習導航】

譚木匠是譚木匠工藝品有限公司的董事長、總經理，中國最大的「梳子王」，是「2006福布斯中國潛力100榜」中唯一上榜的渝商。譚木匠公司從1993年的手工作坊起家，到今天已有300多家連鎖店遍布全國，年淨利潤超過2,000萬元。譚木匠公司股票在2006年上半年正式登陸香港主板市場。

譚木匠出生於萬州的一個木匠世家，少時的理想是成為一名詩人或者畫家。但在18歲時，剛剛初中畢業的他因一次意外失去了右手。這一年，經熟人介紹，他當上了一所民辦小學的教師。

「一個人斷手斷腳，多難看，多可憐！要是我殘了，還不如自殺了事！」一次，學校校長的私下議論被譚木匠無意中聽到，深受刺激的譚木匠毅然離開學校，揣著50元錢發誓要在外面「闖出一番事業」。

在之後的十多年裡，譚木匠在街頭給人畫過像、賣過魔芋、紅橘，還開過預制板廠……最後終於選擇了祖傳的老本行——當起了木匠，製作木梳。就是這樣一個再尋常不過的日常生活用品，讓他創造出了一個創業奇跡。

資料來源：韓國文．創業學［M］．武漢：武漢大學出版社，2006．

（二）在大企業無暇顧及的縫隙中尋找機會

目前，市場上許多價格昂貴或需求量大、通用性強、購買頻率高的商品為大企業所壟斷。大企業依賴大批量生產方法，充分發揮生產和營銷上的規模效應來獲得收益，

這是創業企業望塵莫及的。然而，大批量生產方式必然會引起分工協作的發展。在現代生產體系中，大企業想真正獲得規模效應，謀求利潤最大化，就必然會擺脫樣樣都由自己生產的傳統體制，把相當一部分零部件或加工過程、裝配過程轉移出去，求助於社會分工與協作，而把自己有限的資源集中到附加值最高的環節。創業企業可以利用這種機會來發展自己。市場上總有一些對大企業而言既小又很特別的市場，這些市場不僅容量小而且發展潛力不大，但這些市場又符合市場細分有效性標準。一般而言，大企業對此無暇顧及或根本不願顧及。因此創業企業可以以此為機會，主動介入，以滿足這一層次的需要。

（三）在變化中抓住機會

環境的變化，會給各行各業帶來良機，人們透過這些變化，就會發現新的前景。這些變化包括：產業結構的變化、科技進步、通信革新、政府放鬆管制、經濟信息化、服務化、價值觀與生活形態變化以及人口結構變化等。在國有企業改制與公共部門產業開放、市場自由競爭的趨勢中，我們可以在交通、電信、能源產業中發掘更多的創業機會。再例如人口的變化，像單親家庭快速增加、婦女就業的風潮、老齡化社會、教育程度的變化、青少年國際觀的擴展等，必然提供許多新的市場機會。

（四）追求「負面」就會找到機會

所謂追求「負面」，就是著眼於那些大家「苦惱的事」和「困擾的事」。因為是苦惱、是困擾，人們總是迫切希望解決，如果能提供解決的辦法，實際上就是找到了機會。例如雙職工家庭，沒有時間照顧小孩，於是有了家庭托兒所；沒有時間買菜，就產生了送菜公司。這些都是從「負面」尋找機會的例子。

（五）整合資源創造機會

創業者除了要學會尋找機會之外，還要懂得創造機會。每個人在成長的過程中都會學習一些知識，從事過一種或幾種職業，有一些工作或生活中的朋友。此外，也許創業者還具備一些專業技能或特長，有特定行業的從業經驗以及過去的工作網絡或銷售渠道。所有這些不論是創業者自身具有的，還是存在於外界的，都是創業者的個人資源。從自己擁有的資源入手，通過分析與整合，也會產生出創業的機會來。曾經做過中學教師，後來創辦了「好孩子集團公司」的宋鄭還在創業之初，就是通過一位學生家長得到了第一批童車訂單。之後不久，宋鄭還在將自己設計的好孩子童車準備投入生產時遇到資金短缺問題，依然是通過一位在銀行做主任的學生家長解決了問題。資源的整合為宋鄭還今日的成就提供了重要的支持，如果沒有這些外部資源也許就不會有今天的「好孩子」。

【學習導航】

市場經濟條件下，一切以創造經濟價值為目的的活動都不是孤立地進行的，而是與外部環境發生著各種各樣錯綜複雜的聯繫，並受到外部環境的制約。因此，創業伊始，創業者首先需要進行市場調研和分析，搞清當前和將來新創企業可能面對的環境狀況，及時把握創業的有利條件和市場機會，為創業成功和未來事業穩定發展提供科學依據和決策保障。成功創業者就是識別商業機會，並將其轉化為創業機會乃至成功

企業的人。

【本節要點】

　　創意是具有一定創造性的想法或概念，其是否具有商業價值存在不確定性。創業機會是具有商業價值的創意，表現為特定的組合關係。創業機會來自一定的市場需求和變化。識別創業機會受到歷史經驗等多種因素的影響。識別創業機會是思考和探索互動反覆並將創意進行轉變的過程。

第二節　創業機會評價

【本節教學目標】

1. 理解有商業潛力和適合自己的創業機會。
2. 瞭解創業機會的評價的特殊性。
3. 掌握創業機會評價的方法。

【主要內容】

一、有價值的創業機會的基本特徵

　　（一）價值性

　　一個好的創業機會，必然具有特定市場利益，專注於滿足顧客需求，同時能為顧客帶來價值增值。客戶應該能夠從產品或服務的購買中得到利益，或可降低成本，或可獲得較明顯的、可衡量的和確定的價值。創業企業能帶給顧客的價值越高，創業成功的機會也會越高。

　　（二）可行性

　　將機會變為現實是創業的關鍵一步，有價值的創業機會一定是現實可行、具有可操作性的創業機會。

　　創業機會的可行性是指創業機會在技術、管理、財務資源以及市場競爭等方面有現實基礎，能為創業者帶來經濟效益和社會效益，以及未來的發展前景很好。假如創業者打算創辦一個以產品生產為主的新企業，其技術可行包括：推出的產品適銷對路，能夠滿足市場需要；工藝技術過關，具備滿足生產需要的設備、技術人員和操作工人；各種原料、材料、燃料、動力可獲得；不存在環境保護及其他社會問題等。經濟可行包括生產的產品預計年銷售量大、成本費用在可以承受的合理範圍內、資金利潤率有吸引力和投資回收期短等。

　　（三）時效性

　　創業機會具有很強的時效性，如果時間遲滯，創業「機會之窗」就會關閉。

　　機會之窗理論指出，創業者有可能把握住的創業機會，其機會窗口應該是敞開的而非關閉的，並且能保持足夠長的敞開時間，以便於加以利用。假如在機會窗口接近

關閉的時候選擇創業，留給創業者的餘地將十分有限，其成功的可能性和盈利性都將受到影響。因此，有價值的創業機會必須在創業「機會之窗」存在期間實施。

（四）創業者能夠獲得利用機會所需的關鍵資源

創業資源是支持商機轉變為發展潛力的企業的一切東西。擁有一定的創業資源，是創業活動的基本前提。創業資源是創業的基礎，它影響創業的類型和路徑的選擇，同時影響企業以後的成長。

二、個人與創業機會的匹配

創業機會的發掘過程就是個體對創業機會的識別過程。在這個過程中，一方面個體識別並開發創業機會，另一方面創業機會也在選擇創業者個體，只有個體和創業機會之間存在恰當的匹配關係時，創業活動才最可能發生，也更可能取得成功。

與創業機會相匹配的個體必須具備兩個條件：一是個體擁有識別創業機會的先前信息；二是個體必須具有創業警覺性。不具有這些條件的個體則很難識別到創業機會，也不可能成為創業者。當然，從識別創業機會到成為一個創業者可以有以下兩種有效途徑。

（一）利用自己的興趣、愛好進行創業

我們常說，創業是一件艱苦的事情，在創業過程中，經常會遇到意想不到的麻煩和困難，而克服這些困難且不輕易退縮對於創業成功至關重要。而當創業者對自己的創業項目充滿興趣和喜好的時候，他往往會把自己所做的事情當成一種事業來做，而不是簡單的賺錢工具。強烈的事業心和對於創業項目執著的追求，將有助於創業者克服創業過程中遇到的種種困難和波折，把自己所從事的事業進行到底。

（二）利用自己的特長進行創業

在自己熟悉的領域，利用自己的特長創業，是大多數創業者都會選擇的創業之路。原因是，在自己熟悉的領域創業，對於創業者來說，具備天然的優勢，例如：在行業中有良好的人脈關係，對行業運作模式瞭解，對產品和技術熟悉等，都會在創業者的創業過程中起到很大幫助作用，會節約創業者為熟悉本行業所付出的額外成本。

三、創業機會評價的特殊性

（一）超前性與預見性

創業機會評價發生在一切經營活動開始之前，它與一般的戰略機會評價相比更具有超前性和預見性。從創業項目啟動到新創企業經營進入正軌需要經歷一個漫長而又複雜的過程，因此創業者在分析創業機會的時候必須更加謹慎，留有一定的餘地。

（二）綜合性和系統性

創業機會不是獨立存在的，創業機會評價不應該僅局限於對創業機會本身的評價，更需要從系統的角度或思維來思考評價問題，綜合考慮市場、行業、經濟、環境、政治、社會等各方面要素，選取評價指標。其中比較重要的評價指標包括財務、顧客、內部因素和創新成長四個方面。從系統角度看，這四個指標既包括內部因素，也包括外部因素；既包括財務因素，也包括非財務因素；既包括當前因素，也包括將來因素。

（三）持續性和動態性

創業機會評價是一個持續的過程，是一個從商業概念的產生、篩選、完善，到商業模式（或商業計劃）的形成的過程。創業機會評價是一個動態的過程，貫穿於商業概念到商業模式（或商業計劃）的每一個步驟。創業機會評價的動態性也是一個對商業概念不斷完善過程的體現，創業機會評價的動態性也反應了創業環境和創業團隊的動態性，這種動態性是社會需求與經濟變化的必然結果。

四、創業機會評價的技巧和策略

（一）評價指標的選擇

不是所有的機會對創業者都具有同等的價值。因為創業者資源有限，不可能去追逐所面臨的每個機會，必須去選擇那些回報潛力最大並有能力去利用和利用好的機會。在選擇創業機會的過程中，需考慮以下因素：

1. 機會的大小

評價機會的大小，需要正確地回答下列問題：市場規模的大小、我能得到多大的市場份額、可能有多少毛利（收入減去成本）、服務的價格和成本、機會可以開發的時間。為此要分析顧客的興趣會保持多長時間，在新競爭者進入之前有多長時間可以利用。

2. 投資的多少

機會開發需要的投資額決定著創業者是否有能力去開發這個機會。創業者需要對以下問題做出回答：

（1）什麼是當前最迫切的資本需求及其規模，即現在創辦企業需要在人員、經營性資產和法定費用等方面投資多少？

（2）要長期、持續地開發這個商業機會，需要多少未來的追加並有辦法獲得所需要的資本？如果機會真如所期望的那麼大，有足夠的能力去開發嗎？如果沒有獨立開發的能力，是否有可能找到合作開發的對象，或者將新創企業出售？

（3）開發這個機會需要什麼特殊人才？有能力將其留下來嗎？

3. 回報

創業者創業的目的是為了獲取回報，因此，對一個創業機會的評價需要考慮以下幾個問題：將產生多少利潤、持續多長時間、損失多大機會成本。

4. 風險

機會與風險是並存的，高收益往往伴隨著高風險。在選擇機會時要考慮風險因素，為此需要考慮以下幾個問題：

（1）關於機會大小的假設可靠性如何？

（2）如果所提供的產品或服務不如期望的那樣對顧客有吸引力，怎麼辦？

（3）如果競爭者實際上的反應比假設的更強烈，怎麼辦？

（4）所採取的營銷戰略如在價格、銷售網點和目標顧客等方面是否特別敏感？是否易遇到競爭對手的強烈反擊？

（5）考慮到如發生出人意料的變化時所採取的對策和調整方法了嗎？其可能性和

代價有多大？是否願意接受這個代價？

（6）創業成功在多大程度上要依賴外部資源如風險投資？這些外部資源是否容易得到？得到這些外部資源的條件是否可以接受？

（7）如果收益低於預期會對現金流動產生什麼影響？如果收益不如預期的那樣高，怎麼辦？

（8）投資者退出的可能性有多大？退出方式如何？

上述因素只有在相互聯繫中才有意義。例如，風險只有在與回報的聯繫中才能為決策提供依據。因此，創業者在選擇機會時不能使用單一要素和絕對標準，必須綜合考慮以上各種要素，利用相對標準，在對各種機會進行相互比較之後再做出選擇，即將機會進行排序，從中擇優，如同投資者一樣。

（二）評價過程

從創業機會評價的過程來看，大體需要經歷以下幾個步驟：

第一步，判斷新產品或服務將如何為購買者創造價值，判斷新產品或服務使用的潛在障礙和如何克服這些障礙，根據對產品和市場認可度的分析，得出新產品的潛在需求、早期使用者的行為特徵、產品創造收益的預期時間。

第二步，分析產品在目標市場投放的技術風險、財務風險和競爭風險，進行機會之窗分析。

第三步，明確在產品的製造過程中是否能保證足夠的生產批量和可以接受的產品質量。

第四步，估算新產品項目的初始投資額，明確使用何種融資渠道。

第五步，在更大的範圍內考慮風險的程度，以及如何控制和管理那些風險因素。

（三）常見評價方法

1. 標準打分矩陣法

約翰·G. 巴奇（John G. Burch）的標準打分矩陣是通過選擇對創業機會成功有重要影響的因素，再由專家小組對每一個因素進行最好（3分）、好（2分）、一般（1分）三個等級的打分，最後求出每個因素在各個創業機會下的加權平均分，從而可以對不同的創業機會進行比較。表3-1列出了其中10項主要的評價因素，在實際使用時可以根據具體情況增加或選擇部分因素進行評價。

表3-1　　　　　　　　　　標準打分矩陣表

標準	專家評分			
	最好（3分）	好（2分）	一般（1分）	加權平均
易操作性				
質量和易維護性				
市場接受度				
增加資本的能力				
投資回報				

表3－1(續)

標準	專家評分			
	最好（3分）	好（2分）	一般（1分）	加權平均
市場的大小				
製造的簡單性				
專利權狀況				
廣告潛力				
成長的潛力				

2. 西屋電氣（Westinghouse）法

該方法是由美國西屋電氣公司制訂的，通過計算和比較各個機會的優先級對一系列可供選擇的投資機會進行評價，為最後的決策提供依據。其公式如下：

機會優先級別＝［技術成功概率×（價格－成本）×投資生命週期］÷總成本

在該公式中，技術和商業成功的概率以百分比表示（從0到100％），平均年銷售額是以銷售的產品數量計算，成本是以單位產品生產成本計算，投資生命週期是指可以預期的年均銷售數額保持不變的年限，總成本是指預期的所有投入，包括研究、設計、生產和營銷費用。對於不同的創業機會將具體數值代入計算，特定機會的優先級越高，該機會越有可能成功。

3. 哈南（Hanan）法

由Hanan提出的這種方法認為，通過讓創業者填寫針對不同因素的「預先設定權值」的選項式問卷，可以快捷地得到創業機會成功潛力的各個指標。對於每個因素來說，不同選項的得分可以從－2分到＋2分，通過對所有因素的得分加總，從而得到最後的總分。總分越高，說明特定創業機會成功的潛力越大（見表3－2）。

表3－2　　　　　　　　　　　　　哈南法

1. 對於稅前投資回報率的貢獻	
＋2	大於35％
＋1	25％～35％
－1	20％～25％
－2	小於20％
2. 預期的年銷售額	
＋2	大於2.5億美元
＋1	1億～2.5億美元
－1	5,000萬～1億美元
－2	小於5,000萬美元

表3－2(續)

3. 生命週期中預期的成長階段	
+2	大於三年
+1	兩到三年
－1	一到兩年
－2	少於一年
4. 從創業到銷售額高速增長的預期時間	
+2	少於六個月
+1	六個月到一年
－1	一到兩年
－2	大於兩年
5. 投資回收期	
+2	少於六個月
+1	六個月到一年
－1	一到兩年
－2	大於兩年
6. 佔有領先者地位的潛力	
+2	具有技術或市場領先者的能力
+1	具有短期內的或者和競爭者同等的領先者能力
－1	具有最初的領先者能力，但是很容易被取代
－2	不具有領先者能力
7. 商業週期的影響	
+2	不受商業週期或反週期的影響
+1	能夠在相當程度上抵抗商業週期的影響
－1	受到商業週期的一般影響
－2	受到商業週期的巨大影響
8. 為產品制定高價的潛力	
+2	顧客獲得的較高的利益能夠彌補較高的價格
+1	顧客獲得的較高的利益可能不足以彌補較高的價格
－1	顧客獲得的相等的利益能夠彌補相同的價格
－2	顧客獲得的相等的利益只能彌補最低的市場價格

表 3-2（續）

9. 進入市場的容易程度	
+2	分散的競爭使得進入很容易
+1	適度競爭的進入條件
-1	激烈競爭的進入條件
-2	牢固的競爭形式使得進入很難
10. 市場試驗的時間範圍	
+2	需要進行一般的試驗
+1	需要進行平均程度上的試驗
-1	需要進行很多的試驗
-2	需要進行大量的試驗
11. 銷售人員的要求	
+2	需要進行一般的訓練或者不需要訓練
+1	需要進行平均程度的訓練
-1	需要進行很多的訓練
-2	需要進行大量的訓練

　　哈南通過對創業機會評價的經驗分析，發現只有那些最後得分高於 15 分的創業機會才值得創業者進行下一步的策劃，低於 15 分的都應被淘汰，創業者不必利用那些應被淘汰的機會。

　　4. 貝蒂（Baty）的選擇因素法

　　這種方法的核心是通過對 11 個因素的評價來對創業機會進行判斷。如果創業機會只符合其中的 6 個或更少的因素，這個機會就很可能不是適宜的創業機會。相反，如果這個機會符合其中的 7 個或 7 個以上的因素，則這個機會就是大有希望的機會，見表 3-3。

表 3-3　　　　　　　　　貝蒂的機會選擇因素法

這個創業機會在現階段是否只有你一個人發現了？
初始產品生產成本是否可以承受？
初始的市場開發成本是否可以承受？
產品是否具有高利潤回報的潛力？
是否可以預期產品投放市場和達到盈虧平衡點的時間？
潛在的市場是否巨大？
你的產品是否為一個高速成長的產品家族中的第一個產品？

表3-3(續)

你是否擁有一些現成的初始客戶？
你是否可預期產品的開發成本和開發週期？
是否處於一個成長中的行業？
金融界是否能理解你的產品和顧客對它的需求？

【學習導航】

　　命運是可以改變的，只要你懂得把握機會。而所謂機會，是需要用心去發現的。對那些有心人來說，苦難和逆境中到處都是機會；而對那些不懂得把握的人來說，就算人生如何順利，也無論如何找不到絲毫機會，更不要說改變命運了，他們只會在命運的洪流中隨波逐流，終其一生都將碌碌無為。

【本節要點】

　　有價值的創業機會具有價值性、時效性等基本特徵。判斷創業機會是否適合自己的主要依據在於機會特徵與個人特質的匹配。機會評價有利於應對並化解環境不確定性。常規的市場研究方法不一定完全適用於創業機會評價，尤其是原創性創業機會的評價。

第三節　創業風險識別

【本節教學目標】

1. 理解創業有風險，但也有規避和防範的方法。
2. 掌握非系統性風險防範的手段。

【主要內容】

　　創業風險是指創業行為給創業者帶來某種經濟損失的可能性。風險是可以被感知和認識的，是客觀存在的，是可以進行識別和估計的。新創企業在開辦之初要查找和識別企業可能存在的各種風險，制定並執行各種有效的應付風險的對策。

一、機會風險的構成與分類

　　(一) 有價值的創業機會也有風險

　　創業者在開創事業時，面對的是不確定的未來，這種不確定性就注定了風險存在的必然性。如果沒有風險，收益是確定的，在無風險環境中經營的企業會持續擴張，因為不會發生不利的結果。因此，風險是持續擴張創業的一個限制因素。創業風險識別的目標，也就在於如何及時地發現風險，正確地識別風險，從而有效地控制風險。

創業風險具有兩面性：一方面風險可能會給企業帶來損失；另一方面風險的存在也是超額利潤或收益的象徵。基於創業風險的這一特性，創業者在創業過程中既需要從全局監控的角度出發，採取各種辦法認識風險的存在，盡量避免遭受風險帶來的損失；同時，也應該清醒地認識到，有得必有失，沒有風險就不會有超額利潤或收益，產生一定的損失是不可避免的，問題的關鍵在於密切監視這些風險，並將損失控制在一定的可接受範圍之內。新創企業若要生存，就必須在迴避風險和抓住商機之間尋求某種平衡。

（二）按照風險的來源，機會風險可以劃分為系統風險和非系統風險

1. 創業的系統風險

創業的系統風險是指由創業外部環境的不確定性引發的風險，此類風險是創業者和企業無法控制或無力排除的風險，因而又可稱為客觀風險，比如商品市場風險、資本市場風險、政治風險、法律風險、社會風險、宏觀經濟帶來的風險等。對於這類風險，創業者只能在創業過程中設法規避。

2. 創業的非系統風險

創業的非系統風險是指非外部因素引發的風險，即指與創業者、創業投資和創業企業有關的不確定性因素引發的風險。非系統風險可以通過創業各方的主觀努力得到控制或消除，因而又叫主觀風險，如技術風險、管理風險、財務風險等。對於這類風險，創業者需要千方百計地設法加強控制。多數情況下，在創業活動啟動之前，上述風險還是潛在的，只有在創業活動啟動甚至進入正常程序後，某些風險因素才會爆發。因此，在創業籌劃階段，創業者就需要對未來可能遇到的風險因素有一個理性的認識。

二、機會風險防範的途徑

在機會風險中，一些是可以預測的，一些是不可預測的。創業者需要結合對機會風險的估計，努力防範和降低風險。無論就業還是創業都存在風險，而且風險類型多樣，是不以人的主觀意志為轉移的。這並不是說風險有多麼可怕，而是說人們在讚美創業、鼓勵創業、支持創業的同時，也應該清醒地認識到，就業與創業同時也是一項非常艱辛的事業，在就業與創業過程中不僅僅只是興奮和激動，更多的應該是壓力和風險，稍有不慎就可能血本無歸。因此，返鄉農民工在就業與創業時都有必要瞭解風險、認識風險、強化風險意識，要有防範風險、規避風險的心理準備。對於風險，要積極地面對；充分估計可能的風險；正視自己的能力並採取行動；即使就業與創業失敗也要樂觀地接受。同時，風險是可以預測的，只要採取恰當的應對措施，就可以將風險帶來的損失降到最低限度。下面將就系統風險和非系統風險防範的可能途徑進行探討。

（一）系統風險防範的可能途徑

1. 商品市場風險

市場風險的防範一般應從以下三個方面進行：

（1）推出的產品能否被消費者接受

在現實市場中，人們對傳統技術產品司空見慣，故對傳統技術產品的市場需求是較為穩定的，而高新技術產品對消費者來說是新鮮的，它的市場多是潛在的、待開發

的、待成長的，在這種情況下，創業者就很難預先判定市場是否會接受自己推出的某一高新技術產品，包括接收能力和接收速度。

（2）創業產品與服務的前瞻性

創業企業生產的產品一般都是創新產品，由於產品技術本身的前瞻性，創業者需要得到相對準確的市場預期，包括對市場的接受度、產品導入市場的時間，以及市場的需求量。

（3）確定創業產品未來的市場競爭力

由於新產品的競爭力是創業的競爭力與優勢、營銷策略等有機結合的結果，創業營銷中往往要求售前、售中、售後技術服務，而創業者這方面的能力和網絡一般較為缺乏，另外創業產品上市之初，產品成本多數會被前期的研發成本抬高，在較高售價下才不致虧損，因此降低產品成本也是防範市場風險的有力措施。

2. 資本市場風險

資本市場風險表現為資本市場體系脆弱、虛擬資本過度增長與相關交易持續膨脹、因技術問題造成交易系統失真甚至崩潰以及某些市場主體的違規操作或經營失誤導致整個市場秩序混亂四個方面。

（1）資本市場體系脆弱，監管松弛

過去的經驗證明，一個體系不夠健全的資本市場，在遇到外來誘發因素時極易發生系統性風險，同時恢復起來也會較慢。例如當資本市場規模過小又對國際資本開放時，很容易受到外來資本的左右；當資本市場缺少層次時，往往會造成交易過度集中和投機過度；當資本市場缺少風險管理和對沖工具時，投資者的風險承受能力明顯偏低，市場的穩定性差。此外在資本市場開放的過程中，中國必將面臨一個金融創新的高潮。當金融衍生商品過度發展時，也會加大監管的難度，因為金融衍生產品的複雜程度完全有可能超出投資者的理解能力。而監管的缺陷，會助長風險的蔓延和加深危機的程度。因此必須加強對資本市場的監管力度。

（2）虛擬資本過度增長與相關交易持續膨脹

與實體經濟不同，虛擬資本出現市場不均衡時，供求雙方並不會依照通常的市場規律來調整行為（即價格上升——需求者減少需求、生產者增加供給最終達到市場均衡；價格下降——需求者增加需求、生產者減少供給，同樣達到新的市場均衡）。由於虛擬資本市場的價格更多地受到預期的影響，只要價格繼續上漲的預期存在，市場需求就不會因為價格的升高而減少，相反卻會大量增加，因為投資者只想通過買賣牟取利潤，對資產本身的使用和產生盈利的能力並無興趣。隨著虛擬資本日益脫離實物資本和實業部門的增長，社會經濟出現虛假繁榮，最後泡沫必定破滅，出現價格暴跌，導致對經濟社會的巨大破壞。因而需要對虛擬經濟的發展予以規範和管理。

（3）電子化、網絡化運用不當帶來的交易系統問題

隨著計算機技術、通信技術和網絡技術等新技術在金融業的大量運用，資本市場交易系統的電子化程度不斷提高。在傳統交易方式下，一個交易員一天只能買賣幾十次股票，而網上證券交易一天可達幾百上千次。但是新技術在提高了交易效率的同時也帶來了新的風險：一是操作風險。在貨幣電子化的今天，一個按鍵按錯了就可能造

成重大損失。二是計算機金融犯罪風險。一些犯罪分子利用黑客軟件、病毒、木馬程序等技術手段，攻擊證券管理機構、證券公司和股票上市公司的系統及個人主機，改變數據，盜取投資者資金，操縱股票價格。如果對這類犯罪行為防範不力，就會對金融交易網絡產生極大的危害。三是電子系統自身的運行和管理風險。眾所周知，越是精密的儀器越是脆弱，對電子技術的依賴程度越深，系統出問題後的破壞力也就越大。如果電子化的基礎設施沒有跟上，運行管理制度不完善、不可靠，那麼來自交易系統的潛在風險就會加大。這都需要加強對電子、網絡教育系統的監管。

（4）某些市場主體的違規操作或失誤導致對整個市場的衝擊

市場主體的操作問題一般屬於非系統風險，通常不會危及整個資本市場的運行，但是如果資本市場不夠成熟，或者在市場交易制度、監管制度、市場主體的公司治理等方面存在缺陷，這類風險也可能引發對整個市場的破壞性影響，成為發生系統風險的基礎性因素。

3. 政治、法律、社會風險

這是由於國家政治的穩定性、社會政策的連貫性等產生的風險。對高新技術企業而言，國家對其在國民經濟發展中發揮作用的認識，進而所採取的政策，對其創業的風險度有一定的影響。對於這種類型的風險，高新技術企業在創業過程中應該積極關注和預測國家的政策走向，如果預測到某一政策將對企業的發展不利，企業可以早做準備，改變企業的營運方式，適應政策的變化。

法律、法規的制定和修改，都會對創業企業產生影響。政府會採取某些事後的行政措施或法律手段來限制某些已經開發成功的高新技術產品的生產、銷售或使用，例如，近年來國內外一些新創企業開發轉基因產品，曾被有關國家政府部門明令禁止銷售，這樣，企業的所有創業投入就轉化為沉沒成本，創業者根本得不到任何商業利益。目前，中國對於高新技術企業的立法還存在很多的政策、法規空白，這勢必造成法律上的風險。這類風險企業難以控制，只有盡可能地加以規避。

另外，傳統文化、社會意識以及新技術、新產品的衝擊，或社會的仲介服務機構和基礎設施不完備等也會引起創業風險。這些因素很多是固化於社會文化或社會發展之中的，短時期內不可能有太大的改變。企業應該加強自身企業文化的建設，形成一個有利於企業長期穩定發展的企業文化，同時可以在某種程度上降低社會傳統文化中的不利因素對企業發展的影響。

4. 宏觀經濟風險

這是國家宏觀經濟狀況、產業政策、利率變動以及匯率的穩定性等因素所帶來的風險。任何企業的發展都必須依託所在國家和地區的經濟環境。利率、價格水平、通貨膨脹等因素的變化以及金融、資本市場的層次、規模、健全程度等都會給企業帶來很大的不確定性，使創業企業暴露在風險之中。當這類風險將要或者已經出現時，企業應該能夠快速回應，採取措施使企業適應這一變化。

（二）非系統風險防範的途徑

1. 技術風險

技術風險在創業不同階段的大小是有差異的，隨著時間的推移、信息的聚集，技

術上的不確定性會越來越小，技術難度會越來越低，高新技術企業因技術風險而創業失敗的可能性就會減小，其分佈曲線如圖3-3所示：

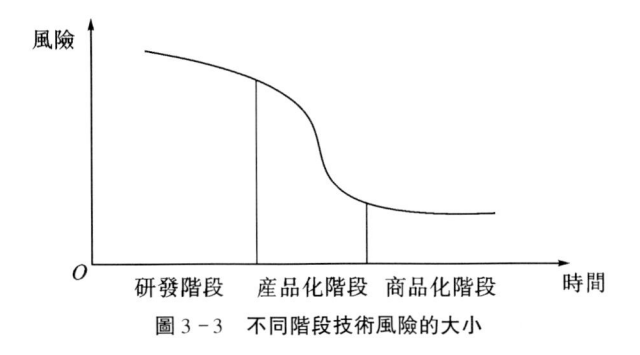

圖3-3 不同階段技術風險的大小

技術風險的防範通常從以下四個方面進行：
（1）技術成熟度

技術成熟度是首先應該考慮的問題，只有新穎、獨創、先進的技術可以為企業帶來獨特的優勢，技術成熟度的判斷標準一般根據國內外同類技術達到的水平參數指標來確定。

（2）技術適用性

技術的適用性描述了技術適用的範圍、推廣和實施的難易程度。技術的適用性是與市場的大小有密切關係的，一項技術所面對的市場越大，那麼這項技術的適用性就越強，反之則越弱。對技術的適用性的判斷可以通過市場調查來實現。

（3）技術配套性

一項科研成果轉化所需的配套技術不成熟就會帶來技術風險，有些技術雖然非常先進，但由於工藝的特殊性限制，無法進行大批量生產，這樣就會對風險投資的收回帶來較大的風險。因此，在高新技術企業創業初期必須確認與該技術配套的工程技術和產品生產技術是否已經完善，是否達到標準。

（4）技術生命週期

高新技術產品往往生命週期較短，不但自身更新速度快，而且還有被其他類似技術替代的可能，如果不能有效地提高技術的更新速度並維持更新成本或防止技術老化的能力，並在技術生命週期內迅速實現產業化，收回初始投資並取得利潤，企業就將蒙受損失。對技術生命週期的估計可以根據技術自身的特性、市場狀況以及和同類技術相比較來進行。

2. 生產風險

生產風險是特指在生產企業創業過程中，由於生產環節的有關因素及其變化的不確定性以致創業失敗或利潤受損的可能性。對於生產企業創業來說，由於企業剛剛起步，生產人員的配備、生產要素的供給、各類資源的配置等容易出現問題，新產品又多是首次進入生產環節，工藝、設備等都難以得到保證，而且新產品必然要求與其質量控制相適應的新標準、新檢測手段。這在創業階段都需要嘗試和摸索，故可以從以

上方面採取措施防範生產風險。

3. 財務風險

財務風險的防範主要從兩個方面進行：

（1）資產負債狀況

從資產負債分析，主要分為三種類型：

一是流動資產的購置大部分由流動負債籌集，小部分由長期負債籌集，固定資產由長期自由資金和大部分長期負債籌集，自有資本全部用來籌措固定資產，這是正常的資本結構，財務風險較小。

二是資產負債表中累積結餘是負數，表明有一部分自有資本被虧損侵蝕，從而總資本中自有資本比重下降，說明出現財務危機，必須引起警惕。

三是虧損侵蝕了全部自有資本，而且還占據了一部分負債，這種情況屬於高度風險，企業必須採取強制措施來緩解這種狀況。

（2）企業收益狀況

從企業收益分析，分為三個層次：

一是經營收入扣除經營成本、管理費用、銷售費用、銷售稅金及附加費用等經營費用後的經營收益。

二是在第一層次上扣除財務費用後為經常收益。

三是在經常收益基礎上與營業收支淨額的合計，也就是期間收益。

對這三個層次的收益進行分析可以分成三種情況：一是如果經營收益為盈利而經常收益為虧損，說明企業的資本結構不合理，舉債規模大，利息負擔重，存在一定風險；二是如果經營收益、經常收益均為盈利，而期間收益為虧損，這種情況如果嚴重可能引發財務危機，必須加強監控；三是如果從經營收益開始就已經虧損，說明企業財務危機已經顯現，反之，如果三個層次收益均為盈利，則是正常經營狀況，財務風險不存在或很小。

【學習導航】

「碧綠液」是法國最有名的礦泉水，不僅暢銷法國，而且還遠銷美國和日本。1989年2月初，美國食品衛生部門突然宣布，在抽樣檢查中發現一些「碧綠液」礦泉水含有超過規定2～3倍的苯，長期飲用有致癌危險！消息一傳出，無疑是對「碧綠液」的聲譽當頭一棒！面對這種情況，一般公司無非是收回那些不合格的產品並向消費者致歉，以求息事寧人，大事化小。然而，出人意料的是，「碧綠液」公司董事長立即舉行記者招待會，宣布就地銷毀已銷往世界各地的1.6億瓶礦泉水，隨後用新產品加以抵償。如此一來，公司的直接損失將達兩億法郎以上！當時人們大惑不解，就為幾十瓶礦泉水不合格而大動干戈，豈非得不償失？殊不知，這正是公司董事長擺脫聲譽危機的巧妙手段。「碧綠液」公司銷毀全部產品的特大新聞在美國乃至全世界傳播開來，「碧綠液」的牌子頃刻間家喻戶曉，誰都期待著新產品上市後去品嘗一下，如此一來產生了比直接花2億法郎做廣告還要大得多的號召力。到「碧綠液」新產品上市的那一天，巴黎大小報紙都有整整的一個版面為之刊登了一幅廣告。畫面上依然是人們熟悉

的那只葫蘆狀的綠色玻璃瓶。在電視屏幕上，觀眾在白色背景下也看到了這只小綠瓶，只見一滴礦泉水從瓶口淌出，猶如一滴眼淚。畫外音是一個委屈的小姑娘在鳴咽，一個慈父般的聲音在勸慰她：「不要哭，我們仍舊喜歡你。」小姑娘回答說：「我不是哭，而是高興啊！」

資料來源：大學生讀書站，2006 年

4. 管理風險

管理風險的防範主要從三個方面進行：

（1）創業者綜合素質和經驗

創業者綜合素質和經驗可以從創業者的技術能力、管理能力和經驗、企業家精神和創業者的身心素質方面來考查。

（2）決策的科學化

考查決策是否符合規範以及決策目標是否和企業的目標一致。

（3）管理機制的成熟度

初創企業在管理制度方面往往不夠成熟，企業應通過調查產業內相似企業的管理制度，將本企業與之對比，識別出哪些管理制度還不夠完善。

5. 人員風險

人員風險的防範主要從三個方面進行：

（1）流動性風險

流動性風險通過考查企業發展所需人力資本在市場上的稀缺程度、企業對該種人力資本的依賴程度和企業現有人力資本的流動性來確定。

（2）契約風險

契約風險的評價通過考查員工的工作意願來確定。

（3）道德風險

道德風險通過考查代理人追求自身利益的程度來衡量。

三、創業者風險承擔能力的估計

成功創業者具有多種共同的風險承擔能力的特性，創業專家從中提煉出了最為明顯、最為重要的七種能力。

（一）創新能力

創新能力是創業得以成長、發展和延續的動力，包括產品與技術的創新、觀念與思維的創新、經營模式的創新等。

1. 產品與技術創新

在創業者應當具備的知識結構中，專業技能被放在最突出的重要位置。成功的創業者大多由於擁有一項或多項專業技能或專利技術，從而生產出能領先行業市場的產品。如愛迪生、比爾·蓋茨、史玉柱等。

【學習導航】

美國佛羅里達州有個叫律普曼的畫家，一天他作畫時，不小心犯了個錯誤，須用

橡皮把它擦掉。他找了好久才找到橡皮，但是等他找到橡皮並擦完想繼續作畫時又找不到鉛筆頭了。這使他非常生氣，於是產生了擁有一支既能作畫又帶有橡皮的鉛筆的想法。他最終找到了滿意的方法，即用一塊薄鐵皮，將橡皮和鉛筆連接在一起。後來，律普曼借錢辦理了專利申請手續，並最終由 PABAR 鉛筆公司購買了這項專利，價錢是 55 萬美元。PABAR 鉛筆公司利用這項專利技術做成的產品，很快便風靡全球，極為暢銷。

<small>資料來源：楊安，蘭欣，劉玉. 創業管理——成功創建新企業 [M]. 北京：清華大學出版社，2009.</small>

2. 觀念與思維創新

觀念創新也就是要突破別人一貫的想法。運用新的創意去指導企業的管理活動，可能會給企業帶來新的領先於競爭對手的盈利機會。很多創業者都是因為建立了一套新的管理方式而獲得創業成功的。盛田昭夫曾講過這樣的故事：兩個賣鞋的商人旅行到非洲一個落後的農村地區，其中一個商人向他的公司發電報說：「當地人都赤腳，沒有銷售前景。」另一個商人也向他的公司發出電報，內容卻是：「居民赤腳，急需鞋子，立即發貨。」對同樣一件事情，這兩個商人的思維方式是不一樣的。第二種思維方式就是索尼公司所倡導的思維方式與經營理念。索尼公司認為，從事商業活動，絕不僅僅是尋找買主，而且還要創造顧客。

3. 經營模式創新

戴爾電腦公司的創始人邁克爾·戴爾向我們展示了經營模式創新的重要性，他提出了一個很有吸引力卻又很簡單的經營模式：去掉經銷商和分銷商，同時通過高質量的服務來努力滿足客戶的需求。戴爾的經營模式很簡單但很有進取性，它把公司定位於一個低價位的、接單生產的、對客戶做出直接反應的企業，同時又通過對新的市場營銷計劃的開發進入新的細分市場如 B2B（business to business，企業之間的電子商務）、國際市場等。通過公司 20 多年在商業模式與市場營銷方面的努力，公司取得了巨大的成功。

【學習導航】

邁克爾·戴爾似乎天生就有創業精神。在 12 歲時，他就經營著一個名叫戴爾的郵票交換仲介生意，幾個月不到就掙了 2,000 美元。16 歲時，他又去賣雜誌，一年不到又賺了 18,000 美元。這些經驗使他深刻體會到中間商的報酬有多高。1984 年，戴爾在他 19 歲時報學，帶著 1,000 美元的存款創辦了個人計算機有限公司，並在四年後更名為戴爾計算機公司，戴爾的創意是利用具有創新性的郵購營銷方式直接貼近他的客戶。2007 年在《財富》雜誌公布美國 500 強企業中，戴爾位居第 34 位，超過微軟、摩托羅拉、英特爾等信息技術（IT）業巨頭，而戴爾本人也被《財富》雜誌評為最富有的美國青年才俊。

<small>資料來源：楊安，蘭欣，劉玉. 創業管理——成功創建新企業 [M]. 北京：清華大學出版社，2009.</small>

（二）學習能力

21 世紀是知識經濟時代，資金讓位於知識，知識成為最寶貴的資源、最重要的資本。創業不再像以前那樣簡單，不再是你只要敢做、敢下海就能成功，也不再是你只要有資本就能創業。在這個時代，知識在很大程度上決定了一切，它也向擁有知識與智慧的創業者提供了前所未有的機遇：即使現在很窮，但只要你有一個聰明的大腦，

也能成功創業。

　　知識的重要性決定了學習能力在創業過程中的重要性。創業需要各種各樣的知識與技能，除了專業知識外，創業者還要掌握社會知識、法律知識、財務知識、營銷知識、人事管理技能等各方面的知識。而創業者無法保證這些知識在創業之前就已全都掌握，只能在創業過程中一邊做一邊學，這就需要很強的學習能力。

　　在競爭日趨激烈、科技發展日新月異、知識更新速度不斷加快的今天，對新知識的學習就顯得更加重要。科技在不斷進步，國內外對新產品的研發也從未間斷，再加上政策的改變、市場的變化，你無法保證在創業初期擁有的知識技能兩年後仍然有效。這就要求創業者要有超強的學習能力，隨時準備更新自己的知識與信息庫，才能跟上時代的步伐，保證創業的成功。

　　（三）把握機會的能力

　　成功的創業者把握機會可歸納為三點：第一，快速篩選機會，將沒有前途的創業項目淘汰；第二，仔細分析創意，集中關注一些重要的事項；第三，將行動與分析結合起來，而不是等待所有問題的答案，要準備隨時改進進程。對創業者來說，面臨的挑戰就是準確界定一個尚無人利用、能有所發展的市場機會。如思科就是成功地採納了一個簡單的主意，開發了把電子信息導向指定目標的路由器，從而在不到十年的時間裡發展成為一個擁有幾十億美元資產的企業。

【學習導航】

　　硅谷曾有一家數字研究公司，開發出了第一個可運行的個人電腦（PC）操作系統CP/M。國際商業機器公司（IBM）非常看好這個操作系統，希望把CP/M應用於它新推出的個人電腦產品上。在國際商業機器公司上門來拜訪的時候，CP/M操作系統的研發者加里·基爾卻舍不得將成果轉讓出來共同受益，雙方沒能達成協議。而另外一家不知名的創業公司微軟公司對國際商業機器公司的提議做出了回應，它從別人那裡購買一個操作系統來與國際商業機器公司合作，該系統成為MS—DOS（Microsoft Disk Operating System，美國微軟公司提供的DOS操作系統）、Windows（微軟公司推出的視窗電腦操作系統）的前身，而數字研究公司則成了別人的一個註腳。

資料來源：楊安、蘭欣、劉玉．創業管理——成功創建新企業［M］．北京：清華大學出版社，2009．

　　（四）承擔風險的能力

　　創業者經常面對兩個或更多的結果不明確的備選方案需要選擇，從而產生了風險情境。大多數創業者都會評估並承擔中等程度的風險。他們不喜歡低風險的情境，因為這樣的情境缺乏挑戰；但他們也會規避高風險情境，因為他們同樣需要成功。他們會設定較高的目標，享受挑戰所帶來的興奮感，但是他們不會去賭博。因此，低風險和高風險情境都是創業者所規避的，創業者喜歡的是有難度但可戰勝的挑戰。

　　風險承擔能力與創業者的自信心相關。對自己的能力越自信，就越能夠影響決定所帶來的後果，也就更願意承擔風險。規避風險能力也是風險承擔能力的組成部分。規避風險能力表現為促進各方面因素向自己期望的方向發展，客觀評估風險情境並想辦法改變不利因素，把風險情境視為既定目標，全面計劃，有效執行。創業者通常會

為自己設定較高的目標，然後集中他們全部的能力和才干來實現這些目標。目標制定得越高，蘊藏的風險就越大。商業創新能夠產生更高質量的產品和服務，而這種創新正是源於這些願意接受巨大挑戰並能夠評估風險、承擔風險的創業者。

（五）領導、組織與激勵能力

創業者在新創企業中需要擔任多種角色，其中重要的一項就是領導者。現代管理學「權威接受學說」認為，決定命令是否執行的關鍵是發令者是否具有威望，而與他所在的職位無關。這就要求創業者不僅要在技術和管理業務上具備令人信服的才能，而且要有良好的修養和高尚的道德情操。創業者有責任為自己的公司設定目標、制訂計劃，而這些計劃的實施和目標的達成在很大程度上取決於員工的工作。因此，鼓舞和保持員工的工作士氣是創業者的一項重要任務。

商業活動中的領導者主要承擔兩方面的責任：一是任務責任——推動工作完成；二是人員責任——保持員工士氣。領導者認為所有的任務都必須完成，並能夠採用創新的辦法來完成。好的領導者會在上述兩種責任間尋找平衡。

對於創業者而言，由於資源的缺乏和經驗的不足，對有限的資源進行有限的組織就顯得格外重要。組織能力是創業者不可缺少的能力之一。比如組織人力資源，創業者要把培養、吸引和用好人才作為一項重大而長遠的任務，要不斷吸納德才兼備、志同道合的人共創事業，要學會用人、善於用人，發揮每個人的長處，即「知人善用，用人所長」。創業者還需要學會激勵，通俗地講，就是善於調動人的積極性。對於新創企業而言，創業者能否通過事業和情感吸引、激勵人才具有深刻的意義。

（六）計劃與決策能力

創業者必須有良好的洞察力，能夠預測出幾種備選解決方案的可能結果。並對方案的未來結果持積極態度，將所有的懷疑和不確定性拋於腦後。創業者必須對自己的行動有決斷性。一個組織應該有明確的發展方向和清楚界定的預期目標。

決策的執行需要足夠的毅力和熱情，大多數創業者不怕決策，因為他們不害怕失敗，而對於成功他們有自己的標準。在決策過程中，時間是一個至關重要的因素，特別是在業務發展階段。在某些情況下，必須快速決策、迅速執行。有些決策在制定時並沒有考慮到未來發展或情況變化等所帶來的收益變化。對決策執行情況的有效監控能夠幫助創業者及時發現決策的不足之處，並為創業者採取進一步行動提供信息。剛開始時創業者可以採用頭腦風暴法，由員工們集思廣益，列出各種備選解決方案。雖然有些新問題可能沒有正確的解決方法，但還是要由創業者來確定一個最佳的解決方案。

（七）交際和溝通能力

創業者在作為企業領導者的同時，又是溝通系統的中心。在創業過程中，溝通技能是一項非常重要的基本技能。在創業者的商務活動和日常經營中，無一事件不凸顯出溝通的重要性，彰顯出溝通者的智慧。溝通是連接人與人之間的橋樑，也是維繫整個社會的紐帶。

充分的內部溝通可以讓創業者及時聽取員工的意見和建議，增強員工的主人翁意識，激發員工的主觀能動性，充分發揮他們的聰明才智和積極性，為他們提供施展才華的舞臺；還可以及時消除員工的誤解，及時化解可能會出現的內部矛盾；加快信息

在公司內的流動速度,並盡可能快地得到反饋。良好的外部溝通可以讓創業者瞭解客戶的購買習慣、使用習慣,瞭解客戶對產品的意見、對服務的看法;還可以及時地讓客戶知道公司的新產品,在服務方面的有效溝通可以避免不必要的誤會。外部溝通還可以讓創業者及時地獲取市場、競爭對手、政策等方面的重要信息。

四、基於風險估計的創業收益預測

創業者必須進行創業風險的評估,即就特定的創業機會和創業活動,分析和判斷創業風險的具體來源、發生概率,預期主要風險因素,測算冒險創業的風險收益,估計自己的風險承受能力,進而進行風險決策,提前準備相應的風險管理預案。

(一)風險收益的測算

估計了各項風險因素的發生概率和可能造成的損失之後,即需要測算特定創業機會的風險收益,依次判斷是否值得冒險創業。通常,只有風險收益達到一定的程度,創業者才值得冒險去利用某個創業機會。一般而論,可按以下關係式測算特定機會的風險收益:

$$FR = \frac{(M_t + M_b) \cdot B \cdot P_s \cdot P_m}{C_d + J_d} \cdot S$$

其中,FR代表特定機會的風險收益指數;M_t代表特定機會的技術及市場優勢指數;M_b代表創業者的策略優勢指數;B代表特定機會持續期內的預期收益;P_s代表技術成功概率;P_m代表市場成功概率;S代表創業團隊優勢指數。C_d代表利用特定機會創業的有形資產投資總額;J_d代表利用特定機會創業的無形資產投資總額。需要注意的是,當且僅當$FR \geq R$(創業者的期望值)時,創業者才值得冒風險去利用特定的創業機會。

(二)提前準備風險管理預案

進行前述分析後,創業者即需要提前準備風險管理預案。這類預案要應對的重點,一是預期發生概率較大的風險因素及可能發生的問題;二是雖然預期發生概率不大,但如果發生,將會造成較大損失的風險因素及可能發生的問題;三是可能發生的團隊風險。為應對可能發生的團隊風險,團隊成員需要就未來的創業目標、創業思路、行動綱領、行為規則、利益關係、風險分擔、決策體制等進行反覆討論,力求達成階段性共識,並做出相應的制度性安排。例如,形成相應的內部文件,甚至寫入新創企業的組織章程之中。同時,還需要建立一套有效的激勵和約束機制以及終極決策人和責任人機制。

【本節要點】

有價值的創業機會也是有風險的。機會風險分為系統風險與非系統風險。系統風險主要是指創業環境中的風險,諸如商品市場風險、資本市場風險等;非系統風險是指創業者自身的風險,諸如技術風險、財務風險等。機會風險中,一些是可以預測的,一些是不可預測的。創業者需要結合對機會風險的估計,努力防範和降低風險。

第四節　商業模式開發

【本節教學目標】

1. 理解商業模式的本質。
2. 瞭解戰略與商業模式之間的關係。
3. 掌握商業模式設計和開發的思路。
4. 掌握開發商業模式的關鍵影響因素。

【主要內容】

一、商業模式的定義和本質

（一）商業模式的定義

商業模式是指企業整合資源和能力，進行戰略規劃，以充分開發創業機會，並且實現利潤目標的內在邏輯。商業模式並非簡單的企業盈利方法或過程，對於商業模式概念的理解應當是多層次、多角度的。

1. 商業模式是市場特徵和產品特徵的特定組合

商業模式體現在創業機會核心特徵層面，即市場特徵和產品特徵的特定組合。創業者將要進入的市場是否有充分的吸引力，將要提供的產品是否能夠獲取充分的市場分析，這一組合是新創企業獨特競爭優勢的根本源泉，也是企業商業模式的構成基礎。

2. 商業模式是創業團隊和創業資源的有效整合

商業模式體現在創業機會的外圍特徵即如何有效支持創業機會的核心特徵上，表現為創業團隊和創業資源兩個要素如何有效整合來共同維繫創業機會核心特徵。商業模式是否可行，取決於創業者所構思的商業邏輯是否能夠有效推行，在這一推行過程中，必要的人力資源、資金資源、信息資源等資源要素都是必不可少的支持因素。

3. 經營戰略是商業模式的重要構成成分

商業模式還體現在創業的未來成長戰略上。新創企業能否成長為一個成熟的有市場影響力的企業，其直接的影響因素是企業的成長戰略。也就是創業者能否根據企業的現有市場特徵、產品特徵、創業團隊、創業資源狀況制定良好的長期成長規劃以及市場直接競爭戰略。因此，經營戰略是商業模式的重要構成成分。

（二）商業模式的本質

商業模式的本質是企業創造價值的核心邏輯。商業模式本質上是若干因素構成的一組盈利邏輯關係的鏈條，商業模式的本質主要表現在層層遞進的三個方面：

1. 價值發現

明確價值創造的來源，這是對機會識別的延伸。通過可行性分析創業者所認定的創新性產品和技術只是創建新企業的手段，企業最終盈利與否取決於它是否擁有顧客。創業者在對創新產品和技術識別的基礎上，進一步明確和細化顧客價值所在，確定價值命

題，是商業模式開發的關鍵環節。繞過價值發現的思維過程，創業者容易陷入「如果我們生產出產品，顧客就會來買」的錯誤邏輯，這是許多創業實踐失敗的重要原因之一。

【學習導航】

　　1991年，摩托羅拉為開發衛星電話成立了獨立的銥星公司。它生產的衛星電話叫銥星手機。銥星手機的價格是3,000美元，每分鐘通話費是3~8美元。如此高的服務價格肯定競爭不過傳統的蜂窩電話服務。於是，銥星公司把目標市場定位於傳統網絡無法覆蓋的地區的人們，主要包括國際商務旅行者、邊遠地區的建築工人、海上船隻、世界各地的軍隊和近海石油鑽探的工作人員等，但是，到1999年7月，公司僅有2萬用戶，而公司至少需要5.2萬用戶才能達到貸款合約的要求。結果當年8月，銥星公司因拖欠了15億美元貸款而申請破產。

　　從銥星公司慘敗的教訓中，我們看到，銥星公司花費了如此高昂的財務成本和11年的時間開發出來的銥星手機並沒有為顧客帶來真正的便利和實惠，因而沒有吸引足夠多的顧客成為它的用戶。由於銥星電話技術依靠電話天線和在軌衛星間的視距傳輸，所以電話功能非常有限。在行駛的汽車內、建築物內或大城市的許多地方，高層建築阻礙了電話和衛星之間的視距傳輸，銥星電話都無法使用；還有，在沒有電的偏遠地區，手機電池只能使用特殊的太陽能附件，而這無法吸引繁忙的旅行者。相反，許多創業實踐成功的重要原因在於他們發現了具有潛力的顧客需求。他們為了最大限度地滿足這些顧客需求，往往改變了創新產品或技術的發展路徑，使其更加接近顧客的需求。例如，李彥宏創建的百度搜索網站。上海研究機構iResearch（艾瑞市場諮詢）和統計網絡瀏覽量的Alexa.com（美國互聯信息統計研究公司）公司的資料顯示，百度已是目前中國最大的搜索引擎網站，瀏覽量位居全國第二位，流量名列全球前六位。1999年，李彥宏利用向門戶網站授權網絡搜索技術創業。2001年，網絡泡沫破滅，門戶網站自身的生存開始面臨嚴峻考驗。這時，百度決定從後臺走向前臺，設立自己的網站，並且採用「企業競價排名」概念向企業收取費用，使其在搜索結果頁面上優先排序，這樣可以幫助企業的潛在客戶直接進入企業網站，增加企業贏得新客戶的可能性。雖然搜索技術本身沒有變化，但百度利用搜索技術為顧客服務的方式發生了很大的轉變，在2003年年初百度開始盈利。

　　2. 價值匹配

　　明確合作夥伴，實現價值創造。新企業不可能擁有滿足顧客需要的所有資源和能力，即便新企業願意親自去打造和構建所需要的所有能力，也常常需要很大的成本，面臨著很大的風險。因此，為了在機會窗口內取得先發優勢，並最大限度地控制機會開發的風險，幾乎所有的新企業都要與其他企業形成合作關係，以使其商業模式有效運作。

【學習導航】

　　戴爾公司與供應商、托運企業、顧客以及其他許多商業夥伴的合作，促進了戴爾公司商業模式的形成。假如戴爾的供應商不願意在即時原則基礎上向它供應新式零部件，戴爾公司就要付出很高的庫存成本，就不可能向顧客供應高品質產品或進行價格

競爭。戴爾公司與供應商密切合作，不斷激勵它們參與進來。與戴爾公司合作這種方式也有助於供應商獲利，因為戴爾的訂單規模占了供應商生產份額很大部分。

3. 價值獲取

制定競爭策略，佔有創新價值。這是價值創造的目標，是新企業能夠生存下來並獲取競爭優勢的關鍵，因此是有效商業模式的核心邏輯之一。許多創業企業是新技術或新產品的開拓者，但卻不是創新利益的佔有者。這種現象發生的根本原因在於這些企業忽視了對創新價值的獲取。價值獲取的途徑有兩方面：一是為新企業選擇價值鏈中的核心角色；二是對自己的商業模式細節最大可能地保密。對第一方面來說，價值鏈中每項活動的增值空間是不同的，哪一個企業佔有了增值空間較大的環節，就佔有了整個價值鏈價值創造的較大比例，這直接影響到創新價值的獲取。對第二方面來說，有效商業模式的模仿在一定程度上將會侵蝕企業已有利潤，因此創業企業越能保護自己的創意不被洩露，就越能較長時間地佔有創新效益。

【學習導航】

谷歌（Google）公司通過以下幾種方式賺取收入：①巧妙地安排隨同搜索結果一起出現的廣告；②向門戶網站（如美國在線）許可搜索技術；③向企業許可搜索技術，以建立企業內部搜索引擎；④即使有見識的觀察者也難以覺察的其他獲利途徑。谷歌公司嚴守其商業模式秘密，避免其他企業成功複製其運作方式。谷歌對有效商業模式的細節保密的時間越長，就越能長時間地獲得巨額投資回報。

資料來源：道客巴巴網．http：//www.doc88.com/p-314764780821.html．

二、商業模式和商業戰略的關係

（一）商業模式是商業戰略生成的基礎

商業模式屬於企業價值創造方式，具有一定的結構，其組成要素有機地聯繫在一起，共同作用，形成一個良性循環。商業模式的基本要素是與微觀經濟學原理中的用戶、企業、產品市場、生產要素市場相對應的。價值主張、價值生產、價值提交、價值獲取，其結構反應在企業與用戶之間的供給和回饋，以及企業經濟活動生產和交換的循環往復關係之中。因此，其本質特點則是空間的、橫向的方式和狀態。

對一個企業而言，有生命力的商業模式都需要建立在成功的商業戰略基礎之上，而成功的商業戰略必然有成熟的商業模式予以支撐。商業戰略與商業模式之間的最大關聯點在於，它們共享某些要素，如經營範圍、企業資源配置、競爭優勢、協同作用等。商業戰略要素很多都與商業模式要素相同，這是因為戰略制定的結果必定要形成或影響商業模式，而商業模式又是戰略實施的依據，戰略從制定到實施必須經過商業模式這個環節。

商業模式和商業戰略的各自本質特性以及它們之間存在共同要素的事實表明，它們之間具有一種水平垂直式的交融關係，商業模式與商業戰略之間的交融關係決定了企業在制定戰略的時候必須考慮商業模式的配套，在戰略實施的時候需要依據商業模式作為藍圖，在設計商業模式的時候必須考慮商業戰略的目標和意圖。商業模式被視為在技術（資源）開發和經濟價值創造之間起到媒介作用的關鍵裝置，那麼商業戰略

則扮演著這個關鍵裝置的調節器角色；如果商業模式被比作一個「函數」，那麼商業戰略則相當於起調節作用的各種「參數」；如果將商業模式視作一架由不同部件組合而成、具有特定運行邏輯的機器，那麼商業戰略則相當於它的操作員。

（二）商業戰略是在商業模式基礎上的行為選擇

一般來說，在某個時段，企業一般只有一種商業模式，但可能同時存在多個戰略。商業模式不管是否被企業有意設計，其作為價值創造方式的基礎地位總是存在的，而商業戰略並不永遠存在。商業戰略和商業模式兩者都可能是有意制定或無意形成的，在信息化、市場化、全球化時代，兩者都需要精心設計、選擇和適配。捕捉商業機會的企業未必有戰略，卻一定要有商業模式；遇到重大情況需要採取行動時，則必定需要商業戰略。從這個意義上講，商業模式的重要性位居首位，而戰略則位居第二。在商業模式趨同的情況下，商業戰略決定企業成敗。

在環境相同、資源相近的情況下，競爭勝負取決於商業模式。商業戰略和商業模式還具有以下特性：第一，商業戰略是面向未來的、動態的、連續地完成決策到實現的過程，商業模式是面向現實的、靜態的、離散的經營活動方式。第二，商業戰略關注外部環境和競爭優勢，商業模式關注內部結構和價值實現。第三，商業戰略用於指導企業經營方向和遠景目標的選擇和行動計劃的制訂，商業模式用於企業價值目標的創造。商業戰略和商業模式都具有全局性，都面向整個企業，都具有系統性，前者包含目標體系和戰略體系，後者包括結構體系和價值體系。

商業模式概念的出現將會深刻地改變商業戰略的研究和應用局面。在商業模式概念出現之前，商業戰略與商業模式之間的關聯是自然發生的，各種商業戰略之間是相互獨立、局部地在發揮各自的作用的。商業模式概念出現之後，各種商業戰略將通過商業模式彼此發生關聯，兩者的關聯應該得到有意加強。因為，商業模式作為價值創造系統，具有整合多種價值來源的能力，它強調經營活動的整體性，從而競爭對手難以模仿。此外，它是戰略實施的藍圖。未來，商業戰略將會繼續發展演變，但是通過商業模式的整合將不可避免。可以預見，屆時商業模式本身最終必將成為一個重要的戰略內容。到這個階段，人們會發現，商業戰略與商業模式都更需要同時進行設計、適配，兩者之間的特性區別將變得更加相對。

商業模式概念早已存在於商業戰略之中，只是長久以來沒有被人們認知和關注。實際上，商業模式比商業戰略古老得多，因為自從有企業出現，其商業模式就存在了。商業模式與商業戰略既相互依存，又相互獨立。在理論研究和實際應用中，既要分辨兩者的相互關係和特性方面的異同，更要彼此兼顧和相互結合。只有這樣，才能有助於更好地發揮它們在價值創新和競爭優勢方面的作用。商業模式從商業戰略「叢林」中凸顯，說明市場環境的變化要求企業更加注重經營方式的整體創新，更加注重價值鏈、資源、能力、知識、網絡關係、商業生態關係等戰略要素的系統整合。兩者關係的明晰可以有力地確定商業模式的商業戰略理論基礎，這將為商業模式的研究和創新提供可靠的理論支撐。反之，商業模式將為商業戰略理論的整合提供系統的方法和工具。如果能將商業模式建立在商業戰略的基礎上，將外部競爭與內部經營進行互補匹配，那麼就會為企業獲得績效、創造價值，使企業獲得持續競爭優勢。

三、商業模式因果關係鏈條的分解

商業模式設計過程是企業的一系列價值活動過程，是從價值主張到價值實現的過程。價值主張是互聯網商業模式設計的起點，價值實現是互聯網商業模式設計的終點。

（一）基於價值的商業模式設計要素描述

1. 價值主張

價值主張是通過產品和服務向消費者提供的價值。一個能為參與者理解且接受的價值主張應該能使每個參與者都能增加其經濟效用，因此價值主張的闡釋必須清楚、準確。如果價值主張表述得太複雜，會使顧客在購買時產生猶豫感。價值主張必須對客戶及其偏好深刻理解，必須是真實的、可信的、獨特的、具有銷售力的。價值主張的滲透力越強，就越能打動消費者的心，通過產品或服務創造價值就越持久。戴爾公司成功的關鍵就在於「按訂單製造和個性化定制」的價值主張。

2. 價值網絡

價值網絡是商業模式的價值連結機制要素，它能對商業模式價值主體實行有效連結。價值網絡是由利益相關者之間相互影響而形成的價值生成、分配、轉移和使用的關係及其結構。價值網絡改進了價值識別體系並擴大了資源的價值影響，它潛在地為企業提供獲取信息、資源、市場、技術以及通過學習得到規模和範圍經濟的可能性，並幫助企業實現戰略目標。價值網絡通過在各個企業之間合作協調，匯集各種能力和資源，最終創造價值。企業商業模式是通過對企業全部價值活動進行優化選擇，並對某些核心價值活動進行創新，然後重新排列、優化整合而成的。

價值網絡構建主要是通過價值分析，對所有利益相關者的價值進行深入分析，構建合作共贏的價值網絡，如針對市場的客戶價值、針對夥伴的合作價值、針對上下游企業的供應鏈價值、針對廣告商的廣告價值、針對經銷商的產品價值、針對電信商的增值服務價值。價值網絡能提供價值實現的渠道、信息、資源等，使企業有效整合資源優勢，降低營運成本，增強系統整體營運能力和風險控制能力。價值網絡使網絡中的供應商、渠道夥伴、客戶、合作夥伴以及競爭者形成關係網絡，通過核心能力互補，共同創造差異化、整合化的客戶價值。

3. 價值實現

價值實現是指企業創造的價值被市場認可並接受，完成要素投入到要素產出的轉化。價值實現主要依靠一系列商業策略來完成。隨著競爭的激烈，免費的商業模式成為應用較多的互聯網商業模式。比如中國互聯網用戶數量龐大，這種低成本或免費服務會帶來用戶量的爆炸性增長，產生用戶鎖定，為今後的增值服務提供巨大的空間和潛力。163 免費電子郵箱、QQ（騰訊即時通信軟件）免費聊天工具、迅雷免費軟件、盛大免費網絡遊戲等都是基於免費的商業策略。

（二）基於標準化框架分解研究法商業模式設計要素描述

由莫瑞斯、辛德胡特、艾倫等發展形成的商業模式標準化框架模型闡述了一個相當簡單、邏輯性強而且可以測量的商業模式因果關係鏈條的分解研究方法，它在綜合應用和操縱運作上有著很強的指導意義。從本質上講，一個表達清楚確切的商業模式

需要從這樣六個關鍵鏈條上進行刻畫：價值主張、消費者、內在流程和能力、競爭戰略、企業如何盈利、企業成長及時間目標，如表3-4所示。

表3-4　　　　　　　　　商業模式鏈條的核心組成部分

鏈條1：我們如何創造價值？（從中任選一個，以下為涉及的產品因素）
· 產品組合選擇：主營產品/主營服務/深度組合
· 提供定制產品：標準化產品/少量個性定制/高度個性化定制
· 橫向產品線選擇：寬產品線/中等寬度產品線/窄產品線
· 縱向產品線選擇：深加工產品線/中等深度產品線/淺線產品加工
· 產品銷售途徑：提供獲得產品或服務的途徑/自己銷售/與其他公司產品或服務捆綁銷售的產品
· 銷售方式：自己生產或服務配送/外包/特許經營/轉售/再加工增值轉售
· 分銷模式：直銷/中間商分銷（如果通過中間商分銷：是選用單渠道還是多渠道分銷）

鏈條2：我們為誰創造價值？（從中任選一個，市場因素）
· 組織銷售對象類型：B2B（business to business，企業之間的電子商務）/B2C（business to consumer，企業與個人之間的電子商務）/兩者組合/其他
· 本地銷售/區域營銷/全國銷售/國際化
· 顧客所處的價值鏈位置：上游供應商/下游供應商/政府/公共機構/批發商/零售商/服務提供商/終端消費者
· 廣義大營銷/多個細分市場/利基市場·交易業務/關係營銷

鏈條3：我們的技能優勢是什麼？（從中選擇一個或多個，內在能力因素）
· 生產產品/運作系統·產品銷售/市場營銷·信息管理/原材料開採/產品包裝
· 技術/研發/創新或變革能力/智囊團
· 金融交易/套利交易
· 供應鏈管理
· 網上電子商務/利用資源槓桿

鏈條4：我們如何做出提高競爭力的市場定位？（從中選擇一個或多個，競爭資源因素）
· 卓越的企業運作藍圖/持續經營/獨立運作/高速資金運轉
· 創新型領導力
· 低成本/高效能
· 維繫良好客戶關係/顧客體驗

鏈條5：我們如何賺得盈利？（從中任選一個，經濟因素）
· 定價和收入來源：固定價格/複合定價/靈活定價
· 資源運作槓桿的高低：高/中/低·市場銷量：高/中/低
· 利潤空間：高/中/低

鏈條6：我們的時機、範圍和遠景目標是什麼？（選擇一個，個人/投資者因素）
· 生存模式
· 盈利模式
· 成長模式
· 投機模式

1. 企業如何創造價值

這個問題是針對企業的價值提供提出的。它包括企業經營的特定產品或服務、產品或服務的組合類型、相關縱深產品（產品線數目）和擴展產品（一條產品線上的產品名目或相關產品）的組合。此外，價值主張還包括企業提供獲得產品或服務的途徑，自己負責銷售還是和其他產品或服務捆綁銷售。其他觀點還認為企業提供價值包括自主產品或服務、外包產品生產或服務配送、授權其他公司生產和銷售、收集產品轉售或者收集上來產品再加工之後轉售。最後，價值主張還關注產品或服務是企業直銷還是通過中間商分銷。

2. 企業為誰創造價值

這個問題主要關注企業在哪種類型和多大範圍的市場上展開競爭。一般是看企業的主要銷售對象是消費者（B2C）還是企業或組織（B2B），或者兩者都有，此外還要考慮其顧客處於價值鏈的哪個階段。當向顧客提供產品或服務的時候，決策者一定要從深層次識別並區分其顧客是處在價值鏈的哪個位置，即是上游（礦業、農業、基礎製造業）、中遊（終端產品製造、裝配）還是下游（批發商、零售商），或者是一些組合而成的形式，還要詳細界定市場的區域範圍，僅是本地銷售還是區域營銷，是全國範圍內展開競爭還是實行國際化。創立企業還關心為做大營銷而進行的零碎分散的銷售，以及集中精力與一些重要客戶維繫深層持久的關係，在一定程度上二者誰更容易成功。

3. 企業的內部資源優勢是什麼

核心競爭力是指企業獲得的一種能為顧客提供特定利益的內部能力或技術。聯邦快遞依靠其在物流管理方面的競爭優勢提供快捷及時的配送；沃爾瑪基於在供應鏈管理方面的優勢做到了低價零售，即「天天平價」。企業可以根據自己的優勢來源建立並維持自己的競爭力，這些優勢可以來源於公司產品生產、運作系統、技術發展或革新能力、銷售產品或市場營銷經驗、信息管理、原材料開採、產品包裝的本領、融資管理、套利交易的競爭優勢、對於供應鏈管理的精通以及網上電子商務交易管理和資源槓桿利用的技能。

4. 企業如何進行自身差異化

企業如何進行自身差異化，取決於企業怎樣運用自身的核心競爭力，其核心競爭力能促使企業從那些直接競爭者和間接競爭者中脫穎而出。差別化是指在自己的市場領域為顧客提供一些真正唯一的價值利益。差異化的重大挑戰則是：識別企業區別於其他競爭對手的顯著差異點，並很好地一直保持下去。企業間的模仿比比皆是，企業要追尋的差異化不能只是停留在這種表面的暫時性差異化。可持續的戰略定位趨向於從差異化的以下五個基本形式中制定：卓越營運模式、產品質量/選擇/用途/特色方面、創新型領導能力、低成本、維繫良好客戶關係或顧客體驗。

5. 企業如何盈利

企業商業模式的一個核心要素就是經濟模型。經濟模型為賺取利潤提供不竭動力。它由四個子要素組成：第一個是企業的運作槓桿，或者說企業的成本結構在一定程度上取決於固定成本主導還是變動成本驅動；第二個是企業銷量，企業在市場機會和內

部能力方面組織起來帶來的銷量是高、中還是低；第三個便是企業在產品和服務方面能夠控制支配的利潤收入是高、中還是低；第四個是經濟模型還考慮公司有多少收入驅動點（主要收入來源或者外延產品收入）以及企業定價策略是固定價格還是靈活定價。企業盈利可能出現兩個極端：一個極端是有的企業收入來源只依靠固定價格的單一產品；另一個極端是有的企業根據消費者細分和市場條件以不同的定價方式出售三種互補產品系列以及一些附加服務，這樣的企業擁有很多十分靈活的收入來源項目。這種靈活收入驅動是很多網絡公司（如亞馬遜在線）所運用的創新商業模型形成收入的主要來源。

6. 企業的時機、範圍和遠景目標是什麼

企業商業模式必須要有自己的目標。企業目標可以從投資模型方面幫助新創立的企業開闊視野。有四種投資模式來描述大多數企業的投資行為：生存模式、收入模式、成長模式、投機模式。生存模式的目標是生存和滿足最基本的財務需要；採用收入模式，創業者往往投資那些能夠為投資者帶來持續穩健收入流的業務，這些業務一般被叫作「生活特色店」或者「夫妻店」；成長模式並不追求初始收入有多豐厚，但大量的收入用來發展嘗試那些有益於企業成長的投資，最終也使這些投資項目為初始投資者創造最主要的收入來源；投機模式給予創業者的時間期限很短，目標就是展示企業的發展潛力，隨後便將其出售。

四、設計商業模式的思路和方法

商業模式的設計與開發是進行創業管理的重要內容。在創業培育期，一旦完成機會識別，就要開始商業模式的設計開發，即新業務如何開展、怎樣盈利。需要考慮如何制定核心戰略、構建合作網絡、建立顧客關係、培育和配置獨特資源以及形成價值創造的方法，並將它們反應在商業計劃書中。同樣，在企業成長過程中，適時進行商業模式的檢討和創新，是企業培育核心競爭力、取得競爭優勢的基本途徑。

（一）商業模式設計是創業機會開發環節的一個不斷試錯、修正和反覆的過程

企業績效是商業模式選擇與企業如何有效運用該模式的函數。企業擁有一個表達清晰的商業模式很重要。一是商業模式可作為可行性分析研究的延伸（商業模式會不斷提出「該業務是否有意義」的問題）。二是商業模式使人們的注意力集中於企業要素如何匹配以及如何構成企業整體上。三是商業模式解釋了使商業創意具有可行性的參與者群體願意合作的原因。四是商業模式向所有的利益相關者（包括員工）闡明了企業的核心邏輯。

1. 通過分析和優化價值鏈來識別機會，構建相應的商業模式

價值鏈是指產品從原材料階段開始，經製造和分銷，最後到達最終用戶手中的一系列轉移活動鏈條。價值鏈由基礎活動和輔助活動構成。基礎活動涉及產品製造、銷售以及產品服務，而輔助活動提供對基礎活動的支持。產品通過企業價值鏈的每個階段時，企業內不同部門在每個階段會增加產品價值（或不增加價值），最終產品或服務是各部門創造的價值總和。通過研究一個產品或服務的價值鏈，組織能夠識別創造附加價值的機會，並評估企業是否有辦法實現增值目標。價值鏈分析同樣有助於新創企

業識別機會，有助於理解商業模式如何形成。現在很多學者對價值鏈有了更寬泛的理解。這種觀點拓寬演進的主要原因在於，大多數產品和服務是在包含了很多企業而非單一企業的複雜供應鏈中生產出來的。價值鏈進行概念變異，以描述產品和服務在「價值網絡」或「價值體系」中（不是單一企業價值鏈內）的生產過程。因此，價值鏈更多地按照產品（如電腦）或者服務（如報稅服務）來加以識別，而不是特定的企業。創業者可以通過審視一個產品或服務的價值來查明價值鏈的哪個階段能夠以更有效的方式實現，或者發現價值鏈的哪個階段能夠以更有意義的方式增加「價值」。這種分析可以集中於：①價值鏈的某項活動（如營銷）；②價值鏈某個部分和其他部分的結合處（如營運和外部後勤之間）；③某項輔助活動（如人力資源管理）。如果一個產品的價值鏈可以在某一領域內得到強化，它就可能代表著創建一家新企業的機會。

創業者可以通過優化產品的價值鏈來創建新企業，但是，只有創造出一個可行的商業模式才能給新企業提供支持。例如，如果沒有低成本的運貨商（如聯合包裹服務公司）和電腦零部件製造商，戴爾公司直接向最終用戶銷售電腦的創意就不可能實現。只有新創企業能把價值鏈或價值網絡整合起來，並利用它將自己的產品和服務推向市場（即使這個「市場」只是現有產品價值鏈的一丁點改進）時，它才能夠切實提升或改進產品價值鏈的某個部分。通常情況下，這種價值鏈改進包括在某個或多個領域開發核心能力，並發展多元夥伴關係以從事其他領域的工作。戴爾公司的核心能力是供應鏈管理、組裝電腦以及通過網絡和電話銷售電腦。同時，它讓合作夥伴來做其他部分的工作，如製造和送貨。

2. 商業模式反思

一旦商業模式得以清晰確定，創業者應該將它訴諸文字，認真反思檢查，提出並思考以下問題：

（1）我的商業模式是否有意義？

（2）我需要的商業夥伴是否願意參與進來？

（3）如果合作夥伴願意參與，如何激勵他們？我們的利益相互一致還是相互背離？

（4）顧客的情況如何？他們是否願意花時間和本企業做生意？

（5）如果顧客願意購買產品，如何激勵他們？

（6）我是否能激發足夠數量的夥伴和顧客，以便補償一般管理費用並能獲利？

（7）業務獨特性如何？如果本企業獲得成功，大量競爭者是否很容易跟進和模仿？

如果上述每個問題的回答都不能令人滿意，則該商業模式就應當修改或放棄。只有在購買者、銷售者以及合作夥伴都將它視為一種經營產品或服務的合理方法時，一個商業模式才具有生命力。

（二）商業模式設計是分解企業價值鏈條和價值要素的過程，涉及要素的新組合關係或新要素的增加

著名商學教授與作家加里·哈默爾（Gary Hamel）認為，有效的商業模式必須包括四個關鍵要素：核心戰略、戰略資源、價值網絡和顧客界面。只有充分掌握這些要素的重點以及彼此間的整合和搭配關係，才能設計出獨特的商業模式。圖3-4是新企業商業模式的設計框架，其內涵包括四個要素和三個界面，下面分別說明它們的組成

和內涵。

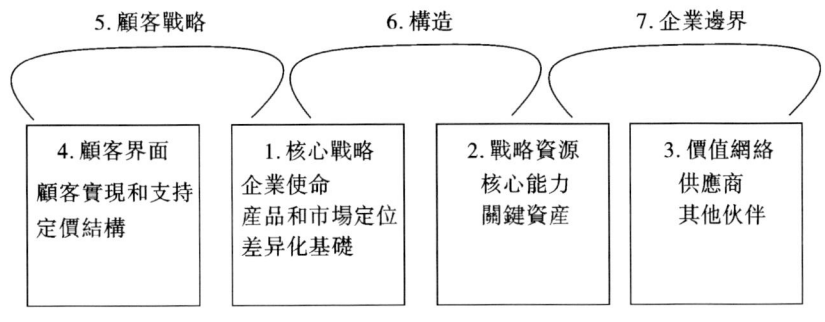

```
   5. 顧客戰略          6. 構造           7. 企業邊界
┌─────────┐ ┌─────────┐ ┌─────────┐ ┌─────────┐
│ 4.顧客界面 │ │ 1.核心戰略 │ │ 2.戰略資源 │ │ 3.價值網絡 │
│ 顧客實現和支持│ │ 企業使命  │ │ 核心能力  │ │ 供應商   │
│ 定價結構  │ │ 產品和市場定位│ │ 關鍵資產  │ │ 其他伙伴  │
│       │ │ 差異化基礎 │ │       │ │       │
└─────────┘ └─────────┘ └─────────┘ └─────────┘
```

圖 3-4　商業模式的設計框架圖

1. 核心戰略

商業模式設計需要考慮的第一個要素是核心戰略，它描述了企業如何與競爭對手進行競爭，主要包括企業使命、產品和市場定位、差異化基礎等基本要素。

企業使命描述了企業為什麼存在及其商業模式預期實現的目標，或者說，使命表達了企業優先考慮的事項以及衡量企業績效的標準。

產品和市場定位應該明確企業所集中專注的產品和市場，因為產品和市場的選擇直接影響到企業獲取利潤的方式。

差異化基礎分為成本領先戰略和差異化戰略。採用成本領先戰略的企業努力在產業內獲取最低的成本，並以此來吸引顧客。相反，採用差異化戰略的企業以提供獨特而差別化的產品，以質量、服務、時間或其他方面為競爭基礎。在大多數情況下，新創企業採用成本領先戰略往往很困難，因為成本領先要求規模經濟，這是需要花費時間的；而差異化戰略對新企業卻十分重要，因為這是取得顧客認可的很好的方式。

【學習導航】

雅虎網站起初提供免費的互聯網搜索服務，並通過在網站上創造廣告空間來獲利，但是到2000年，電子商務泡沫開始破滅，廣告收入銳減，雅虎網站為創造更穩定的收入流，開發了更多的訂刊服務，拓寬了其產品範圍，商業模式也隨之變化。企業從事經營活動的市場也是其核心戰略的重要因素。

阿里巴巴把中國供應商作為它的目標市場，其意義重大。當時首席執行官馬雲之所以沒有選擇只把經濟實力較強的大企業作為目標市場，就是因為如果那樣的話，阿里巴巴的價值只能局限於對大企業間已有業務的信息化服務。而針對中國加工行業相對過剩的市場環境，他選擇了為盡可能多的中國供應商服務，因而產生了免費入網及企業信用認證等概念。

資料來源：李良智，查偉晨．創業管理學［M］．北京：中國社會科學出版社，2007．

2. 戰略資源

企業目標的實現需要戰略資源作後盾，戰略資源對創業機會、創業能力以及服務顧客的獨特方式都存在很大約束，因此，商業模式必須展示企業的核心能力和關鍵資

產的特徵。

核心能力是企業戰勝競爭對手的優勢來源。它是創造產品或市場的獨特技術或能力，對顧客的可感知利益有巨大貢獻，並且難以模仿。企業的核心能力決定了企業從什麼地方獲得最大價值。

關鍵資產是企業擁有的稀缺、有價值的事物，包括工廠和設備、位置、品牌、專利、顧客數據信息、高素質員工和獨特的合作關係。作為新企業，應該注重如何創新性地構建這些資產，為顧客創造更高的價值。一項特別有價值的關鍵資產是企業的品牌。

【學習導航】

中國移動推出的短信業務。中國移動在2000年11月正式推出短信業務，2002年短信業務獲得近百億元的收入。在這一成功過程中，中國移動作為電信營運商，與其他內容提供商、系統和終端設備提供商等夥伴之間的緊密合作起著重要作用。再比如，戴爾公司因其裝配電腦的專業技術而具有差異化優勢，但它是從英特爾公司那裡購買芯片。戴爾當然可以自己製造芯片，但它在這方面不具有核心能力。同樣，戴爾公司依靠聯合包裹服務公司和聯邦快遞公司遞送產品，而如果它自己建立一個遍布全國的物流系統，那就實在是太不明智了。

資料來源：呂一林，岳俊芳. 市場營銷學［M］. 北京：科學出版社，2005.

3. 價值網絡

企業一般不具備執行所有任務所需的資源，因此要與其他合作夥伴一起才能完成整個供應鏈中的各項活動，新企業尤其如此。

企業的合作夥伴網絡包括供應商和其他夥伴。供應商是向其他企業提供零部件或服務的企業。傳統意義上，企業把供應商看成競爭對手。需要某種零部件的生產商往往與多個供應商聯繫，以尋求最優價格。然而，過去20年來，經理們開始越來越多地關注供應鏈管理，因為它貫穿產品供應鏈的所有信息流、資金流和物質流。企業管理供應鏈的效率越高，其商業模式的運作效率也越高。

大企業與新企業在供應鏈管理方面面臨不同的資源和能力條件。大企業先期良好的經營往往給新事業開發累積了財務資源以及信譽資本，這為與優秀企業展開合作提供了有力保障。而新企業由於受到較大的資源約束，也往往具有較小的抗風險能力，因而在尋求優秀企業加入和合作過程中面臨較大的障礙。

【學習導航】

亞馬遜只通過互聯網銷售書籍，而巴諾書店則通過傳統書店和網絡兩種途徑來售書。再比如，計算機產業存在不同的顧客界面模式，戴爾公司通過網絡或電話直接銷售電腦，而惠普公司和國際商業機器公司主要通過零售商店銷售。企業願意提供的顧客支持水平，也影響它的商業模式。

資料來源：李良智，查偉晨，鐘運動. 創業管理學［M］. 北京：中國社會科學出版社，2007.

4. 顧客界面

新企業針對特定的目標市場，構建友好的顧客界面是影響商業模式效果的重要因素。顧客界面是指企業如何適當地與顧客相互作用，以提供良好的顧客服務和支持，主要涉及銷售實現和支持與定價結構兩方面。

顧客實現和支持描述的是企業產品或服務進入市場的方式，或如何送達顧客的方法，也指企業利用的渠道和提供的顧客支持水平。所有這些都影響到企業商業模式的形式與特徵。

價格往往是顧客接受產品的首要因素之一，創業者必須使用合理的定價方法制定有效的價格。多數專家指出，新企業的價格結構必須符合顧客對產品或服務的價值認知，即顧客能夠接受的價格是顧客願意支付的價格，而不是在產品成本基礎上一定比例的加成。

【學習導航】

星巴克的企業使命是建成世界第一流的高品質咖啡店，在成長的同時毫不妥協地維持企業的原則，即六項決策標準：提供最好的工作環境，以尊重和尊嚴對待彼此；容納多樣性是我們做生意的重要元素；在咖啡的購買、烘烤和保險運輸方面採用最高標準；在任何時候都讓顧客滿意；以積極的態度為社會和環境做出貢獻；認識到收益對我們未來的成功很重要。可見，星巴克的企業使命傳達了非常明確的顧客傾向。

資料來源：布魯斯·R. 巴林格，R. 杜安·愛爾蘭. 創業管理成功創建新企業 [M]. 北京：機械工業出版社，2006.

5. 顧客利益

顧客利益是連接核心戰略與顧客界面的橋樑，代表著企業的戰略實際能夠為顧客創造的利益。企業的核心戰略要充分顯示為顧客服務的意圖。

在構建顧客服務與支持系統以及進行產品定價的時候，也一定要考察這些是否與企業核心戰略一致。一味追求產品低價的惡性競爭策略，顯然沒有真正從顧客受益的角度來考慮問題，同時不具有長期的戰略意義。相反，如果企業提供了切實滿足顧客需要的新奇產品或服務，索要遠遠高於產品生產成本的價格也是正確的競爭策略。因此，顧客利益是企業制定核心戰略以及構建顧客服務體系時必須遵守的原則，它涉及企業生存的根本。

【學習導航】

阿里巴巴網站始終堅持為中國供應商提供電子銷售服務的戰略方向，主要是因為其對顧客需求的高認知能力以及所掌握的中國供應商以及國外 5,000 多家採購商的相關信息。2001 年，阿里巴巴獲得兩輪風險投資後，「想做大」的馬雲也曾嘗試過其他的經營項目，但是 2002 年年底，馬雲將它們一一清退，甚至把當時占據公司收入 60% 的系統集成業務也一刀砍下，以保證公司繼續沿著其核心能力和資源能夠支撐的方向前進。

6. 構造

構造是連接核心戰略與戰略資源的界面要素，主要指兩者間的有效搭配關係。首先，戰略資源是核心戰略的基礎，企業缺乏資源，難以制定和實施戰略目標。企業產品和市場的選擇必須緊緊圍繞核心能力和關鍵資產，越來越多的證據表明，這樣可以使企業受益。這主要是因為如果企業根據自身的核心能力和資源集中於價值鏈中較小的環節，較容易成為特定市場的專家，提供更高品質的產品和服務，為企業創造更高的利潤。很多成功的創業企業在這方面做出了榜樣。

核心戰略要充分挖掘企業戰略資源的優勢，一方面這是創造更多企業價值的需要，另一方面也是有效構建競爭障礙的途徑。企業通過關鍵資源的槓桿作用對已有模式的不斷創新，將會使跟進者的模仿變得更加困難。

7. 企業邊界

企業邊界是連接企業戰略資源與夥伴網絡的界面，其內涵在於企業要根據所掌控的核心能力和關鍵資源來確定自身在整個價值鏈中的角色。傳統的企業邊界觀點是建立在成本收益原則基礎上的，一種產品是成立企業自己生產還是從市場購買取決於產品的邊際成本，產品的邊際成本等於交易成本之處就成為企業的邊界。而隨著市場競爭的日益激烈，現代企業邊界觀點產生了，它把企業為什麼存在以及企業應該有多大的基礎問題歸為企業競爭能力的問題，其中企業的核心能力與關鍵資源決定了企業應該做什麼。企業只有圍繞其核心能力與關鍵資源開展業務才可能建立起競爭優勢。尤其是新企業，創建之初往往面臨較大的資源與能力約束，集中於自己所長是競爭成功的關鍵。

在開發和設計新企業的商業模式時，要正確思考和解決新企業的核心戰略、戰略資源、夥伴網絡、顧客界面等問題，並正確處理它們之間存在的顧客利益、構造以及企業邊界等方面的關係。優秀的商業模式總是從整體角度審視自己，做到企業核心戰略與戰略資源高度一致，真正給顧客帶來實惠和便利，在創造企業利潤的同時，使合作夥伴也獲得足夠多的利益。

五、商業模式創新的邏輯與方法

（一）商業模式創新的邏輯

成功商業模式的創新是商業模式與企業核心競爭優勢相互耦合的過程，以客戶價值主張為商業模式研究的基礎；以「產業鏈系統（下游供應鏈、企業內部營運價值鏈、上游分銷鏈、客戶鏈）、其他相關利益者鏈（包含企業治理結構關係、社會公共關係、企業宏觀環境，即一組國家政治、經濟、技術等環境系統）以及競爭鏈系統」組成的生態鏈系統作為商業模式創新的決策支撐；以強勢企業文化構建作為商業模式創新執行的支持；以產品與市場的創造作為成功商業模式的成果輸出。

1. 客戶價值是商業模式的基礎

商業模式設計的根本目的是為客戶體驗創造新的價值，促使客戶願意為之買單。任何商業模式都是為了持續優化客戶在消費過程中的體驗或是為客戶創造新價值的體驗。倘若能尋找到實現這種提升客戶體驗價值的途徑，也就形成了商業模式創新的原

型。需要指出的是，處於產業鏈不同位置的企業對於「客戶」這一概念的理解不能太過狹隘，製造企業或品牌企業對其上游的分銷商、最終產品或服務的消費者都應當視為客戶，而不僅僅是終端消費者。

2. 組成商業模式創新的生態鏈系統

創新的生態鏈系統是企業生存所必須面對的一個完整的戰略分析、決策的過程。通過對客戶價值的研究，可以得到商業模式的原型，為了使商業模式更加具有競爭力，就必須圍繞企業經營的內、外部環境（由供應者、企業內部營運價值鏈、分銷渠道、客戶、其他相關利益者以及競爭者組成的一組生態鏈系統）進行資源、能力的分析，從而確認生態鏈系統能否對客戶價值主張進行很好的支持，最終確定生態鏈系統進行整合的方向。

3. 企業文化是一種軟實力，是企業進行各類活動執行的支持系統

一個缺少強勢文化的企業，在創新商業模式的執行過程中勢必處處受阻。通常，成功的企業一定存在著特定的文化，有時會隱含在企業日常的運作過程之中，此時，企業就應當努力提煉自身的文化，以不斷強化企業的正向文化，配合企業未來戰略發展的需要，鼓勵更多的員工融合到組織中去，以提高組織的整體執行效力。在進行商業模式的創新研究過程中，必須持續強化企業在過去取得成功的文化基因，並引入新的文化元素，以保證商業模式創新過程的順利進行。

(二) 商業模式創新的方法

商業模式創新就是對企業基本經營方法進行變革。一般而言，有四種方法：改變收入模式、改變企業模式、改變產業模式和改變技術模式。

1. 改變收入模式

改變收入模式是改變一個企業的用戶價值定義和相應的利潤方程或收入模型。這就需要企業從確定用戶的新需求入手。這並非是市場營銷範疇中的尋找用戶新需求，而是從更宏觀的層面重新定義用戶需求，即去深刻理解用戶購買本企業的產品需要完成的任務或要實現的目標是什麼。其實，用戶要完成一項任務需要的不僅是產品，而且是一個解決方案。一旦確認了此解決方案，也就確定了新的用戶價值定義，並可依此進行商業模式創新。

國際知名電鑽企業喜利得公司就從此角度找到了用戶新需求，並重新確認了用戶價值定義。喜利得一直以向建築行業提供各類高端工業電鑽聞名，但近年來，全球激烈競爭使電鑽成為低利標準產品。於是，喜利得通過專注於用戶所需要完成的工作，意識到它們真正需要的不是電鑽，而是在正確的時間和地點獲得處於最佳狀態的電鑽。然而，用戶缺乏對大量複雜電鑽的綜合管理能力，經常造成工期延誤。因此，喜利得隨即改動它的用戶價值定義，不再出售而是出租電鑽，並向用戶提供電鑽的庫存、維修和保養等綜合管理服務。為提供此用戶價值定義，喜利得公司變革其商業模式，從硬件製造商變為服務提供商，並把製造向第三方轉移，同時改變盈利模式。戴爾、沃爾瑪、道康寧等都是如此進行商業模式創新的。

2. 改變企業模式

改變企業模式就是改變一個企業在產業鏈中的位置和充當的角色，也就是說，改

變其價值定義中「造」和「買」的搭配，一部分由自身創造，其他由合作者提供。一般而言，企業的這種變化是通過垂直整合策略或出售及外包來實現的。如谷歌在意識到大眾對信息的獲得已從桌面平臺向移動平臺轉移，自身僅作為桌面平臺搜索引擎會逐漸喪失競爭力時，就實施垂直整合，大手筆收購摩托羅拉手機和安卓移動平臺操作系統，進入移動平臺領域，從而改變了自己在產業鏈中的位置及商業模式，由軟變硬。國際商業機器公司也是如此。它在 20 世紀 90 年代初期意識到個人電腦產業無利可尋，隨即出售此業務，並進入信息技術服務和諮詢業，同時擴展它的軟件部門，一舉改變了它在產業鏈中的位置和原有的商業模式，由硬變軟。甲骨文、禮來、香港利豐等都是採取這種思路進行商業模式創新的。

3. 改變產業模式

改變產業模式是最激進的一種商業模式創新，它要求一個企業重新定義本產業，進入或創造一個新產業。國際商業機器公司通過推動智能星球計劃和雲計算，重新整合資源，進入新領域並創造新產業，如商業營運外包服務和綜合商業變革服務等，力求成為企業總體商務運作的大管家。亞馬遜也是如此。它正在進行的商業模式創新向產業鏈後方延伸，為各類商業用戶提供物流和信息技術管理等商務運作支持服務，向它們開放自身的 20 個全球貨物配發中心，同時進入雲計算領域，成為提供相關平臺、軟件和服務的領袖。其他如高盛、富士和印度大企業集團等都在進行這類的商業模式創新。

4. 改變技術模式

正如產品創新往往是商業模式創新的最主要驅動力，技術變革也是如此。企業可以通過引進激進型技術來主導自身的商業模式創新，如當年眾多企業利用互聯網進行商業模式創新。當今，最具潛力的技術是雲計算，它能提供諸多嶄新的用戶價值，從而提供企業進行商業模式創新的契機。

當然，無論採取何種方式，商業模式創新需要企業對自身的經營方式、用戶需求、產業特徵及宏觀技術環境具有深刻的理解和洞察力。這才是成功進行商業模式創新的前提條件，也是最困難之處。

【學習導航】

戴爾依賴對下游供應者的協調、管控以及上游客戶的積極拉動，其直銷商業模式最終在全球市場成功。格蘭仕依靠產業鏈定位以及營運價值鏈的優化，最終實現了專業化、規模化的生產，獲得了低成本的優勢，成為「全球名牌家電製造中心」。開心網、Facebook（社交網絡服務網站，臉書）等大型社會性網絡服務（SNS）網站能否保持持久的競爭力，在於對用戶的黏著力度。如今開心網已經面臨用戶流失的困境，當開心網不能發揮其交友的強大功能時，用戶被其吸引的只能是曾經瘋狂的半夜「偷菜」，但始終會因厭惡而放棄。Facebook 卻在游戲上下足了功夫，整合了有吸引力的網遊製作公司，不斷減少用戶流失的風險，再圖發揮強大的交友功能。騰訊 QQ 坐擁過億的忠實用戶就是其最具有優勢的核心資源，QQ 介入的開心網模式、網遊產業等，都是其核心資源的延展。百度正準備全力打造的各類消費報告、行業報告等，便是對其核

心資源的延展，利用其強大的數據收集能力實現百度客戶價值的擴張。這些生態鏈系統的整合，最終都是為了實現客戶價值的突破。

資料來源：搜狐財經.創新商業模式的邏輯：http://business.sohu.com/20110114/n278869472.shtml

【本節要點】

商業模式本質上是若干因素構成的一組盈利邏輯關係的鏈條。商業模式是商業戰略生成的基礎，商業戰略是在商業模式基礎上的行為選擇。商業模式的價值主張、價值網絡和價值實現等要素之間的不同組合方式形成了不同的商業模式。商業模式設計是創業機會開發環節的一個不斷試錯、修正和反覆的過程。商業模式設計是分解企業價值鏈條和價值要素的過程，涉及要素的新組合關係或新要素的增加。

【案例分析】

（1）商業模式的創新已成為改變現今和未來時代的革命力量。不斷創新的商業模式正在迅猛地改變著經濟、社會的構成，影響著每一個社會主體對自身價值和存在的認識和定位。

商業模式包含市場、價值主張、價值鏈、成本和利潤、價值網絡以及競爭戰略。商業模式的創新可以以任一部分或環節的創新為開端，並隨之帶動其他部分的改變，最終呈現出整體的創新結果。商業模式創新還可以通過創造性地組合一些商業模式來實現。商業模式的創新並不一定是全新市場的創造或者新技術的商業化應用。實際上，商業模式的創新涵蓋了所有新的價值創造方式。商業模式的創新本質上是對價值創造方式的再認識和重新組合。從這個角度出發，商業模式的創新無時、無處不存在。例如：①結合自己的產品和服務，將本行業和相關行業成功的商業模式予以整合；②將傳統商業模式與新型商業模式相結合；③打破行業界限，將其他行業的商業模式經過改進運作到本行業中；④尋找新的利潤源泉；⑤選擇提供能夠滿足顧客心理需求的產品或服務。

（2）陸正耀設計盈利模式的主要依據是對市場的前期調查和分析及對顧客需求的正確把握。

（3）市場調查是判斷創業機會是否有價值和利於開發的主要依據。在發現創業機會的基礎上，創業者需要通過市場調查瞭解不斷變化的市場需求，有條理、有計劃、有組織地收集、記錄、分析有關同業的商品或服務營銷狀況的資料，準確掌握消費者的消費狀況與他們的購買動機、購買習慣及相關的購買行為，進而發現現有商品或服務的缺點、不足及可改善的途徑，瞭解市場競爭狀況，並尋求企業可能發展的機會，並據此作為企業制定營銷策略的依據。有效的市場調查，可以協助創業者創造獨特的競爭優勢。

【作業與思考題】

一、名詞解釋

    1. 創意
    2. 創業機會
    3. 機會之窗
    4. 機會識別
    5. 機會評價
    6. 機會風險
    7. 商業模式
    8. 創業的系統風險與非系統風險

二、填空題

    1. 創意的來源有_____、_____、_____、_____。
    2. 根據完善程度，可以把創意劃分為_____創意和_____創意。
    3. 按照風險的來源，我們將其劃分為_____風險和_____風險。
    4. 有效的商業模式必須包括四個關鍵要素：_____、_____、_____和_____。
    5. 商業模式創新的方法有_____、_____、_____和_____。

三、判斷題

    1. 創建新企業不一定要進行商業模式開發。
    2. 經驗越豐富就越容易看到創業機會。
    3. 商業模式設計需要考慮的第一個要素是核心戰略。
    4. 非系統風險可以通過創業各方的主觀努力而控制或消除。
    5. 技術風險在創業不同階段的大小無差異。
    6. 在某個時段，企業一般只有一個商業模式，但可能同時存在多個戰略。

四、論述題

    1. 大多數研究創業的學者都會關注機會，這是為什麼？
    2. 有價值的創業機會有哪些特徵？
    3. 如何評價創業機會？
    4. 商業模式所要解決的核心問題是什麼？
    5. 在設計商業模式過程中，如何解決企業邊界問題？
    6. 如何防範創業中的技術風險？

五、思考題

    1. 選擇一個技術專利（可以去專利局的網站），運用頭腦風暴法列出5種創造性使用這種技術的方法。

2. 選擇一個創意，將其具體化為粗略的創業計劃並對其進行市場機會的評估。

3. 儘管外部環境是不可控的，但創業者可以通過對環境的分析來面對。假如你要進入一個學生用腦保健品市場，請說明如何進行環境分析。

【教學設計】
第一時段：2節課，100分鐘
課前準備：5分鐘。介紹本章教學內容、教學目標、重點及難點。
開課問題：5分鐘。介紹本節重點教學內容，並就主體案例提出3個啓發性問題。
講授內容：60分鐘。圍繞主體案例，結合教材內容，系統講授創意、機會及創業機會的內涵、創業機會的識別等問題。
延伸案例：25分鐘。組織學生討論分析案例《李嘉誠對創業機會的把握》，鼓勵學生通過對案例的研讀發表自己對創業的看法。
布置作業：5分鐘。將全體學生隨機分組，每組5人，每組設組長一名，負責組織小組同學討論老師布置的問題，並於下次上課時提交或現場回答。

第二時段：2節課，100分鐘
課前準備：10分鐘。回顧前一節課學習的內容，提出3個問題分別找學生回答。
開課問題：5分鐘。介紹本節課的教學內容及目標，教學中的重點及難點。
講授內容：60分鐘。圍繞主體案例，結合教材內容，系統講授有價值創業機會的特徵、個體與機會的匹配、創業機會評價的技巧與策略等。
延伸案例：20分鐘。組織學生討論分析案例《開在大學城裡的品牌內衣店》，分析如何對創業機會進行評價。
布置作業：5分鐘。將全體學生隨機分組，每組5人，每組設組長一名，負責組織小組同學討論老師布置的問題，並於下次上課時提交或現場回答。

第三時段：2節課，100分鐘
課前準備：10分鐘。回顧前一節課學習的內容，提出3個問題分別找學生回答。
開課問題：5分鐘。介紹本節課的教學內容及目標，教學中的重點及難點。
講授內容：60分鐘。圍繞主體案例，結合教材內容，系統講授創業的系統風險與非系統風險的防範及創業收益預測。
延伸案例：20分鐘。組織學生討論並分析案例《中星微電子有限公司的創業風險識別》，探討創業風險的識別與風險的控制。
布置作業：5分鐘。將全體學生隨機分組，每組5人，每組設組長一名，負責組織小組同學討論老師布置的問題，並於下次上課時提交或現場回答。

第四時段：2節課，100分鐘
課前準備：10分鐘。回顧前面學習的內容，提出3個問題分別找學生回答。
開課問題：5分鐘。介紹本節課的教學內容及目標，教學中的重點及難點。
講授內容：60分鐘。圍繞主體案例，結合教材內容，系統講授商業模式的內涵、商業模式創新的方法。
延伸案例：20分鐘。組織學生討論分析案例《順馳：狂奔之路》，分析商業模式

創新的思路來自哪裡以及如何開展商業模式創新。

布置作業：5分鐘。將全體學生隨機分組，每組5人，每組設組長一名，負責組織小組同學討論老師布置的問題，並於下次上課時提交或現場回答。

【創業案例】

創業故事兩則

鮮花——經理的煩惱

2002年，孫先生畢業於省外一所著名大學，學的是機電工程專業，由於當時的就業形勢不是太好，他就萌生了自己創業的想法。孫先生現在是一家花卉公司的經理，今年31歲，專門從事無土栽培花卉的培植和銷售。

孫先生從小就對養花種草情有獨鐘，在大學期間讀過一些植物學方面的書，也聽過一些花卉培植方面的選修課程，於是他想通過培植特色花卉來開創自己的企業。為了掌握有關的最新技術和尋求特色項目，他先後到雲南、河北、北京的通州區和大興等地學習。回到家鄉濰坊之後，他發現本地的花卉交易市場較為興隆，但很少有水培花（無土培育，即添加了營養劑的花從水溶液中吸收養分），覺得這是一個良好的商業機會。2006年，正巧遇到位於市郊區的花卉大棚出租招商，孫先生承租了其中的一個花棚，面積為490平方米。

目前，孫先生的花棚內培育了27個品種，6,000多株（盆）花，可謂滿眼見綠，處處飄香。但孫先生卻怎麼都高興不起來。他說：「3、4月份應是上一年冬季培育的產品出清，新一年花卉由土壤中移出並放入水池中育根的關鍵時節，但是本應在春節前後售出的成品花至今沒有賣出去。我的水培花的主株花徑大，並且盆中又植入多株其他品種的陪襯花，漂亮、乾淨、養起來簡單、省心。春節前後，市場上單一品種的花徑大小相同的土壤培植花一盆500～600元，我的這種多品種集成盆栽水培花也只賣800～1,200元，但還是僅售出很少一部分。看來市場還要有一段瞭解、認同的時間，現在已經到了4月份，只好便宜處理了，即使是每盆400元也要賣了，否則資金上實在無法週轉。」說這段話的時候，他的臉上帶著無奈甚至淒涼，眼裡泛著失落的神色。

據孫先生說，他的主打品種如果採用土壤栽培，只需45天即可上市，而水培週期較長，需要80天以上，成本是前者的兩倍以上，售價也就高一些。他試過讓代理商代售，但花賣出後都不能按約定收回貨款。直接向大飯店、賓館推銷時，對方都很感興趣，但由於不太瞭解且價格較高而猶豫不決，但對方都願意讓孫先生在大堂、會議室、簽字室進行免費展示。

對於下一步的銷售計劃，孫先生打算請一位專家幫助策劃一下，如有可能準備招一位推銷員到花卉市場推銷，以提成20%的方式計算薪酬。「作為新創企業的經理，企業儘管只有3個人，目前也面臨了困境，但這對我而言也許是一筆特殊的財富，不經風雨難見彩虹嘛！」可見，孫先生並沒有灰心喪氣。

雞蛋——德青源定義雞蛋標準

中國是個雞蛋消費大國，每年人均消費240多個，但很少有人真正關心雞蛋的質量，只是覺得現在的雞蛋味道不對，沒有以前的香味，還有一股氨水的味道，蛋白吃

起來也沒有彈性。北京德青源農業科技股份有限公司（本書中簡稱「德青源」）董事長兼總裁鐘凱民就十分懷念小時候吃過的雞蛋。在創辦德青源之前，他就開始瞭解為什麼雞蛋不香了。他發現，關鍵是雞蛋沒有任何質量標準，這就致使一些養殖戶為了提高產量、降低成本而肆意妄為，在飼養過程中使用了大量的劣質甚至明令禁止的飼料，導致許多有害物質殘留在肉和蛋裡，這樣雞蛋的味道怎麼能好得了？

瞭解了真相，鐘凱民還真不敢隨便吃雞蛋了。2000 年，也是德青源成立的前後，食品安全已經引起一部分人的關注，但還沒有得到普遍重視。隨著中國社會從溫飽型向小康型轉變，人們開始從吃得飽向吃得好轉變，食品安全成了重大話題。於是，鐘凱民決定創辦一家專門生產雞蛋的公司，並為雞蛋制定標準，讓廣大消費者找回雞蛋過去的香味。

德青源在北京山清水秀的延慶建立了全亞洲最大的蛋雞養殖場，總投資 3.5 億元。為保證雞蛋的質量，德青源不把雞簡單地當成盈利的工具，而是一開始就重視雞的生活和生產環境。公司的雞場具備一流的養殖環境、飲用水和飼料，達到了歐盟和美國的動物福利標準。雞的心情好了，蛋的質量也就有了保證。為了處理養雞場的雞糞，德青源專門建立了沼氣發電並網項目，把雞糞和廢水通過地下通道送到廠裡，產生沼氣用於發電，發酵的剩餘物又是上佳的有機肥，讓農民種植玉米，玉米又變成雞的飼料，形成一種良好的循環，實現了污染物的零排放。

養雞最怕的是傳染病，但鐘凱民對此並不覺得特別可怕。他說，以禽流感為例，其實可防可控，人們早在 1875 年就研製了禽流感疫苗，從那以後規範管理的大型雞場就沒發生過禽流感，出現問題的是一些小型雞場和個人養殖戶。防控的關鍵是要及時對每只雞進行防疫注射。雞的其他流行病也是如此，可以進行防控。德青源不僅對自己的雞進行防控，還加強了周圍 3 千米的家禽疾病防治。在政府的大力支持下，公司將雞場周圍 3 千米內所有村莊的家禽全部購買，建立了周邊 3 千米的「家禽真空帶」，並跟各村簽訂合同，低價供應肉雞和雞蛋，解決農民的需求。

短短 7 年多，德青源從 50 萬元起家到擁有 5 億元的資產，從擁有幾百只雞到 300 萬只雞，從每天供應數百枚雞蛋到 150 多萬枚，公司每年的營業收入增長速度超過 150%。2007 年銷售額 1.5 億元，2008 年預計 3.5 億元。公司除了雞蛋外，還有雞肉、液蛋等附加產品。沼氣發電和二氧化碳的碳減排都有收益。德青源還創造了數個第一：第一個制定雞蛋標準、第一個在每枚雞蛋上標註生產日期和防偽碼、第一個建立養雞場的規範和標準、第一個建立大型沼氣並網發電工程、第一個在電視上做雞蛋廣告等。

德青源至今已經融資 7 次，差不多每年一次。目前正在進行第 8 次融資，公司準備在安徽和廣東再建兩個生產基地，複製北京的模式，使產品供應長三角和珠三角地區。

資料來源：道客巴巴網

第四章　創業資源

【本章結構圖】

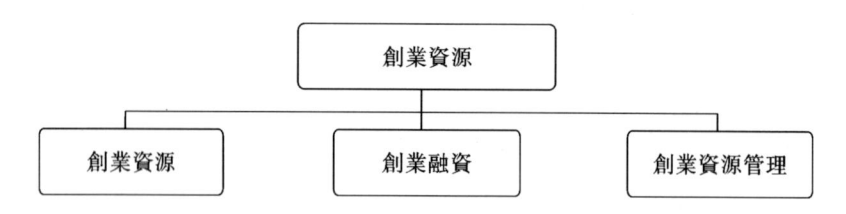

```
                    創業資源
                       │
        ┌──────────────┼──────────────┐
     創業資源         創業融資       創業資源管理
```

【本章學習目標】

1. 瞭解創業過程中的資源需求和資源獲取方法。
2. 掌握創造性整合資源的途徑。
3. 理解創業資金籌募渠道和風險。
4. 掌握創業資源管理的技巧和策略。

【主體案例】

波波開公司

波波是一隻肥胖的狸花咕嚕貓，大家都叫他肥貓，曾在一家動物公司做高管。那家動物公司生意做得很大，員工的回報也很高，幾年的工夫，波波手裡就有了些資本。公司的一些客戶經常和波波打交道，對波波的貓品非常欽佩，就勸他辭職另立門戶。起初波波聽了這些建議只是付之一笑，但時間長了，他就認真考慮起這個問題來。

要離開實力雄厚的大型動物公司另起爐竈，不是一樁簡單的事情。波波知道，開公司最重要的是要有訂單，有可靠的客戶下訂單給你，這樣公司依靠客戶支付的預付款才能夠週轉開來。波波親眼看到數不清的小公司倒閉，導致這些公司無以為繼只好關門大吉的原因，就在於沒有訂單。

生意場是一個非常殘酷的圈子，幾乎所有的動物都懷有一個做老板的夢想，但是只有極少數的動物能夠成功。

那些失敗的動物並不是缺乏能力，比如說波波的朋友皮皮，一隻精明強干的沙皮狗，他開發出了一種專門為珠寶商提供服務的程序軟件，名字叫「首飾管家狗」，這種程序對於珠寶商而言用處很大，能夠降低經營成本。所以皮皮就興致勃勃地開起了自己的公司，投入了許多資金。但是，無論皮皮如何磨破嘴皮做珠寶商的生意，那些珠寶商就是不為所動，半年時間下來，皮皮只售出一套軟件，於是不得不宣布公司破產。

現在，既然有客戶答應提供訂單，肥貓波波就決定離開動物濟濟的大公司，另立門戶施展自己的才華。

於是波波選擇了距繁華的商業中心有一定距離的寫字樓租了一個套間。選擇這裡，是因為租金便宜，公司剛剛開張，一切從簡。不久他完成了公司的註冊手續，肥貓公司就正式開張營業了。

皮皮失敗的經歷告訴肥貓波波：開公司第一件事，要有訂單。沒有訂單，只依靠一兩項專利產品就開公司的話，無異於將飯店開在荒無人蹤的地帶，儘管你是獨家，但是關門大吉也是遲早的事情。

公司開張最初的幾個月，老客戶的訂單還能夠滿足公司的資金週轉。但是幾個月後，許多新的小公司也開張了，這些公司為了奪取市場份額，不擇手段地與肥貓爭奪客戶。這樣肥貓公司的訂單開始呈現減少的趨勢，肥貓一下子著急起來。

但是這種事情，著急也是無濟於事的，肥貓公司裡只有他這一只貓，既要完成客戶的訂單，又要與那些競爭對手的營銷員們去拼搶訂單，一只貓顧了東顧不了西，忙得尾巴尖直打前腦門。

資料來源：網絡小說《職場動物進化論》(http://www.docin.com/p-299286957.html)

問題：
1. 本案例中，肥貓擁有哪些資源？他是如何獲取這些資源的？
2. 本案例中，肥貓欠缺哪些資源？他應該如何獲取資源？
3. 除了本案例中提到的資源外，還有哪些資源是創業過程中要具備的？

第一節　創業資源

【本節教學目標】

1. 瞭解創業資源的類型。
2. 理解不同類型創業活動的資源需求差異。
3. 重點掌握創業資源獲取的一般途徑和方法。
4. 掌握創業資源獲取的技巧和策略。

【主要內容】

一、創業資源的內涵與種類

（一）創業資源的內涵

創業資源是指企業創立以及成長過程中所需的能夠實現創業目標的各種要素組合。其內涵有以下幾個方面：

（1）創業資源是企業創立以及成長過程中所需的用以實現創業目標的生產要素和支撐條件。

（2）創業資源中各種要素必須有效組合才能發揮最大效用。

（3）創業者要瞭解創業所需的各種資源，分析現有的資源狀況，明確資源缺口和關鍵資源，並選擇適當的途徑和適當的時機獲取適當的資源，把創業資源放在重要位置，對其反覆估量權衡。

（二）創業資源的種類

創業資源包括有形資源和無形資源。對於一般的創業者來講，有形資源和無形資源共同作用，形成創業產品和創業市場，並決定創業利潤的水平以及創業資本的累積能力，進而影響著創業企業成長發展的速度。創業過程中創業者應當瞭解創業資源的類型，把有形資源和無形資源有效地組合，形成產品或服務，才能創造出新的價值。

1. 有形資源主要是實物資產和資金

有形資源是指具有物質形態、其價值可用貨幣度量的資源，這是一種簡單資源，它以產權為基礎，以有形實物為主要特徵。

創業過程中的有形資源主要是實物資產和資金，它們在社會再生產過程中通過不斷運動保存並增加其自身價值。創業過程所需實物資產和資金主要包括：①固定資產，包括房屋及建築物、機器設備、運輸設備、工具器具等；②開辦費，包括籌建期間的人員工資、培訓費、辦公費、差旅費、印刷費、註冊登記費等方面的支出；③企業運作過程所需的資金，主要是購買原材料、購買燃料和動力、支付員工工資、支付租金、購買辦公設備和辦公用品、支付貸款利息、支付稅金、支付產品推廣和銷售過程的各項費用，還有日常的交通、通信、接待等費用。

2. 無形資源包括社會資本、技術及專業人才

無形資源是指具有非物質形態，價值難以用貨幣精確度量的資源，這是一種複雜的資源，它以知識為基礎，以非有形實物為主要特徵。無形資源在企業間難以複製，這些獨特的資源是持久競爭優勢的源泉，也是撬動有形資源的重要槓桿。創業過程中的無形資源主要包括社會資本、技術及專業人才。

社會資本是指存在於人們的社會關係中，並建立在信任互惠基礎上的一種資源。創業中的社會資本，主要是指創業企業所面臨的社會關係網絡，即創業者與供應商、分銷商、顧客、競爭對手以及其他組織（包括當地政府、社會團體等）之間的相互關係，即創業企業所面臨的整個創業環境。其表現形式有社會網絡、規範、信任、權威、行動的共識以及社會道德等方面，其外在的指標可以表現為聲譽、人緣、口碑等。社會資本是無形的，蘊含於社會團體、社會網絡之中，個人不能直接佔有和運用它，只有成為該網絡的成員或建立起網絡連接，才能接近與使用該資源。

技術是指基於實踐和科學原理發展而成的、用於解決實際問題的知識、經驗和技能的總和。創業過程中，技術可以是創業者自身具備的某種專業技能，也可以是創業者從別人手中買來的技術專利，只要是有助於創業的技能，都是技術。

專業人才是指存在於勞動人口之中的從事經濟及社會活動並能創造價值的人力資源，包括創業者、創業合夥人、職業經理人、專業技術人員、營銷人員和財務人員等。有的創業者，本身有技術，懂管理，是專業人才的重要組成部分；有的創業者，只有資金，就需要聘請職業經理人對創業進行管理。創業過程中專業人才常常表現為創業團隊，團隊成員有的有資金，有的有技術，有的懂管理。

二、創業資源與一般商業資源的異同

（一）不同類型創業活動的資源需求差異

不同的創業活動具有不同的創業資源需求，創業者應該根據創業活動的需要，認識不同類型創業活動的資源需求差異，獲取創業企業發展所必需的資源，並且對自身所擁有的資源進行合理的開發和利用，以滿足不同創業企業的具體需要。按照創業資源需求的不同，創業活動可以分為資合型創業、人合型創業和技術型創業。

1. 資合型創業的資源需求

資合型創業需要源源不斷的資金來支持整個創業過程，常見於金融等行業內的創業。這種創業過程需要大量的創業資金。對於一般大學生創業者而言，其資金資源相對匱乏，因此不建議進行這種類型的創業活動。

2. 人合型創業的資源需求

人合型創業要求創業過程中有可靠的社會資本及一定量的專業人才。創業者或者創業團隊以自身所擁有的社會資本及專業人才通過非市場途徑吸引其他創業資源，進行創業活動。

3. 技術型創業的資源需求

技術型創業需要在創業過程中有新穎獨特的技術資源支持。對於創業者而言，其技術的先進性與獨特性決定了其創業績效，繼而決定其創業成功與否。

（二）創業資源與一般商業資源不同

創業資源與一般商業資源不同，其主要區別表現在以下幾個方面：

1. 創業資源比一般商業資源更加有限，其目的在於取得能力優勢

創業者的可控資源比一般商業資源更加有限，但面對的市場又是不確定的，先前的經驗和社會關係網絡極其重要，資源整合和快速學習是彌補新創企業、項目和事業的劣勢的重要途徑。創業資源獲取的最終目的在於取得能力優勢，它構成持續競爭優勢的核心，也是獲得創業租金的必需途徑。企業的存量資源，可以通過創業精神的持續嵌入，得以活化，從而改變企業的資源流量和態勢，甚至躍遷為創業資源，這就意味著組織能力優勢的形成有兩種渠道：一是通過外部獲取；二是整合內部資源。企業內部資源對於獲取持續競爭優勢而言最為重要，而外部資源的獲取構成了強大的支持力量。

2. 創業資源獲取以非市場途徑居多

一般商業資源獲取途徑既有市場途徑又有非市場途徑，而在創業過程中尤其是企業初創期，創業者掌握的資金資源有限，以市場途徑獲取資源的難度很大，因而創業資源獲取更多是通過非市場途徑。

3. 創業資源難以模仿，難以替代

任何一個創業者可控的創業資源都不相同，不同的創業者在創業過程中的創業資源難以模仿，難以替代。

三、社會資本、資金、技術及專業人才在創業中的作用

（一）社會資本在創業中的作用

社會資本能為新創企業提供競爭優勢，為創業者提供關鍵性資源，影響創業決策，

提高資源的利用效率。如果創業者具有特殊的社會資本，就更容易取得其他企業或組織的信任，增強組織績效，有助於創業者實現外部交易的內部化，同時節省大量的審查、談判、監督等交易成本。創立新企業要求在資本有限的條件下累積大量資源，而創業者的社會資本可以使他們在資產很少的情況下，擁有廣泛的資源獲取途徑。具體而言，社會資本的作用主要體現在以下幾個方面：

1. 主體培養作用

社會資本是培養創業者的搖籃，每個創業者都是在特定的創業環境培養下成長起來的。首先，人的創業動機是在其所處環境的刺激下產生的。其次，在一定歷史時期，客觀環境要求產生大批創業者。最後，雖然創業者一開始並不具有創業者的條件和素養，但由於特定的社會資本不斷地對創業者施加影響，提高他們的素質，磨煉他們的意志，把他們打造成符合時代要求的合格創業者。

2. 事業依託作用

創業活動需要一個立足之地，即一個開展經營活動的場所，創業者憑藉社會資本的依託，構築起自己的創業大廈和可靠的陣地，使自己有開展創業活動的根據地。

3. 物質保證作用

通過對社會資本的合理利用，創業活動所需要的其他相關資源，可以得到有效的配置。

4. 精神推動作用

社會資本是創業活動的推進器，各種創業活動都是在社會資本的推動下進行的，創業活動不僅需要物質基礎作為保證，也需要精神動力的支持，沒有後一個條件，創業無法開展。

(二) 資金在創業中的作用

創業離不開資金的支持，雄厚的資金實力是企業創業、發展、壯大的堅實後盾，其作用如同水、糧食之於人體。沒有資金（自有、融資等）就無法創業，無法設立企業和推動創業起步項目。新創企業往往由於資產不足而缺乏抵押能力，很難從銀行得到足夠的貸款，這更使得資金成為企業發展的瓶頸。目前，不少創業者受困於缺少創立企業和起步項目所需的資金。即便一些企業已開始起步，也常常受困於創業資金的短缺。因此，資金是創業所需的資源之一，如何有效地獲取資金是每個創業者都極為關注的問題（具體在本章第二節論述）。

(三) 技術在創業中的作用

在創業初期，創業技術是關鍵資源之一，創業技術不僅是決定創業產品的市場競爭力和獲利能力的根本因素，同時，創業技術核心與否也決定了所需創業資本的大小，對於在技術上非根本創新的創業企業來說，創業資本只要保持較小的規模便可維持企業的正常營運。而從新創企業的自身優勢分析，在早期階段往往比大企業決策快、效率高，能夠將新產品或服務盡快投放市場進而獲得先動者優勢。所以說，那些勇於創新、充分利用變革機會的創業者總是能夠通過技術創新將同質產品變成異質產品，並以此形成企業的核心競爭優勢。所以，創業企業成功的關鍵首先是尋找成功的創業技術。創業者是否掌握創業需要的核心技術，是否擁有技術的所有權，決定著創業的成

本，決定著新創企業能否在市場中取得成功。

（四）專業人才在創業中的作用

在創業的過程中，專業人才是創業的重要因素，由各種人才組成的創業團隊對保證創業過程順利進行具有重要作用。創新決定創業的生命力，而人才和意識決定創業的創新能力和水平，一個優秀的團隊組合正是創業所必需的條件和動力。在創業初期，其他各類資源嚴重匱乏，相比而言，如何充分利用專業人才獲取各項創業資源來開展創業活動是創業企業在創業之初的重點。新創企業必須合理開發與利用人力資源。新創企業要充分認識到新創企業人力資源管理的特點，根據企業的發展戰略分析新創企業人員的供需狀況，制定必要的措施，以確保在需要的時間和需要的崗位上獲得各種需要的人才，實現人力資源的最佳配置。可以說，新創企業能否進行人力資源的合理開發與利用、節約成本、提高效率，是企業能否順利度過初創時期的關鍵。

四、影響創業資源獲取的因素

創業者要掌握創業資源獲取的一般途徑和方法，明確創業資源獲取的技巧和策略。影響資源獲取的因素包括創業者擁有的創業網絡、創業者特質以及初始資源。

（一）創業者擁有的創業網絡

創業網絡是創業者所擁有的各種社會關係，包括創業者的個體網絡以及創業企業的組織關係網絡。創業網絡是創業者社會網絡在創業活動中的嵌入，它可以彌補稀缺資源，增強創業者獲取資源的能力。創業者創業網絡規模和強度對於其資源獲取有積極的影響。

創業網絡有三種類型，即社會網絡、支持性網絡以及公司間網絡。社會網絡中包括親人、朋友以及熟人；支持性網絡由一些支持機構組成，如銀行、政府以及非政府組織；而公司間網絡包括其他所有企業。創業網絡為創業者提供信息、財務以及其他類型的非物質支持。新創業者主要依賴他們個人的社會網絡來獲取企業所需的資源，通過社會網絡的資源補充而漸漸獨立。創業網絡使資源擁有者獲得了關於創業者能力以及新企業技術和市場潛力的重要信息。在企業創建過程中創業者通過本身擁有的網絡關係，以成本優勢獲取關鍵資源及各種信息。創業者在企業發展的過程中需要通過不同方式不斷地去完善自己的創業網絡以獲取更多更好的資源。

（二）創業者特質

創業者特質包括創業者風險承擔性、成就需求以及內控源。創業是一項充滿挑戰的事業，在創業的過程中會面臨很多的風險，創業者應具有敢於承擔風險的特點。有研究表明風險導向的創業者傾向於尋找新的資源。大多數創業者認為創業的成功與否取決於自身的努力程度，所以在他們需要為企業獲取自身所需資源的時候會有較強的責任感。創業是一個艱苦的過程，在這個過程中創業者會遇到許多的困難和挫折，那麼創業者如何應對、以什麼樣的心態來應對這些困難都會對其企業有積極或消極的影響，這些表現為創業者內控源。創業者風險承擔性、成就需求以及內控源的正向性對於其資源獲取有積極的影響。

（三）初始資源

初始資源包括創業者的受教育程度和經驗。如果創業者受到很好的高等教育，他們在創業時就會具有很充分的理論知識，在企業需要從外部獲取所需資源時，他們會更清楚自己缺乏的資源是什麼，從而進行有針對性的活動。如果創業者具有相關行業從業經驗，就更容易獲取某些資源。因此，創業者受教育程度以及相關行業從業經驗對於其資源獲取有積極的影響。

五、創業資源獲取的途徑與技能

（一）創業資源獲取的途徑

創業資源獲取途徑包括市場途徑和非市場途徑。

創業資源獲取的市場途徑是通過資金槓桿購買外部資源，利用市場上同樣或類似資產的近期交易價格，經過直接比較或類比分析來估測資產價值，用市場交易手段獲取資源。通過市場途徑及其方法獲取資源需要滿足兩個最基本的前提條件，首先要有一個活躍的公開市場，其次公開市場上要有可比的資產及其交易活動。創業過程中以市場途徑獲取資源的主要表現形式有購買、租賃和資本營運。

創業資源獲取的非市場途徑主要包括資源吸引和資源累積。資源吸引指的是利用自己的商業計劃書等無形的資源槓桿來獲取外部資源。資源累積則是指企業在發展的過程中不斷地進行資源的內部累積，如利用個人人際關係拓展累積社會資源、利用投資生產活動累積資金資源、利用研發活動累積技術資源、利用員工培訓累積人才資源等。

創業者在創業之初更多的是通過非市場途徑中的資源吸引來獲取自己所需的資源，而在企業成立後，在發展的過程中會慢慢地進行資源的內部累積，當企業發展到一定程度的時候，會通過市場途徑中的購買、資本營運等方式從外部獲取企業所需的資源。

（二）創業資源獲取的技能

創業資源獲取的關鍵往往取決於軟實力。創業軟實力是指能夠適時為創業提供戰略支持、適應創業內外部環境不斷變化需求的管理體系和管理思想。軟實力是整合和使用創業資源的能力，是創業過程中不可或缺的支撐要素，是實現創業效能最大化的關鍵能力。軟實力可以從資源吸引的能力和水平上得到反應，以軟實力為基礎的資源吸引、資源累積能力是創業的核心動力，具備這種核心動力的創業，才能具有頑強的生命力。

【學習導航】

創業資源是實現創業目標的生產要素和支撐條件，是創業者在創業過程中必須重視的要件。對於創業者來說，成功的創業離不開以下幾種創業資源：社會資本、資金、技術以及專業人才。創業者需要不斷地開發和累積創業資源，借助內外部的力量對各種創業資源進行組織和整合。創業者需要仔細評估用於創業的經濟資源，分析各類創業資源的特點與作用，根據各類資源的特點更好地獲得和利用資源。

【本節要點】

不同的創業活動具有不同的創業資源需求。創業資源包括有形資源和無形資源，

無形資源往往是撬動有形資源的重要槓桿。創業資源獲取途徑包括市場途徑和非市場途徑。創業資源獲取的關鍵往往取決於軟實力。

第二節　創業融資

【本節教學目標】

1. 瞭解創業融資難的相關理論解釋。
2. 深刻理解創業所需資金的測算、創業融資的主要渠道及差異。
3. 瞭解創業融資的一般過程。

【主要內容】

一、創業融資分析

廣州青年企業家協會2004年開展了一項關於「創業遇到的最大問題是什麼」的專題調查。結果顯示：45%的被調查者認為創業遇到的最大問題是「缺乏資金」，32%的人認為是「缺乏項目」。有了好的項目以後，創業者面臨的最大難題是能否快速、高效地籌集到資金。如果不能順利解決創業融資難這一瓶頸問題，任何優秀的項目或好的市場機會都無從談起。

創業融資是指創業團隊在創業活動中適時、適量地獲得設立和營運企業所需資金的過程。創業融資包括創業活動「種子期」「創立期」和「擴張期」等不同階段的融資行為。

（一）創業融資在創業管理中的地位和要求

1. 創業融資是創業管理的關鍵內容

創業管理是一個動態的、階段性的管理，涵蓋了機會識別、創業計劃書撰寫、獲取創業資源和管理新創業企業等階段。創業融資是獲取創業資源這一階段中的一項重要內容。機會識別階段需要創業者進行一定的調查和對機會風險的評估，也需要一定的資金支持；創業計劃書的撰寫階段雖然不依賴於資金，但也需要資金支持解決具體撰寫過程中的基本資料、分析工具和用具的開支等問題；而管理新創企業階段毫無疑問需要大量的資金投入；在獲取創業資源階段，就社會資源、資金資源、技術資源和人才資源的關係而言，資金資源是使技術轉化為生產力創造經濟價值的基礎，也是形成和提升社會資源、獲取人才資源的必要手段。因此，資金資源是確保創業資源有效發揮作用的重要條件。綜上所述，創業融資確保了資金資源的獲取，為其他資源的有效整合和功效提升提供了有力的物質條件，也為創業管理各階段工作的開展提供了物質保障，是創業管理的關鍵內容。

2. 創業融資在企業成長的不同階段具有不同的側重點和要求

創業融資通常不是一次性融資，是伴隨著創業企業成長的多次融資，各階段融資的側重點和要求也不盡相同。創業融資的各階段主要包括「種子期」「創立期」和

「擴張期」。種子期是指對創業企業的創意進行驗證和可行性研究的階段；創立期是指創業企業已成立並進入正式營運、初步形成一定的盈利能力的階段；擴張期則是指創業企業銷量開始增長、企業不斷擴張規模的階段。此時創業企業開始擁有穩定的現金流和穩定的收入，市場信譽已建立，企業處於良性發展中。

種子期創業者主要進行創意的可行性研究、技術開發和市場調研，因此所需資金量不大，創業融資需求較低。但由於創業企業仍未真實存在，創業成功的不確定性較大，因此創業融資風險較大，創業者很難取得資金擁有者的投資，更多的可能要來自自身擁有的資金。

創立期企業需要完成正式註冊、購置設備、投入試生產等一系列活動，資金需求量明顯增加，創業融資需求大幅度增加。大幅增加的資金需求單靠創業者自己是難以承擔的，需要大量外部資金。但此時的創業企業由於盈利能力和獲取現金流能力不強，很難提供良好的信譽和資產擔保，使得外部融資難度較大。

進入擴張期，創業企業具有了一定的資金實力，但由於實施大力開拓市場、不斷推陳出新的迅速成長戰略，創業企業仍存在較大的融資需求，融資的風險依然存在，只是相較於種子期而言略有下降。而當創業企業進入擴張期後期，由於企業自身資金實力提升，對資金的需求不再迫切，融資需求顯著減少。同時，企業開始考慮上市等更為寬廣的融資方式。

（二）創業融資難的原因分析

1. 創業融資難的理論解釋

（1）不確定性理論。不確定性是指事先不能準確知道某個事件或某種決策的結果。或者說，只要事件或決策的可能結果不止一種，就會產生不確定性。在經濟學中不確定性是指對於未來的收益和損失等經濟狀況的分佈範圍和狀態不能確知。根據這一理論，從創業活動本身來看，未來是否盈利難以準確判斷，創業活動是否具有可持續性難以控制，因此，創業活動面臨非常大的不確定性。另外，與既有企業比較而言，創業企業的不確定性要高得多。創業企業缺少既有企業所具備的應對環境不確定性的經驗，尚未發展出以組織形式顯現出來的組織競爭能力等現實狀況都使創業企業表現出更大的不確定性。這些不確定性對資金擁有者而言是風險，而且風險程度極大，因此，他們不願意為創業者提供資金。

（2）信息不對稱理論。信息不對稱是指交易中的各方擁有的信息不同。而在市場經濟活動中，由於各類人員對有關信息的瞭解是有差異的，掌握信息比較充分的人員往往處於比較有利的地位，而信息貧乏的人員則處於比較不利的地位。因此，信息不對稱必然會引起擁有信息優勢的一方做出不利於信息劣勢一方的行為，這種行為具體表現為「道德風險」和「逆向選擇」兩種形式。所謂逆向選擇是指擁有信息優勢的一方採取「購買奢侈品」「亂花信息劣勢一方的資金」「向信息劣勢一方提供虛假信息」等行為獲取私人利益，從而損害信息劣勢一方利益的行為。所謂道德風險是指信息優勢一方採取「偷懶」「不積極工作」的方式獲取個人利益而損害信息劣勢一方利益的行為。具體就創業融資而言，投資前投資者所擁有的信息遠遠少於創業者所擁有的信息，投資者很難瞭解創業者的項目是否有前景、是否已獲得國家批准等創業者所掌握

的信息，因此，很容易導致創業者借助信息優勢運用投資者的資金為自己謀利，欺騙投資者獲取資金，甚至卷款私逃這樣的逆向選擇。投資後創業者掌握了創業企業實際營運的各項詳細信息，投資者仍舊處於信息劣勢地位，創業者則可能不積極工作、降低工作效率以獲取更多的享受，從而引發道德風險。正是由於「逆向選擇」和「道德風險」的存在，資金擁有者不願意為創業者提供資金。

2. 創業融資難的困境

（1）創業企業缺少可以抵押的資產。作為新創企業，創業企業本就缺少甚至沒有資產，無法進行抵押。同時，由於創業過程中可能存在一定的風險，創業企業缺乏資產保證，所以難以獲得資金擁有者的信任，從而使創業融資陷入困境。

（2）創業企業沒有可參考的經營情況。創業企業作為一個從無到有的新創企業，沒有可供參考的歷史經營情況，無法找到可供比較的歷史數據，使資金擁有者難以判斷創業企業未來的發展狀況因而不敢提供資金。像可口可樂這樣的成熟企業即使在一夜之間被火燒光，也能在一夜之間再建立起來，這是一個沒有任何經營狀況可供借鑑的創業企業難以做到的。

（3）創業企業的融資規模相對較小。創業企業創業初期的不確定性使其面臨較大風險，因此，最初融資規模相對較小，這使其可能形成的利息收入水平不高。另外，貸款規模雖小，但管理成本不少於大額貸款，加之較高的還款風險使創業企業貸款的管理成本平均為大型企業貸款成本的 5 倍左右。高額的融資管理成本和較大的潛在風險與不高的收入兩相權衡，使得資金擁有者對創業企業投資缺乏動力。

二、創業所需資金的測算

正確測算創業所需資金有利於確定籌資數額，科學選擇資本結構，降低融資成本。由於創業企業發展要經歷四個階段，每階段資金需求各不相同，因此，創業所需資金的測算主要包括種子期的資金測算、創業期的啟動資金測算和成長期後的資金需求測算三部分。

（一）種子期資金測算

種子期資金需求較少，所需資金主要包括技術開發費、市場調研費和創意可行性論證費等。其中技術開發費可以以產品試製實際費用支出為依據進行測算，市場調研費和創意論證費可以採取向專業調研機構詢價的方式進行測算。

（二）創業期的啟動資金測算

創辦企業時所需的資金主要由以下幾個部分組成：①設備：包括生產設備、辦公設備、工具以及類似項目的購置費用。②建築：包括房屋、裝飾、木工和電工修理固定設施所需的費用。③預付款：包括房租、營業執照及其他類似的預付費用。④經營週轉：至少有能支付三四個月的經營資金，包括工資、廣告費、維修費、償還債款、購買材料和能源的費用等。⑤存貨：包括半成品、產成品、原材料等占用的資金。

啟動資金測算步驟：第一，根據企業種類、規模大小、經營地點、競爭對手等情況，創業者首先需要分別列示公司營運所需的設備、建築物、辦公用品的詳細項目和數量，根據市場價格進行固定資產資金需要量測算。第二，列示所需存貨數量，根據

市場價格測算流動資產資金需要量。第三，將啟動費用按項目進行細緻分類，包括註冊費用、房租、人員工資、日常經營週轉費、稅金、保險費等，按照當前市場價進行計算匯總測算總體費用支出的資金需要量。第四，考慮到存在許多不可預知因素，為確保費用估算的準確度，創業者可以將每項實際費用多估算出一部分，以應對可能出現的意外支出需要。第五，合計測算出所需啟動資金的總額並進行復查。

由於創業風險較大，創業者經過以上估算可以初步測算出所需啟動資金的數量，為提高估算的準確性，創業者可以通過向同行、供應商、行業協會、退休企業高管、連鎖加盟機構、創業機構諮詢所需啟動資金數額，與自己測算數值進行比較，擇優確定啟動資金數量。

（三）成長期後的資金需求測算

成長乃至成熟期後，企業已經進入營運階段，因此資金需要量可以採用營業收入比例法進行測算。

營業收入比例法假設企業營業收入可以與利潤表、資產負債表的各個項目建立起固定的比例關係，並假定這種比例關係保持不變，從而以此為標準，預測未來的短期資金的多餘或不足。其中與營業收入保持基本不變的比例關係的項目稱為敏感項目，包括敏感資產項目和敏感負債項目。敏感資產項目一般包括庫存現金、應收帳款、存貨等；敏感負債項目一般包括應付帳款、應付費用等。應收票據、固定資產、長期投資、遞延資產、短期借款、應付票據、長期負債和投入資本通常不屬於短期內的敏感項目，留用利潤因受企業所得稅稅率和股利政策的影響，也不宜列為敏感項目。營業收入比例法的具體測算程序如下：

第一步：測算營業收入、營業成本和利潤，編製預計利潤表。

①計算基年利潤表的各項目與營業額的百分比。

②預測年度的營業收入預計數乘以基年利潤表的各項目與銷售額的百分比，得到預測年度預計利潤表各項目的預計數。

③利用預測年度稅後利潤預計數和預定的留用比例，測算留用利潤的數額。

$$留存收益增加額 = 預計銷售額 \times 銷售淨利率 \times (1 - 股利支付率)$$

第二步：編製預計資產負債表，預測外部籌資額。

①計算基年資產負債表敏感項目與營業收入的百分比。

②用預計營業收入乘以基年資產負債表敏感項目與營業收入的百分比，得到預計年度的各個敏感項目數。

③確定預計年度留用利潤增加額及資產負債表中的留用利潤累計數。

④加總資產負債表的兩方，資產減負債和所有者權益之差，即為需要追加的外部籌資額。

例：某公司2009年12月31日的資產負債表資料如下：

該公司2009年年度實現銷售收入30萬元。預計2010年年度銷售收入將增加到40萬元，扣除所得稅後可得5%的銷售淨利潤，股利支付率為40%。要求：根據營業收入比例法預計2010年外部籌資額，見表4-1。

表4-1　　　　　　　　　　　某公司資產負債表

資產		負債與所有者權益	
庫存現金	15,000	應付帳款	30,000
應收帳款	30,000	應付費用	30,000
存貨	90,000	短期借款	60,000
預付費用	35,000	長期負債	30,000
固定資產	70,000	普通股	60,000
		留用利潤	30,000
資產總額	240,000	負債與所有者權益合計	240,000

解：第一步：計算敏感項目的百分比，見表4-2：

表4-2　　　　　　　　　　　敏感項目百分比計算表

項目	2009年年末數	確定隨銷售額變動的項目	2009年銷售百分比
資產			
庫存現金	15,000	√	15,000/300,000＝5%
應收帳款	30,000	√	30,000/300,000＝10%
存貨	90,000	√	90,000/300,000＝30%
預付費用	35,000	——	——
固定資產	70,000	——	——
資產總額	240,000		45%
負債與所有者權益			
應付帳款	30,000	√	30,000/300,000＝10%
應付費用	30,000	√	30,000/300,000＝10%
短期借款	60,000	——	——
長期負債	30,000	——	——
負債總額	150,000		60,000/300,000＝20%
普通股	60,000	——	——
留用利潤	30,000	變動	變動
負債與所有者權益合計	240,000	負債與所有者權益合計	
可用資金總額		可用資金總額	
需籌措資金		需籌措資金	
合計			

第二步：預計資產負債表，見表4-3。

表4-3　　　　　　　　　　　預計資產負債表

項目	2009年年末數	2009年銷售百分比	2010年預計數
資產			
庫存現金	15,000	15,000/300,000＝5%	400,000×5%＝20,000
應收帳款	30,000	30,000/300,000＝10%	400,000×10%＝40,000
存貨	90,000	90,000/300,000＝30%	400,000×30%＝120,000
預付費用	35,000	——	35,000
固定資產	70,000	——	70,000
資產總額	240,000	45%	285,000
負債與所有者權益			
應付帳款	30,000	30,000/300,000＝10%	400,000×10%＝40,000
應付費用	30,000	30,000/300,000＝10%	400,000×10%＝40,000
短期借款	60,000	——	60,000
長期負債	30,000	——	30,000
負債總額	150,000	60,000/300,000＝20%	170,000
普通股	60,000	——	60,000
留用利潤	30,000	變動	42,000
負債與所有者權益合計	240,000		272,000
可用資金總額			272,000
需籌措資金			285,000－272,000＝13,000
合計			285,000

註：42,000＝400,000×5%×(1－40%)＋30,000

以上介紹的計算方法過程相對複雜，為簡化起見，也可採用預測模型預測外部融資額，具體計算公式如下：

　　資產增加＝資產銷售百分比×新增銷售額

　　負債自然增加＝負債銷售百分比×新增銷售額

　　留存收益增加＝預計銷售淨利率×預計銷售額×(1－股利支付率)

　　融資需求＝資產增加－負債自然增加－留存收益增加

　　　　　　＝新增銷售額×(敏感資產銷售百分比－敏感負債銷售百分比)

　　　　　　　－預計銷售淨利率×預計銷售額×(1－股利支付率)

例：根據前例資料可知，資產和負債的銷售百分比分別為45%、20%，上年銷售額為30萬元，預計銷售額為40萬元，預計銷售淨利潤為5%，股利支付率為40%。則計算如下：

　　資產增加＝45%×(400,000－300,000)＝45,000（元）

負債自然增加 = 20% ×（400,000 - 300,000）= 20,000（元）
留存收益增加 = 5% × 400,000 ×（1 - 40%）= 12,000（元）
融資需求 = 45,000 - 20,000 - 12,000 = 13,000（元）
若按照公司計算，計算結果如下：
融資需求 = 45% × 100,000 - 20% × 100,000 - 5% × 400,000 ×（1 - 40%）
　　　　 = 13,000（元）

三、創業融資渠道

目前，創業融資的主要渠道包括自我融資、親朋好友融資、天使投資、商業銀行貸款、擔保機構融資和政府創業扶持基金融資等。其中自我資金、向親朋好友融資、天使投資屬於私人資本融資渠道；商業銀行貸款、擔保機構融資、創業投資資金、政府的扶持資金等屬於機構融資渠道。

（一）自我融資

創業具有高風險，因此創業者並不願意將自己的資金投入到創業過程中。但創業者不投入自己的資金，對外部融資不利，外部投資者要求創業者投資其全部的可用資產。因此，最終創業者投入多少個人資金取決於創業者與外部投資者談判時的談判地位。

（二）親朋好友融資

新創企業早期需要的資金量少且具有高度的不確定性，對銀行等金融機構缺乏吸引力，這使得親朋好友融資成為創業者此時可選的主要融資渠道之一。家庭或朋友除直接提供資金外，更多的是為貸款提供擔保。家庭或朋友的特殊關係使得這一融資渠道有效克服了信息不對稱問題。但家庭或朋友這一裙帶關係的存在，使得這一融資渠道很容易發生糾紛。因此，應將家庭或朋友提供的資金與其他投資者提供的資金同等對待。

（三）天使投資

天使投資起源於紐約百老匯，是自由投資者或非正式機構對有創意的創業項目或小型初創企業進行的一次性前期投資，是一種非組織化的創業投資渠道。天使投資直接向企業進行權益投資，不僅提供現金，還提供專業知識和社會資源方面的支持。天使投資程序簡單，短時期內資金就可到位。

天使投資雖是風險投資的一種，但兩者有著較大差別。其一，天使投資是一種非組織化的創業投資形式，其資金來源大多是民間資本，而非專業的風險投資商。其二，天使投資的門檻較低，有時即便是一個創業構思，只要有發展潛力，就能獲得資金，而風險投資一般對這些尚未誕生或嗷嗷待哺的「嬰兒」興趣不大。對剛剛起步的創業者來說，既吃不了銀行貸款的「大米飯」，又沾不了風險投資「維生素」的光，在這種情況下，只能靠天使投資的「嬰兒奶粉」來吸收營養並茁壯成長。

（四）商業銀行貸款

銀行貸款在創業者中往往是首選的外源融資渠道。目前，銀行貸款主要有以下四種：一是抵押貸款，指向銀行提供一定的財產作為貸款的保證的貸款方式。二是信用貸

款，指銀行僅憑對借款人資信的信任而發放的貸款，借款人無須向銀行提供抵押物。三是擔保貸款，指以擔保人的信用為擔保而發放的貸款。這其中，政府對創業者融資有一項專門的政策，即小額擔保貸款，扶持範圍包括：城鎮登記失業人員、大中專畢業生、軍隊退役人員、軍人家屬、殘疾人、低保人員、外出務工返鄉創業人員。對符合條件的人員，每人最高貸款額度為5萬元，對微利項目增加的利息由中央財政全額負擔。對大學生和科技人員在高新技術領域實現自主創業的，每人最高貸款額度為10萬元。四是貼現貸款，指借款人在急需資金時，以未到期的票據向銀行申請貼現而融通資金的貸款。

近年來隨著商業銀行自身業務的不斷創新和國家對創業企業政策的扶持，商業銀行也不斷推出新的業務類型為創業者提供創業資金。如：個人生產經營貸款、個人創業貸款、個人助業貸款、個人小型設備貸款、個人週轉性流動資金貸款、下崗失業人員小額擔保貸款和個人臨時貸款等。這些新業務的開展不僅拓寬了銀行自身的業務領域，也為創業企業融資提供了新的途徑，這種做法目前在國際社會中也得到了廣泛應用。2006年，孟加拉國格萊珉銀行的創立者穆罕默德·尤努斯就因以銀行貸款的方式幫助窮人創業而獲得了諾貝爾和平獎。

（五）擔保機構融資

從20世紀20年代起，許多國家為了支持本國中小企業的發展，先後成立了為中小企業提供融資擔保的信用機構。目前，全世界已有48%的國家和地區建立了中小企業信用擔保體系，其主要目的在於解決銀行貸款難的問題。中國近年來在這一方面也做出了許多有益的嘗試，建立了一批信用擔保機構，為創業企業提供了資金融通的渠道。截至2006年年底，全國共有各類中小企業信用擔保機構3,366家，累計擔保戶數38萬戶，累計擔保總額7,843億元。受保企業新增銷售額4,716億元、利稅401億元，為213萬人創造了新的就業機會。

（六）風險投資

風險投資起源於15世紀的英國、葡萄牙和西班牙。它是一種股權投資，採取由職業金融家群體募集社會資金，形成風險創業投資基金，再由專家管理投入到新興的、迅速發展的、有巨大競爭潛力的風險企業中的方式進行運作。

由投資專家管理、投向年輕但有廣闊發展前景並處於快速成長中的企業的資本被稱為風險資金或風險基金，而風險投資基金的管理者，即風險投資的直接參與者和實際操作者被稱為風險投資機構，他們最直接地承受風險並分享收益。風險投資是一項沒有擔保的投資，高風險與高收益並存。一般投資週期較長，為3～7年。風險投資是投資與管理的結合，是金融與科技的結合，主要投向科技型中小企業。

（七）政府創業扶持基金

在國家提出建設創新型社會的經濟發展理念的引導下，中國已出抬若干政策鼓勵創業，設立了科技型中小企業技術創新基金。各地設立了若干「孵化器」，提供融資。各地政府也根據地方經濟發展特點和需要相繼出抬了各種各樣的政府創業扶持基金政策，其內容多變，形式多樣，包含了從稅收優惠到資金扶持、從特殊立項到特殊人群的各種創業基金。如近年來為解決大學生就業難這一問題、鼓勵大學生自主創業，設

立了大學生創業基金，為有創業夢想但缺乏資金的大學生提供啓動資金，以最低的融資成本滿足大學生創業者的最大資金需求。當前，大學生創業基金已成為圓夢創業的助跑器，為切實解決大學生創業資金問題起到了重要作用。而為瞭解決下崗職工自主創業資金難的問題，通過建立創業示範基地實施一系列優惠政策，有效扶持了下崗職工的自主創業。深圳特區則採取了貸款貼息、無償資助、資本金（股本金）投入等方式向科技創新企業提供資金，推動企業創新，加速企業創業發展的步伐。無疑，政府扶持基金這一融資渠道表現出融資成本較低的顯著特點。

除了以上七種常見創業融資渠道外，典當融資、設備融資租賃、孵化器融資、集群融資、供應鏈融資等渠道也是創業企業可以利用的融資渠道。

四、創業融資的選擇策略

（一）創業融資前的準備

1. 建立個人信用

個人信用是創業者擁有的一項高價值的無形資產，也是創業者獲得投資者信任的關鍵軟資源。在當今社會，信用已經成為個人聲譽的重要考量內容。因此，創業者應該從現在起建立個人信用，著眼於未來長期聲譽的形成，為自己累積良好的信用記錄，為創業融資的成功奠定堅實的基礎。

2. 累積社會資本

社會資本作為創業資源中的關鍵資源之一，是確保創業者獲取其他資源的核心因素，而人際關係作為其關鍵推進力量，具有較強的資源獲取的延展性。因此，創業融資前，需要創業者不斷累積豐富的人脈資源以形成強大的人際關係網絡，從而突破個人資源有限的融資瓶頸，延伸出大量潛在的高價值、稀缺創業資源，為創業融資成功提供額外的保障。

3. 撰寫創業計劃

撰寫創業計劃具有兩大作用：第一，通過規劃未來的經營路線和設計相應的戰略來引導創業企業的經營活動；第二，用於吸引借款人和投資者。撰寫創業計劃的第二大作用表明在創業融資過程中，創業者必須編製出科學、有吸引力的創業計劃書並展示給投資者，以獲得投資者的青睞，從而籌措到創業資金開展後續創業活動。因此，要吸引投資者，創業計劃書要清晰闡述企業的使命、企業與行業的特徵、企業的目標，要充分展示企業的經營戰略、產品或服務的特性、市場營銷戰略、目標市場的選擇、市場需求量、廣告和促銷、市場規模和趨勢、地點、定價、分銷、競爭者分析等一系列問題，要向投資者展示創業者與管理者的簡歷、公司的組織結構，要展示創業企業的財務資料，明確提出資金需要量和投資者的退出方式，以系統、翔實的創業計劃書向投資者證實項目的可行性，樹立投資者對項目成功的信心以確保融資成功。

4. 測算不同階段的資金需求量

由於創業融資具有顯著的階段性，因此，融資前需要準確測算不同階段的資金需求量，以形成合理的資本結構，降低融資成本。這就要求創業者要根據創業規劃，參考本行業的財務比率，再考慮各種合理假設，先計算出收入與成本費用，然後做出資

本性支出預算與流動資金需求預測，最後做出資產負債表、利潤表和現金流量表的預測。對於初創企業，按季度的現金流預測和逐月的費用預算，是做好融資計劃、保證企業正常運轉的重要工作。而投資商也一定會根據企業的「燒錢」速度瞭解企業的資金需求量。財務預測需要說明收入確認的準則，特別是與境外投資者聯繫的時候，要注意各國會計準則的不同，這也是為什麼有經驗的投資者更注重現金流量預測而不是利潤表預測。而不同階段資金需求量具體預測方法在本節第二部分已詳細說明，在此不再贅述。

【學習導航】

創業融資是一個複雜的過程，客觀上要求創業者既要瞭解融資的基本知識和原理，同時又要瞭解創業發展的規律和特性。隨著資本市場和金融市場的不斷發展和完善，融資渠道日漸豐富，國家對創新、創業項目的扶持力度也日漸加大。因此，創業者需要全面理解不同創業融資渠道的特點，充分利用政府扶持基金這樣低成本的融資渠道，根據創業項目的特點，與其他融資渠道科學組合，為創業的成功提供有力的資金保障。

（二）創業融資渠道的選擇原則

1. 融資成本與融資收益相適應原則

不同融資渠道具有不同的融資成本，相對而言，自我融資的成本低於機構融資的成本，債務融資的成本低於股權融資的成本。創業融資渠道的選擇必須考慮不同融資渠道的成本與收益的合理匹配，爭取以最低的成本獲取所需資金。

2. 融資渠道與創業企業發展不同時期相適應原則

創業融資的顯著特點是階段性，這就意味著不同階段的創業融資需求顯著不同，而融資渠道的選擇應符合融資需求的特性，融資渠道的選擇也必然隨融資需求的變化而有所變化，表現出一定的階段性。因此，創業融資渠道的選擇應與創業企業發展不同時期相匹配，以有效提供資金，推動創業企業的不斷提升。

3. 融資期限匹配原則

長期資金與短期資金由於占用時間不同，在使用成本上存在顯著差異。同時，由於長短期資金管理成本和面臨的風險也存在顯著差異，從而長期資金與短期資金的總資本成本也差異顯著。因此，為降低融資風險，保持科學資本成本水平，融資理論強調融資與投資的期限匹配原則，即長期資金用於長期投資項目，如用於購置固定資產等可長期使用的資產；短期資金用於日常週轉和短期資金消耗。對創業企業而言，籌集創業不同階段所需資金也應遵循期限匹配原則，對於用於固定資產和永久性流動資產上的資金，採取中長期融資方式籌措；對於季節性、週期性和隨機因素造成企業經營活動變化所需的資金，則採取短期融資方式籌措，力求實現期限結構的科學匹配。

（三）創業融資渠道選擇策略

根據成本與收益匹配原則、融資渠道與發展階段匹配原則及期限匹配原則，結合常見融資渠道的特點，我們認為應採取在創業企業生命週期不同階段分批注入的策略。具體各階段融資渠道的選擇和組合策略如表4-4所示。

表 4-4　　　　　　　　　　　不同發展階段融資渠道組合

融資渠道	種子期	創立期		擴張期
		啟動期	早期成長	
自我融資	■	▨		
親朋好友融資	■	▨		
天使投資	■	■	■	▨
商業銀行貸款	▨	■	■	■
擔保機構融資		■	■	■
政府創業扶持基金		▨	■	

註：黑色部分表示該階段的主要融資渠道，灰色部分表示該階段的次要融資渠道。

從各階段不同渠道選擇的策略看，創業企業在種子期，更多依賴於個人融資，大部分資金源自於創業者個人，而隨著創業企業進入成長期後，機構融資渠道越來越多地被使用，特別是當創業企業進入成熟期後，將大量地使用上市、發行債券等這樣的金融工具進行融資。創業融資渠道的選擇不是單一的行為，是綜合考慮不同階段特點和發展需求後的一種組合。

【本節要點】

創業融資是創業管理的關鍵內容，在企業成長的不同階段具有不同的側重點和要求。不確定性和信息不對稱是創業融資難的影響因素。正確測算創業所需資金有利於確定籌資數額，降低資金成本。創業融資的主要渠道包括自我融資、親朋好友融資、天使投資、商業銀行貸款、擔保機構融資和政府創業扶持基金融資等。創業融資不只是一個技術問題，還是一個社會問題，創業者應從建立個人信用、累積社會資本、寫作創業計劃、測算不同階段的資金需求量等方面做好準備。

第三節　創業資源管理

【本節教學目標】

1. 瞭解創業資源整合和有效使用的方法。
2. 掌握創業資源開發的技巧和策略。

【主要內容】

一、不同類型資源的開發

創業者所能掌握和整合到的資源以及其對資源的利用能力很大程度上決定了他們是否可以成功地創造出機會，進而推動創業活動向前發展。因此，創業者整合創業資

源的能力顯得至關重要。然而，由於大部分創業者是在資源缺乏的情況下創業的，最初的創業資源主要來自自己和家庭成員，因此，創業初始資源顯著匱乏。此外，由於創業者沒有歷史業績可供參考、缺乏有效的資產用於抵押、缺乏控制創業風險的經驗，以致其創業的未來收益具有較大的不確定性，這種不確定性使其在吸引創業所需人力、財力、技術等外部資源時難度加大，獲取外部資源的可能性降低。這種原始資源的天然劣勢和較高的外部資源的不可得性使得大多數創業者難以整合到充足的創業所需的資源。

儘管創業者面臨著資源匱乏的難題，但實際上創業者所擁有的創業精神、獨特創意以及社會關係等資源，卻同樣具有戰略性。因此，對創業者而言，難以整合到充足的創業所需的資源並不意味著失去創業的機會。如果創業者可以借助自身的創造性，用有限的資源創造盡可能大的價值，並能積極開發和整合各類外部資源，就能在資源有限的情況下，充分發揮資源整合效應，創造出「1＋1＋1＞3」的功效，從而實現創業的成功，如馬雲等優秀創業者的成功也以事實證明了這一點。

由於社會資本、資金、技術和專業人才這四類創業資源各自的獲取途徑和開發方法在第一節已做詳細描述，在此不再贅述。以下將主要就如何創造性地利用有限資源和創業資源開發的推進方法進行介紹。

二、有限資源的創造性利用

當創業者計劃開展一個新項目而又缺乏足夠的資源時，如果創業者選擇尋求外部資源，或者降低期望甚至放棄計劃以適應現有資源，那麼他將會與創業機會失之交臂。如果創業者能夠積極開發現有資源、有限資源，對資源進行創造性的利用便可抓住機遇成為成功者。因此，有限資源的創造性利用是指利用手頭現有資源直接做事。「利用手頭資源」意味著與努力尋找和獲取新資源比較而言，手頭的資源對解決當前問題非常重要。也許對別人是廉價的或免費的東西，通過從不同的視角去挖掘可能找到新的亮點。因此，要充分利用現有的有限資源，而不僅僅是尋求新資源。「直接做事」意味著要立即行動，也就是說，創業者要對機會做出快速反應，而不要瞻前顧後，想得太多而錯失良機。創業者面對問題和機會時，應當積極行動，而非觀望等待。不輕易放棄看上去不利的條件，不斷嘗試，不斷改進。

在充分挖掘有限資源潛力、迅速行動的同時，積極進行資源整合是實現有限資源的創造性利用的有效途徑。這種資源整合是將現有資源用於新的用途，從而解決新問題，創造和利用新機會。不同類型的資源特性各不相同，當他們越出常規適用領域，放在一些不常用領域時，可能會創造出新的價值。某些特定資源的價值並不完全定位於最初對其價值的設定，有時候取決於人的創造性行為和即興發揮，當把它與其他資源整合時，可能開發出新的用途。如麥當勞對其店面原有生產能力、呼叫中心和促銷網絡等既有資源的創造性整合，產生了「麥樂送」這一全新商業模式，為其開拓中國市場創造了全新的市場和戲劇性的價值，是有限資源的創造性利用的一個成功典範。因此，有限資源的創造性利用並不是簡單的資源重組，是對被忽視、被認為沒有價值的資源和只發揮了單一用途的資源的重新開發。這種開發和整合不僅不會帶來損失，

反而會為企業帶來新的機會和創造新的價值，就其本質而言，是創業者通過創新創造價值的過程。

在有限資源的創造性利用和整合過程中，創業者需要注意做好以下幾項工作，以實現資源整合的最佳效果。

（一）盡可能多地發現和確定可供整合的資源提供者

資源整合的前提是有可供整合的資源，這就要求創業者尋找到可以提供資源的對象。要找到這些對象，途徑之一是找到少數擁有豐富資源的潛在資源提供者，如政府、大公司等，這一途徑對創業者而言往往沒有優勢；途徑之二是盡量多地找潛在資源提供者，可以是政府、原來項目合作的公司、有相關閒置產能的企業等。

（二）認真分析識別潛在資源提供者的利益，明確共同利益所在

資源提供者願意為創業者提供資源的根本原因在於他可以因此而獲得利益，因此，要想從資源提供者手中得到資源，就必須知道資源提供者的利益訴求是什麼。要想進行資源整合，就必須認真分析潛在的資源提供者各自的利益訴求，這些利益訴求各自的關鍵點是什麼，相互之間是否存在聯繫，存在怎樣的關係。在明確以上問題的基礎上，準確找出共同的利益所在，一旦不同訴求的組織或個人之間存在共同利益，或建立起緊密的利益聯繫，就成為利益相關者。這將促使他們形成一種合作機制，合作機制的存在將促進資源整合的實現。

（三）努力形成讓對方先贏、自己再贏的整合機制，形成共贏機制

資源能夠整合到一起，需要合作。合作需要雙贏甚至是共贏。然而合作總要有一個開始，在沒有合作基礎的前提下，一開始就雙贏並不容易。對於創業者而言，在積極尋求資源的過程中，要想得到最終的共贏，首先要爭取形成讓對方先贏的良好局勢，以確保與對方合作的穩定性，並吸引對方提供更多資源，以便於創業者進行更大規模的資源整合。同時，也為自己建立良好的合作聲譽，獲取對方的信任，從而形成穩定的資源整合機制，最終實現共贏目標。這正如老洛克菲勒的一句名言：「建立在商業基礎上的友誼永遠比建立在友誼基礎上的商業重要。」

（四）溝通

溝通是創業者與利益相關者相互信任瞭解的重要手段，信任關係的建立有助於資源有效整合，降低風險，擴大收益。資源整合作為一項長期工程，在創業的不同階段都需要進行。因此，要確保資源整合的可持續性，就要持續有效地溝通，借助於強大的溝通能力，減少不必要的分歧，促進信任機制的形成，最終形成長期合作機制，實現資源整合的可持續性。

【學習導航】

私募股權投資人通常採取的投資策略有聯合投資、分段投資、匹配投資和組合投資。

1. 聯合投資

對於風險較大、投資額較高的項目或企業，投資人往往聯合其他投資機構或個人共同投資。牽頭的投資人持有的股份最多。這樣，對於創業企業來講，也可以享有更

多的投資者的資源。但也不是投資者越多越好，因為投資者太多，難免發生衝突和內耗。

2. 分段投資

在創業企業發展的早期，各方面的風險大，資金需求則相對較小。而隨著時間的推移，風險逐步減少，資金需求卻逐步增加，對於發展情況不是逐步趨好而是趨壞的項目，投資人可以在下一輪投資時慎重考慮是否進一步追加投資。對於那些已經沒有挽救希望的企業，則通過清算等手段盡可能收回前期投資。這種分階段多次投資的策略，使投資人可以根據風險的變化進退自如，盡可能減少投資的損失。

3. 匹配投資

匹配投資是指投資人在對項目或企業進行投資時，要求項目的經營管理者或創業企業投入相應的資金。匹配投資將風險投資者與創業企業捆在了一起，促使創業企業或項目經營管理者加強管理，從而降低了投資風險。

4. 組合投資

不要把所有雞蛋都放在一個籃子裡。投資人在進行投資時一般不要把資金全部投向一個項目或企業，而是分散投向多個項目或企業。這樣一來，一個或幾個項目或企業的損失就可能從另外的項目或企業的成功中得到補償，從而就可以避免風險投資公司全軍覆滅的危險。因為一般說來，幾個項目同時失敗的可能性較一個項目失敗的可能性要小得多。

三、創業資源開發的推進方法

成功的創業者在其開發創業資源的過程中都表現出一些獨特的創業行為，為有效推進創業資源開發，以下介紹幾種常用創業資源開發的推進方法。

（一）依靠自有資源「步步為營」

依靠自有資源「步步為營」主要是指在缺乏資源的情況下，創業者分多個階段投入資源並在每個階段或決策點投入最少的資源，如果成功則擴大投入，如果不成功，則馬上停止，穩扎穩打，確保最後的成功。步步為營的策略首先表現為節儉，設法降低資源的使用量，降低管理成本。但必須注意的是，降低成本不是以犧牲產品和服務質量為代價的。如果降低成本已經影響到產品和服務質量，那勢必將對創業企業的未來發展造成影響。例如，為了求生存和發展，有的創業者不注重環境保護，或者盜用別人的知識產權，甚至以次充好，這樣的創業活動儘管短期可能賺取利潤，但長期而言，發展潛力有限。因此，需要有原則地保持節儉。此外，在創業的過程中，當創業者難以獲得外部資金而又不願喪失企業控制權的時候，不妨採取「步步為營」的方法，可以減少創業企業自身所承擔的風險，創造一個更高效的企業，同時也能增加創業者的收入和財富。

（二）資源約束下的「創造性拼湊」策略

拼湊策略，即面對資源的約束，創業者忽視正常情況下被普遍接受的有關物質投入、慣例、定義和標準的限制，利用手邊存在的、在他人看來無用的、廢棄的資源，通過巧妙的整合，實現自己的目標。創造性拼湊策略的內容包括三個要點：善於利用

手邊已有資源、整合資源用於新目的、將就使用。創造性拼湊策略可以被利用在不同類型的資源開發上，如一位農民將自家田地裡廢棄多年的煤礦中積存的沼氣引出，用於供電供熱，成立了天然氣公司，實現了對有形資源的「創造性拼湊」。而當你在修理自行車時，修理工要求你幫忙抬起自行車，就是自行車修理工對人力資源的一種「創造性拼湊」，因為你提供了免費勞動力為其充當了自行車固定裝置這一資源。

(三) 發揮資源的槓桿效應

以上兩個策略都是針對現有資源的開發和整合而言的。然而，創業企業的發展需要社會資本、資金、技術和專業人才等各種資源，僅靠開發現有資源很難滿足創業企業的資源需求。因此，創業者還需要探索新的、潛在的資源，槓桿效應在探索新的、潛在的資源方面具有特殊的功效。槓桿效應是指以盡可能少的付出獲取盡可能多的收穫，具體體現在：更充分地利用別人沒有意識到的資源，能比別人更加延長地使用資源，將一種資源加入另一種資源獲得更高的複合價值，利用一種資源獲得其他資源。例如創業者通常利用他們的個人社會資本創建企業並獲得所需其他資源。首先，創業者可以利用其社會資本獲取風險投資和天使投資這一資金資源。其次，創業者的教育和從業經驗能夠形成最初的人力資本和社會資本，教育使個人具有知識、技能、資格認證、名譽等人力資本，提供了同窗、校友、老師以及其他連帶的社會資本，從業經驗提供了行業知識、工作技能、管理技能、產品/市場經驗以及行業內廣泛的連帶社會資本。顯然，社會資本是一項重要的槓桿資源，是創業者獲取資源、開發資源和整合資源的一個重要途徑。而被新開發出的資源可能成為新的槓桿資源開發出新的資源獲取渠道，整合到新的資源。如創業者利用獲得財務、物質等資源建立組織，在建立的過程中可能吸引到對創業組織感興趣的支持者，可能是風險投資者或創業加盟者，他們就是資源。當利用他們的個人和社會資源進一步獲得財務、物質資源時，他們就成為新的槓桿資源，從而拓寬了創業企業資源整合的廣度和深度。

這裡強調一點，槓桿資源與工具資源既有相同之處，也有不同之處。工具性資源更強調資源間的交換，例如用錢可以雇到員工，此時資金資源轉化為人力資源；而槓桿資源更強調資源的槓桿作用，例如創業者通過展示學歷證明、行業經驗或技術專長得到風險投資，此時創業者利用人力資源的槓桿作用整合到資金資源。

【本節要點】

大多數創業者難以整合到充足的創業所需的資源。開發創業資源是有效利用創業資源的重要途徑。開發創業資源表現為一些獨特的創業行為。

【案例分析】

創業資源是指企業創立以及成長過程中所需的能夠實現創業目標的各種要素組合，包括有形資源和無形資源兩大類，有形資源主要是資金，無形資源包括社會資本、技術以及專業人才。

(1) 主體案例中，肥貓波波在創業時擁有一定的社會資本（客戶關係網絡及其他）和創業資金，這些資源是通過多年工作、進行資源累積獲取的。

（2）本案例中，肥貓波波在創業一段時間後，隨著市場競爭的加劇，肥貓的創業遇到了困境，這時比較欠缺的是專業人才（如專業營銷人員等）、社會資本（如穩定的客戶、品牌聲譽等），這些資源可以通過市場途徑（如人才市場招聘專業人才）和非市場途徑（如利用個人人際關係拓展累積社會資源）獲得。

（3）除了主體案例中提到的創業資源——社會資本、資金、專業人才外，創業者還應注意技術資源的獲取。

【作業與思考題】

一、名詞解釋

1. 創業資源
2. 社會資本
3. 天使投資
4. 風險投資

二、簡答題

1. 創業資源在創業中有何作用？
2. 影響創業資源獲取的因素有哪些？
3. 創業融資有哪些主要渠道？
4. 創業資源開發有哪些推進方法？

三、論述題

1. 試述創業資源獲取的一般途徑和技能，並針對某一種資源的獲取舉例說明。
2. 如果你是一個創業者，寫出你可能的融資渠道。
3. 談談常見的創業資源整合策略。創業實踐中有哪些新的創業資源整合的方法？舉例說明。

【教學設計】

第一時段：2節課，100分鐘

課前準備：5分鐘。點名，介紹本節課時、師資和教學計劃安排。

開課問題：5分鐘。就主體案例提出3個啓發性問題。

講授內容：60分鐘。圍繞主體案例，以教材為內容，系統提煉講解創業資源概念、創業資源獲取途徑。

延伸案例：25分鐘。

布置問題：5分鐘。選擇5個小組長，每人1~2個問題。

第二時段：2節課，100分鐘

課前準備：5分鐘。點名，介紹本節課時、計劃安排。

開課問題：5分鐘。就主體案例提出3個啓發性問題。

講授內容：60分鐘。圍繞主體案例，以學習教材為內容，系統提煉講解創業融資。

延伸案例：25 分鐘。
布置問題：5 分鐘。選擇5 個小組長，每人1～2 個問題。
第三時段：2 節課，100 分鐘
課前準備：5 分鐘。點名，介紹本節課時、計劃安排。
開課問題：5 分鐘。就主體案例提出3 個啟發性問題。
講授內容：60 分鐘。圍繞主體案例，以學習教材為內容，系統提煉講解如何管理創業資源。
延伸案例：25 分鐘。
布置問題：5 分鐘。選擇5 個小組長，每人1～2 個問題。

【創業案例】

阿里巴巴創業融資過程

阿里巴巴的總裁馬雲這樣看待企業家和投資者的關係：投資者可以炒掉我們，我們當然也可以換投資者，這個世界上投資者多得很。我希望給中國所有的創業者一個聲音——投資者是跟著優秀的企業家走的，企業家不能跟著投資者走。

創業伊始，第一筆風險投資救急

1999 年年初，馬雲決定回到杭州創辦一家能為全世界中小企業服務的電子商務站點。回到杭州後，馬雲和最初的創業團隊開始謀劃一次轟轟烈烈的創業。大家集資50萬元，在馬雲位於杭州湖畔花園的100 多平方米的家裡，阿里巴巴誕生了。

這個創業團隊裡除了馬雲之外，還有他的妻子、他當老師時的同事、學生以及被他吸引來的精英。比如阿里巴巴首席財務官蔡崇信，當初拋下一家投資公司的中國區副總裁的頭銜和75 萬美元的年薪，來領馬雲幾百元的薪水。

他們都記得，馬雲當時對他們所有人說：「我們要辦的是一家電子商務公司，我們的目標有3 個：第一，我們要建立一家生存102 年的公司；第二，我們要建立一家為中國中小企業服務的電子商務公司；第三，我們要建成世界上最大的電子商務公司，要進入全球網站排名前十位。」狂言狂語在某種意義上來說，只是當時阿里巴巴的生存技巧而已。

阿里巴巴成立初期，公司小到不能再小，18 個創業者往往身兼數職。好在網站的建立讓阿里巴巴逐漸被很多人知道。來自美國的《商業週刊》還有英文版的《南華早報》最早主動報導了阿里巴巴，並且令這個名不見經傳的小網站開始在海外有了一定的名氣。

有了一定名氣的阿里巴巴很快也面臨了資金的瓶頸：公司帳上沒錢了。馬雲開始去見一些投資者，但是他並不是有錢就要，而是精挑細選。即使囊中羞澀，他還是拒絕了38 家投資商。馬雲後來表示，他希望阿里巴巴的第一筆風險投資除了帶來錢以外，還能帶來更多的非資金要素，例如進一步的風險投資和其他的海外資源。而被拒絕的這些投資者並不能給他帶來這些。

就在這個時候，現在擔任阿里巴巴財務總監（CFO）的蔡崇信的一個在投行高盛的舊關係為阿里巴巴解了燃眉之急。以高盛為主的一批投資銀行向阿里巴巴投資了500

萬美元。這一筆「天使基金」讓馬雲喘了口氣。

第二輪投資，挺過互聯網寒冬

更讓他意料不到的是，更大的投資者也注意到了他和阿里巴巴。1999年秋，日本軟銀總裁孫正義約見了馬雲。孫正義當時是亞洲首富。孫正義直截了當地問馬雲想要多少錢，而馬雲的回答卻是他不需要錢。孫正義反問道：「不缺錢，你來找我幹什麼？」馬雲的回答卻是：「又不是我要找你，是人家叫我來見你的。」

這個經典的回答並沒有觸怒孫正義。第一次見面之後，馬雲和蔡崇信很快就在東京又見到了孫正義。孫正義表示將給阿里巴巴投資3,000萬美元，占30%的股份。但是馬雲認為，錢還是太多了。經過6分鐘的思考，馬雲最終確定了2,000萬美元的軟銀投資，阿里巴巴管理團隊仍絕對控股。

從2000年4月起，納斯達克指數開始暴跌，長達兩年的熊市寒冬開始了，很多互聯網公司陷入困境，甚至關門大吉。但是阿里巴巴卻安然無恙，很重要的一個原因是阿里巴巴獲得了2,500萬美元的融資。

那個時候，全社會對互聯網產生了一種不信任感，阿里巴巴儘管不缺錢，業務開展也十分艱難。馬雲提出關門把產品做好，等到春天再出去。冬天很快就過去了，互聯網的春天在2003年開始慢慢到來。

第三輪融資，完成上市目標

2004年2月17日，馬雲在北京宣布阿里巴巴再獲8,200萬美元的巨額戰略投資，這是當時國內互聯網金額最大的一筆私募投資。2005年8月，雅虎、軟銀再向阿里巴巴投資數億美元。

之後，阿里巴巴創辦淘寶網，創辦支付寶，收購雅虎中國，創辦阿里軟件，一直到阿里巴巴上市。

2007年11月6日，全球最大的B2B公司阿里巴巴在香港聯交所正式掛牌上市，正式登上全球資本市場舞臺。隨著這家B2B航母登陸香港資本市場，此前一直受外界爭論的「B2B能不能成為一種商務模式」也有了結果。11月6日10時，港交所開盤，阿里巴巴以30港幣的高價拉開上市序幕，較發行價13.5港元漲122%。小幅震盪企穩後，一路單邊上衝。最後以39.5港元收盤，較發行價漲了192.59%，成為香港上市公司上市首日漲幅最高的「新股王」，創下香港7年以來科技網絡股神話。當日，阿里巴巴交易筆數達到14.4萬多宗，輸入交易系統的買賣盤為24.7萬宗，兩項數據都打破了中國工商銀行2006年10月創造的紀錄。按收盤價估算，阿里巴巴市值約280億美元，超過百度、騰訊，成為中國市值最大的互聯網公司。

在此次全球發售過程中，阿里巴巴共發行了8.59億股，占已發行50.5億總股數的17%。按每股13.5港元計算，共計融資116億港元（約15億美元），加上當天1.13億股超額配股權獲全部行使，融資額達131億港元（約16.95億美元），接近谷歌紀錄（2003年8月，谷歌上市融資19億美元）。

阿里巴巴的上市，成為全球互聯網業第二大規模融資。許多投資者表示，錯過了谷歌不想再錯過阿里巴巴。

風險投資大賺一把

作為阿里巴巴集團的大股東，軟銀在阿里巴巴上市當天帳面上獲得了巨額的回報。阿里巴巴招股說明書顯示，軟銀持有阿里巴巴集團29.3%的股份，而在行使完超額配售權之後，阿里巴巴集團還擁有阿里巴巴公司72.8%的控股權。由此推算，軟銀間接持有阿里巴巴21.33%的股份。到收盤時，阿里巴巴股價達到39.5港元。市值飆升至1,980億港元（約260億美元），軟銀間接持有的阿里巴巴股權價值55.45億美元。若再加上2005年雅虎入股時曾套現的1.8億美元，軟銀當初投資阿里巴巴集團的8,000萬美元如今回報率已高達71倍。

軟銀不是阿里巴巴最初的風險投資商，卻是堅持到最後的一個

軟銀投資阿里巴巴8,000萬美元，回報率達71倍。軟銀中國控股公司總裁及首席執行官薛村禾稱：「我預測，3～5年內阿里巴巴的市值將至少是現在的5倍。」

軟銀不是阿里巴巴的第一個風險投資商，卻是堅持到最後的那個。1999年10月，馬雲私募到手第一筆天使投資500萬美元，由高盛公司牽頭，聯合美國、亞洲、歐洲一流的基金公司，如瑞典AB資本投資（Transpac Capital Investor AB of Sweden）、新加坡技術發展基金（Technology Development Fund of Singapore）的參與。在阿里巴巴的第二輪融資中，軟銀開始出現。從此，這個大玩家不斷支持馬雲，才使得阿里巴巴能夠發展到今天的規模。

2000年，馬雲為阿里巴巴引進第二筆融資，2,500萬美元的投資來自軟銀、富達、匯亞資金、TDF、瑞典投資6家風險投資商，其中軟銀為2,000萬美元，阿里巴巴管理團隊仍絕對控股。

2004年2月，阿里巴巴第三次融資，再從軟銀等風險投資商手中募集到8,200萬美元，其中軟銀出資6,000萬美元。馬雲及其創業團隊仍然是阿里巴巴的第一大股東，占47%的股份；第二大股東為軟銀，約占20%；富達約占18%；其他幾家股東合計約15%。

軟銀不僅給阿里巴巴投入了資金，在後來的發展中還給了阿里巴巴足夠的支持。尤其是2001—2003年的互聯網低谷時期，投資人伴隨阿里巴巴整個團隊一路挺過來了。

雅虎介入阿里巴巴不過兩年，同樣獲利甚厚。作為阿里巴巴集團的大股東，雅虎間接持有阿里巴巴28.4%的股權，其市值高達73億美元；此外，雅虎還以基礎投資者身分，投資7.76億港元購買了阿里巴巴新股，購入價格為13.5港元每股，占7.1%的股份，首次公開募股（IPO）當天升值到22.7億港幣。

而一些風險投資商顯然錯過了最好的收穫期。從阿里巴巴集團的第三輪融資開始，早期的一些風險投資商已經開始陸續套現。1999年阿里巴巴創辦之初的天使投資高盛集團因戰略調整，退出了中國風險投資市場，其所持股份被新加坡的寰慧投資（GGV）接手。事實上，寰慧投資的創始人托馬斯（Thomas）早在1999年就以個人身分投資了阿里巴巴，此後，包括富達等在內的風險投資商又陸續套現。到阿里巴巴上市之前，只有軟銀一家風險投資商還一直在阿里巴巴的股份中牢牢占據主要地位，其他風險投資商已經全部退出。

美國國際數據集團（IDG）亞洲區總裁熊曉鴿在與軟銀亞洲投資基金首席合夥人閻焱、賽伯樂（中國）投資有限公司董事長朱敏進行「對話投資人：資本力量」時表示，美國國際數據集團沒有投資阿里巴巴，讓他覺得很失敗。

馬雲評風險投資：投資者永遠是舅舅

馬雲的口才很好。馬雲說：「跟風險投資商談判，腰得挺起來，但眼睛裡面是尊重。你從第一天就要理直氣壯，腰板挺硬。當然，別說空話，你用你自己的行動證明，你比資本家更會掙錢。我跟投資者講過很多遍，你覺得你比我有道理，那你來幹，對不對？」

馬雲認為：「創業者和風險投資商是平等的，投資者問你100個問題的時候你也要問他99個。在你面對投資者的時候，你要問他投資你的理念是什麼。我作為一個創業者，在企業最倒霉的時候，你會怎麼辦。如果你是好公司，當七八個投資者會追著你轉的時候，你讓他們把你的計劃和方法寫下來，同時你的承諾每年是什麼都要寫下來，這是互相的約束，是婚姻合同。跟投資者之間的合作是點點滴滴，你告訴他我這個月會虧、下個月會虧，但是只要局勢可控，投資者就不怕，最可怕的是局面不可控。所以跟投資者之間的溝通交流非常重要，不一定要找大牌。跟投資者溝通過程當中，不要覺得投資者是爺，投資者永遠是舅舅。你是這個創業孩子的爸爸媽媽，你知道把這個孩子帶到哪去。舅舅可以給你建議、給你錢，但是肩負著把孩子養大職責的是你，投資者不是來替你救命的，只是把你的公司養得更大。」

馬雲是這樣評價孫正義的：「他是一個非常有智慧的人。我見過很多投資者，但很多投資者並不明白我們要做什麼，但這個人六七分鐘就明白我想做什麼。我跟他的區別是，我是看起來很聰明，實際上不聰明。那哥們兒是看起來真不聰明，但他是很聰明的人，真正有大智慧的人。」

資料來源：邢會強，孫紅偉. 私募案例評鑒 [M]. 北京：中信出版社，2009.

第五章　創業計劃

【本章結構圖】

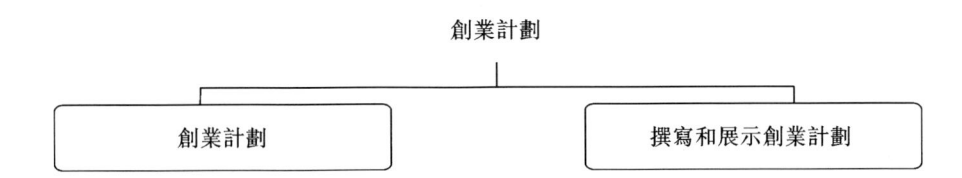

```
                      創業計劃
                    ┌────┴────┐
                創業計劃    撰寫和展示創業計劃
```

【本章學習目標】

1. 瞭解創業計劃的作用、編寫過程和所需信息。
2. 理解創業計劃的基本內容和結構。
3. 掌握市場調查的內容和方法。
4. 重點掌握創業計劃書的撰寫方法。

【主體案例】

創業計劃誕生記

　　今年我即將畢業，受多方面因素的影響，我並不想像大多數同學那樣選擇去大公司。我認為自己是一個獨立性很強的人，從小到大，無論做什麼事情我都有自己的想法。畢業後，我打算自主創業，就像「動感地帶」的廣告詞一樣——「我的地盤，我做主」，我也想有一片能讓自己做主的天空。但是，對於我這樣剛畢業的大學生，創業談何容易？我缺少的不僅僅是資金和經驗，就連「紙上談兵」我都不知從哪說起。作為畢業生，我們就業的壓力很大。但是學校開設的創業課給了我們希望，我們不僅可以給別人打工，還可以自主創業。我覺得自主創業不失為大學畢業生實現自我價值的一個好路子。

　　在創業課上，老師詳細講述了創業的各個步驟，使我們對自主創業少了一份迷惘，多了一點信心。但是，做什麼？怎麼做？通過老師的啟發，我從自己身邊的不滿意開始尋找大家的不滿意，大家的不滿意也就意味著「商機」的存在。誰能讓大家的這種不滿意變成滿意，誰就可以借此賺錢了。剛開始的時候，我找了幾個機會，但是使用老師的態勢分析法（SWOT）分析，我覺得都不太理想，就逐一排除了。

　　後來，有一天我在堵車的時候看見一個牌子，上面寫著「真空墨盒加墨」。我的打印機使用頻率很高，墨盒用得很快，可每次買新墨盒的費用又很高。這對於我這個學生來說，有點承擔不起。於是，第二天我抱著試一試的心態去看了一看，工作人員告

訴我，不用額外買什麼，把用完的空墨盒拿來，灌上墨就可以了，價格絕對划算。我從熟人那裡按進價買還要180元一個的墨盒，灌一次只需30元，而且工作人員告訴我灌進去的是進口的愛普生公司（EPSON）的墨。我很高興，就灌了一個回家試試，效果還真的不錯，和新的墨盒沒有什麼兩樣。

我很好奇，就上網查了有關資料。原來，墨盒也像電池一樣不能回收，對環境污染很大，所以，「墨盒加墨」技術在發達國家已經使用很久了，只是不知道為什麼在中國還沒有大面積推廣。過了幾天，那家公司對我做回訪。在談話中，我瞭解到，他們公司剛從上海進入北京，現在也處在擴大知名度階段。由於我一個朋友有一個小門面，於是我答應幫他們做宣傳，每成交一筆，他們給我一點提成。

自從我貼了廣告之後，每天都有幾個人進來詢問，每天都能有幾筆買賣。漸漸地，我發現，這個小業務還有不小的市場。接下來，我覺得就要想想具體該怎麼做了。通過老師的指點，我開始了實地調研。我先找到以前那家公司的幾個營業部，瞭解了一下情況，例如一些場地和機器的使用租賃等。通過調研，我明確了自己的方向，也初步進行了可行性分析。同時我還發現了很多以前沒有考慮周全的問題，比如，開始我以為只有這一家公司有這項技術，沒有什麼可比性，後來我發現還有幾家公司也有這項技術，我可以比較，找到價格更合適、溝通更便利的公司來合作。而且，我還可以為附近的客戶提供上門服務。這樣，我可以通過服務創新來贏得一批顧客。如今，我的創業計劃正在順利實施。

資料來源：《中國教育報》2004年7月7日。

問題：
1. 你認為自己適合自由擇業還是自主創業？為什麼？
2. 你認為自主創業的關鍵是什麼？
3. 你認為創業計劃書在整個創業過程中占據什麼地位？

第一節　創業計劃

【本節教學目標】

1. 瞭解創業計劃的作用。
2. 理解創業計劃的基本內容和結構。
3. 瞭解做好創業計劃所需要開展的準備工作。
4. 掌握市場調查的方法。

【主要內容】

一、創業計劃的作用

創業計劃是創業的行動導向和路線圖，是大學生或者企業面向投資者推銷宣傳自己的工具和企業對內部加強管理的依據。它的作用體現在：

（一）為創業者行動提供指導和規劃

在創業融資之前，創業者需要有一個合理規劃，從而形成創業計劃。創業需要創業者以認真的態度對自己所有的資源、已知的市場情況和初步的競爭策略做詳盡的分析，並構思出一個初步的行動計劃，做到心中有數。對初創的風險企業來說，創業計劃尤為重要，一個醞釀中的項目，往往很模糊，通過制訂創業計劃，把所思所想條理清楚地記錄下來，然後再逐條推敲，會使創業者對創業項目有更加清晰的認識，還為創業資金的形成和風險分析預先有所準備。

（二）幫助創業者凝聚人心，進行有效管理

一份完美的創業計劃書可以增強創業者的自信，使創業者明顯感到對企業更容易控制、對經營更有把握。因為創業計劃提供了企業全部的現狀和未來發展的方向，也為企業提供了良好的效益評價體系和管理監控指標。創業計劃書使得創業者在創業實踐中有章可循。

創業計劃書通過描繪新創企業的發展前景和成長潛力，使管理層和員工對企業及個人的未來充滿信心，並明確要從事什麼項目和活動，從而使大家瞭解將要充當什麼角色、完成什麼工作，以及自己是否勝任這些工作。因此，創業計劃書對於創業者吸引所需要的人力資源，凝聚人心，具有重要作用。

（三）為創業者與外界溝通提供基本依據

創業計劃書作為一份全方位的創業計劃，是對即將展開的創業項目進行可行性分析的過程，也向風險投資商、銀行、客戶和供應商宣傳擬建企業及其經營方式，包括企業的產品、營銷、市場及人員、制度、管理的過程。在一定程度上也是擬建企業對外進行宣傳和包裝的文件。一份完美的創業計劃不但會增強創業者自己的信心，而且會增強風險投資家、合作夥伴、員工、供應商、分銷商對創業者的信心。而這些信心，正是創業者走向創業成功的基礎。

二、創業計劃的內容

（一）創業目標與創業計劃

目標就是一個人做事想要達到的境界和標準。有的目標是根據自己的向往或需要所設定的，有的目標是根據社會意識形態和社會標準建立的。創業目標是創業者在創業過程中努力爭取想要達到的預期結果。創業目標落實到具體行動上，便構成了創業計劃。創業計劃是為了順利實現創業目標，在創業實踐活動沒有開始之前制定出來的一系列實現創業目標的仲介手段。

1. 創業計劃需要闡明新企業在未來要達成的目標

一般說來，創業目標的確定必須明確，創業目標的確定要求既能切合實際，又能付諸實踐。目標過高或過低，都會影響到創業的成敗。創業目標需要包括「幹什麼」「怎麼干」「預期結果可能會怎樣」三方面的內容，這是創業內容能否順利展開的前提。創業目標確立並經過了充分論證後，創業者就應著手制訂創業計劃。創業計劃是創業者實現創業目標過程中合理設計的一種規劃。創業計劃的合理制訂對於創業者分步驟、分階段實施創業目標的作用很大。一個成功的創業者，不僅要確立合理的創業

目標，同時，還應學會科學制訂創業計劃，沒有規劃的創業目標往往易使創業者忽視創業的時間觀念和創業過程的實效性。所以，創業者需要把創業目標逐步分解，準確地把握每個創業階段的不同任務，從而最終實現創業目標。

2. 創業計劃需要闡明如何達成創業目標

創業目標是抽象的，不便於直接操作，但創業計劃是具體的，可操作的。一份好的創業計劃就是一個創業的可行性報告。計劃的制訂建立在對自己創業條件和能力分析的基礎上，展示了創業者的能力和決心。一份好的創業計劃，應該包括創業目標的制訂和實現目標的措施。制訂創業計劃是一個將創業目標所包含的全部內涵逐一分解、層層細化，直至便於操作的過程。這樣，創業過程實際上便成為實施計劃的過程，而制訂創業計劃又變為明確創業目標、落實創業措施、增加創業成功率的過程。

（二）創業計劃的核心內容

1. 產品（服務）創意

創意就是打破陳規，不循規蹈矩，觸及而發，無中生有，產生具有新穎性和創造性的想法。產品（服務）創意，是指創業者從自己的角度考慮能夠向市場提供的可能產品（服務）的構想。這種構想既迎合市場本身的需求，也體現創業者或研發者自身的創造研發能力。一般來說，一個好的產品（服務）創意往往能夠帶動本行業的改革和創新，對於一個行業的發展有著重要意義。在產品介紹時，創業者要對產品做出詳細的說明，說明不僅要準確，也要通俗易懂，使非專業的投資者也能明白。一般來說，產品（服務）介紹都要附上產品原型、照片或者其他介紹。

2. 創意價值合理性

價值合理性是德國社會學家馬克思·韋伯（Max Weber）研究人的行為時提出的，它是指由宗教、倫理、道德、審美一類價值意識決定的行為，是一種對經濟事實的價值判斷。創意價值合理性是通過個人內心中與眾不同的想法，創造出蘊含在企業產品（服務）中某一方面的價值，同時對此價值做出合理的判斷。

3. 顧客與市場

顧客需求是公司實施戰略管理規劃的最關鍵的因素，是市場營銷工作的核心。公司通過對各種內外部資源進行有效整合，及時按照顧客對產品和服務的不同需求進行市場細分，確定目標市場。在為顧客提供產品和服務的過程中，公司不斷傾聽顧客的聲音，挖掘顧客的真正需求，並將之轉化為技術要求，實現產品和服務的持續改進，提高顧客的滿意度和忠誠度。

4. 創意開發方案

企業對新產品創意開發的方案一般有兩種：

第一種是對原產品進行改進，包括：①改進原產品的質量屬性，即改善原產品的功能特性，提高原產品的耐用性和可靠性。②改進原產品的特色，即從尺寸、重量等方面增加產品的新特色。這種方式耗費少，收益大，但極易被模仿。③擴大產品的使用功能及多方面的適用性，使產品除具有基本功能之外，還有相應的附加功能，使其真正成為複合性產品，使消費者享受到更多的使用價值和附加利益。④改進原產品的式樣，即通過改變產品的外觀、款式、包裝等外在內容來增強美感，吸引更多顧客的

眼球。⑤改進服務。眾所周知，產品不僅包含有型的產品，也包括無形的服務。任何時候把服務放在第一位總是對的。因此，改進服務質量也成為產品改進的一部分。

第二種是自行研究設計新產品，包括：①可以從基礎理論的研究開始，經過一系列的應用研究和開發研究，試製出新產品，並投放到市場中。②可以借鑑已有的基礎理論，這種方式較前一種方式的耗費要少。③可以運用已有的基礎理論和應用研究成果進行開發性研究。這種方式較前兩種耗費的人力和物力更少，且往往在落後趕超先進的時候十分有效。通過引進技術或者移植生產，可以極大地節省由於開展新的技術研究活動而耗費的大量時間和成本。

5. 競爭者分析

競爭者分析是指企業通過某種分析方法識別出競爭對手，並對他們的目標資源市場力量和當前戰略等要素進行評價。其目的是準確判斷競爭對手的戰略定位和發展方向，並在此基礎上預測競爭對手未來的戰略，準確評價競爭對手對本組織的戰略行為的反應，估計競爭對手在實現可持續競爭優勢方面的能力。對競爭對手進行分析是確定組織在行業中戰略地位的重要方法。競爭者分析一般包括以下五項內容：①識別企業的競爭者。識別企業競爭者必須從市場和行業兩個方面分析。②識別競爭對手的策略。③判斷競爭者的目標。④評估競爭者的優勢和劣勢。⑤判斷競爭者的反應模式。

6. 資金和資源需求

創業計劃要想實現需要啓動資金和資源。啓動資金用來支付場地（土地和建築）、辦公家具和設備、機器、原材料和商品庫存、營業執照和許可證、開業前廣告和促銷、工資以及水電費和電話費等費用。這些支出可以歸為兩類：投資（固定資產）和流動資金。

7. 融資方式和規劃

制訂創業計劃之後，創業者需要第一筆資金開始他的創業計劃，這時往往需要進行融資。所謂融資，就是指企業資金籌集的行為與過程，即公司根據自身生產經營狀況、資金擁有狀況以及公司未來經營發展需要，通過科學預測和決策，採用一定的方式，通過一定的渠道向公司的投資者和債權人籌集資金、組織資金的供應，以保證公司正常生產需要和經營管理活動需要的理財行為。

8. 如何獲取回報

獲取回報是創業計劃的關鍵部分，是創業投資者十分關心的問題。它主要是指投資人在面對資金需求量及資本結構構成時，為保證項目實施，需新增投資是多少；新增投資中，需投資方投入多少，對外借貸多少，企業自身投入多少；對外借貸，抵押或擔保措施是什麼。另外投入資金的用途和使用計劃以及可以得到的回報大小。預計未來3～5年平均每年淨資產回報率，投資方以何種方式收回投資，具體方式和執行時間。任何投資中，影響企業價值評估的財務情況總是投資人最關心的問題。

（三）創業計劃的調整

制訂周密的創業實踐計劃，應該以創業目標為依據。制訂創業實施計劃的目的是理順無序資源、協調諸方面關係、提高創業實踐的針對性和整個創業活動的效益。在創業實踐中，創業計劃的類型較多。根據實際創業條件和情況，可以在創業活動具有

戰略性、綱領性的指導意義的前提下，做出為實現長期目標而擬定的重要行動步驟、分期目標和重大措施。但如果條件發生變化，則當初計劃中確定的行動步驟和措施也需要進行相應的調整，更進一步，為了讓目標更明確，還可以制訂出年度計劃、季度計劃、月度計劃等。另外，根據企業生產經營內容不同，企業各方面的計劃包括財務計劃、基建計劃、廣告宣傳計劃都需要根據目標的變化及時做出調整。計劃只是目標落實到紙上的一個框架，制訂出來以後，隨著外界條件發生變化，需要及時進行調整，以使生產隨時符合外部市場環境的要求。

三、創業計劃的基本結構

創業計劃應當盡可能地充實，為潛在的投資者描繪一個完整的企業藍圖，使他們對新的風險企業能有更多的瞭解，並幫助創業者深化對企業經營的理解。一般來說，一份完整的創業計劃應包括導言、行業分析、公司的情況、管理、投資說明、風險因素、投資回報、經營分析與預測、財務報告、附錄等部分。下面詳細介紹各個部分應包含的信息。

（一）導言

導言是對創業計劃內容所作的簡要概括，包括企業的名稱和地址、創業者的姓名和通信地址、企業的性質、企業經營範圍、對所需籌措資金的陳述以及對報告機密性的陳述。

（二）行業分析

行業分析是指根據經濟學原理，綜合運用統計學、計量經濟學等分析工具對影響行業經濟的各種要素進行深入的分析，從而發現行業運行的內在經濟規律，進一步預測未來行業發展的趨勢。它對指導行業內企業的經營規劃和發展具有決定性的意義，它主要包括對將來的展望和發展趨勢、競爭者分析、市場分析以及行業預測。

（三）新企業的描述

新企業的描述包括對新企業所生產產品（服務）、規模、辦公設備、員工、管理者以及研發狀況的描述。

（四）生產計劃

生產計劃是指在可用資源條件下，企業在一定時間內，生產什麼，生產多少，什麼時間生產，具體包括生產產品的製造過程、所需具備的廠房、機器和設備以及原材料採購供給。

（五）營銷計劃

市場營銷計劃主要包括：產品計劃、價格計劃、銷售渠道計劃、儲運計劃、促銷計劃、市場信息計劃、市場調查計劃、市場拓展計劃、營銷費用預算計劃、綜合營銷計劃等。企業的營銷計劃，是企業「正確地做事」的指導思想。

（六）組織計劃

組織與管理對創業的成敗至關重要。一般來說，一個人員結構合理、組織設計適宜、管理與技術及營銷水平較高的創業團隊，是更容易獲得創業成功的。從創業來看，一個創業團隊，需要三方面的優秀人才：優秀的管理者、優秀的技術人員、優秀的營

銷人員。因此，創業者需要認真考慮創業團隊的構成，並在創業計劃中很好地描述出來，這樣既能夠獲得更多人的支持，也能夠提高本身的創業成功信心。組織計劃包括組織的所有權形式、合作者或主要股權所有人、負責人的權力、管理團隊的構成、組織成員的角色和責任。

（七）風險因素

為了使創業計劃更完善，必須有風險描述部分。進行風險分析是確認投資計劃的風險，並以數據方式衡量風險對投資計劃的影響的過程，目的是向投資者說明控制和避免風險的策略。企業內部風險包括管理風險、生產風險、經營風險、雇員風險（對關鍵雇員的依賴程度）；企業外部風險包括資源風險（供應商風險）、市場風險和政策風險等。

（八）財務計劃

財務計劃包括資產負債預估表、損益預估表、現金流量表、盈虧平衡分析、資金的來源和運用。

（九）投資回報

投資回報主要考慮創業投資回報率的問題。如創業項目能帶來多少利潤，投資回報率比投資國債或購買企業債券所獲利息率高多少，需要多長時間才能收回本錢，該項目的機會成本是多少。考慮到創業可能面臨的各項風險，合理的投資回報率應該在25%以上。一般而言，15%以下的投資回報率是不值得考慮的。

（十）附錄

附錄包括市場研究材料、租約或合同、供應商和競爭者的報價單、產品的有關報導、樣品、圖片、榮譽等。

四、創業計劃中的信息搜集

準備創業計劃的過程實質上是信息搜集的過程，創業的過程充滿了不確定性，而擁有全面、準確的信息則可以對創業環境進行深入的分析和預測，從而達到減少不確定性的目的。

創業計劃中所需要的大量信息往往可以通過兩大途徑來獲取：第一，通過網絡、文獻等搜索工具獲取二手信息；第二，直接通過市場調研等方法獲取第一手的信息資料。

（一）二手信息的搜集

二手信息是直接從外部通過搜集整理得來的信息。中國現有的外部資料主要有：

（1）統計部門、財政部門和其他政府部門所公布的政策、法令、統計資料、財政金融信息等。

（2）各地區、部門經濟信息中心所提供的信息和行業情報。

（3）專業性的書籍、報紙、雜誌所提供的文獻資料、統計資料、市場行情、廣告資料、企業名稱和預測資料等。

（4）專業諮詢機構和信息機構關於社會購買力、國內外市場需求、新產品、新工藝動向、資金流向、物流等情況的信息。

（5）公共圖書館和大學的專業圖書館都有大量的有用資料。

（6）中國金融部門十分重視信息資料的累積，不僅為創業提供有關公司的商業信譽和信用程度，而且能為創業者提供全國性和行業性的商品信息。

（7）有關公司可以提供商品目錄、產品資料及價目表等。

除上述各個方面的資料外，還包括國際市場和外國使館的信息來源：

1. 國際組織

國際貿易中心（ITC）設有諮詢服務機構，提供貿易資料。聯合國糧食及農業組織（FAO）、經濟合作及發展組織（OECD）、貿易和發展會議（UNCTAD）和國際貨幣基金組織（IMF）等，都有它們的出版物和專門的報告資料。

2. 外國使館

外國使館為企業提供各自國家的貿易統計資料、關稅率和海關章程以及廠商名單等。

對於二手信息而言，其搜集容易，採集成本低，在研究中應優先考慮。資料的搜集應從近期到遠期，註明出處以便查閱。要對外部資料進行鑑別，看資料是否滿足需要，是否可靠。某些資料只適應於特定的地區，或者已經失去時效，如果外部資料仍不能滿足需要，再向諮詢機構購買，但應注意該機構的信譽。現成資料的搜集範圍必須周詳。例如針對新產品設計的調查資料，不僅要聯繫經濟效益，還要包括國家經濟法規、能源和原材料的供應和環境保護等方面的資料。

（二）市場調研所獲取的第一手信息

原始資料也稱第一手資料，是調查人員從實地調查中所得到的資料。原始資料要經過整理、分類和篩選才能使用，所花的時間長、費用大，所以一般在搜集了現成資料後再去搜集原始資料。

原始資料的搜集方法種類繁多，在後面將詳細介紹。

五、市場調查的內容和方法

（一）市場調查的內容

1. 消費需求情況

關於消費需求的調查主要包括：消費者的分佈地區、數量和購買力；消費者年齡、職業、文化程度的不同所造成的消費習慣、消費水平與購買心理的差異；消費者的購買動機、購買數量及購買時間、地點。這些調查內容對於確定自己產品的品種、檔次及生產數量有重要的參考價值。

2. 產品情況

產品方面的調查主要反應消費者對本企業現有產品的質量、性能、價格、售後服務等方面的評價、意見和要求，指導企業能夠及時推陳出新，更新換代，生產出適銷對路的產品，以滿足消費者的需要，提高本企業在市場中的競爭能力。

3. 營銷情況

現代營銷活動不再是簡單的、彼此分割的我賣你買的過程，而是包含了商品、定價、分銷渠道和促銷在內的一系列的營銷組合活動。這類調查要包括競爭對手狀況、

商品實體、包裝、價格、銷售渠道、產品壽命週期和廣告調查等。

（二）市場調查的方法

市場調查，根據調查研究對象範圍的不同，可分為全面調查與非全面調查。全面調查是對調查對象中所包括的全部單位無一遺漏地進行調查登記；非全面調查是對調查對象總體中的一部分單位進行調查登記。根據選擇調查對象方法的不同，非全面調查又分抽樣調查、重點調查、典型調查、個案調查等幾種方法。

1. 普查

普查是對調查對象的全部單位逐一地、全面地進行調查，以達到瞭解調查對象總體情況的調查方式。

普查是一種宏觀調查，普查對象的總體範圍可以是全國、全省、全市或全縣或某一行業、某一系統。普查一般用來調查屬於一定時點上的社會現象的總量，如中國的五次人口普查。

2. 典型調查

典型調查是根據一定的調查目的和要求，在對被調查對象進行初步分析的基礎上，選擇具有代表性的單位進行全面深入調查的一種方法。典型調查的主要目的在於通過對少量典型的調查進行分析來真實地、迅速地瞭解全局情況。因此，典型調查要求所選典型對全體必須有一定的代表性，這是保證典型調查取得成功的關鍵所在。

3. 重點調查

重點調查是對某種社會現象比較集中的、對全局具有決定作用的一個或幾個單位進行調查，以掌握調查研究總體的基本情況的調查方式。

重點調查單位必須在總體中佔有重要地位。如要瞭解全國鋼鐵生產的情況，選取幾個重點鋼鐵廠（首鋼、寶鋼、鞍鋼等鋼鐵廠）進行調查，就可以大致瞭解全國鋼鐵生產的基本情況。

4. 個案調查

個案調查是對一個社區、單位、組織、家庭、個人或事件等進行全面、深入瞭解的調查方式。例如，研究某個青少年犯罪團伙，往往要研究這伙青少年各自的家庭背景、生活特徵、年齡分佈以及結伙過程和走上犯罪道路的原因。對每個人的過去和現在，對團伙的形成和發展都要進行全面、細緻、深入的瞭解和認識。個案調查也屬於深度調查的一種。

個案調查的對象十分廣泛，可以應用於婚姻、戀愛、家庭、民族、宗教、犯罪，還可以應用於公檢法、企業管理等。

5. 抽樣調查

抽樣調查是按照隨機原則，從全部調查對象中隨機抽取一部分單位進行調查，並依據所獲得的數據，對全部研究對象的數量特徵，做出具有一定可靠性的估計判斷，從而達到對全部研究對象的認識的一種方法。

【學習導航】

1. 沒有一個計劃模型而貿然創業是十分危險的。

——亞信總裁田溯寧

2. 事實上，成功一點都不難！最難的是：想成功，但沒有計劃！如果你有一個5年或者10年的成功目標，而且能夠周密地計劃、堅定地執行，那麼，因為有了計劃，成功率還是很高的。

——前程無憂網創始人甄榮輝

3. 我覺得真的是不缺錢，想法也滿天都是。中國缺的是有一個想法，並且能夠持之以恒把這個想法不斷堅持做下去的人。

——阿里巴巴集團主席馬雲

【本節要點】

創業計劃是創業的行動導向和路線圖，既為創業者的行動提供指導和規劃，也為創業者與外界溝通提供基本依據。創業計劃需要闡明新企業在未來要達成的目標，以及如何達成這些目標。創業計劃要隨著執行的情況而進行調整。創業計劃包括產品（服務）創意、創意價值合理性、顧客與市場、創意開發方案、競爭者分析、資金和資源需求、融資方式和規劃以及如何收穫回報等內容。準備創業計劃的過程實質上是信息的搜集過程，是分析並預測環境進而減少未來不確定性的過程。

第二節　撰寫與展示創業計劃

【本節教學目標】

1. 瞭解撰寫創業計劃的過程。
2. 掌握創業計劃展示過程中需要注意的問題。
3. 理解創業計劃各構成部分的相對重要性。

【主要內容】

一、研討創業構想

開創一份事業，沒有充分的準備是不行的。對於創業者來說，開始之前的創業構想是十分重要的，創業者要思考完整細緻，就需要按部就班，一步一步地進行規劃。考慮怎樣組成一個團隊，怎樣把這個公司發展成為一個完整的公司，怎樣預見公司的發展前景，怎樣確定公司的發展方向等。

由於創業計劃涉及的內容較多，編製之前必須進行充分的準備、周密的安排。第一，組建一個包括技術人才和管理人才在內的具有綜合性技能的團隊，制訂創業計劃的編寫方案，確定創業計劃的種類與總體框架，制訂創業計劃編寫的日程與人員分工；第二，確定計劃的目的和宗旨；第三，通過文案調查或實地調查的方式，準備關於創業企業所在行業的發展趨勢、同類企業組織機構狀況、同類行業企業報表等方面的資料。

二、分析創業可能遇到的問題和困難

（一）知識限制

創業需要企業註冊、管理、市場營銷與資金融通等多方面的豐富知識。如果對目標市場和競爭對手情況瞭解甚少，在缺少相應知識儲備的情況下，創業在殘酷的市場競爭中將處於劣勢。創業需要創業者在實際操作中把自己的知識與所創事業有機結合起來，但是很多創業者眼高手低，當創業計劃轉變為實際操作時，才發現自己根本不具備解決問題的能力，這樣的創業無異於紙上談兵。同時，在撰寫創業計劃書時，許多創業者無法把自己的創意準確而清晰地表達出來，缺少個性化的信息傳遞方法，或者分析採用的數據經不起推敲，沒有說服力。

（二）經驗缺乏

經驗是從多次實踐中得到的知識或技能。創業需要有管理經驗、對市場開拓的經驗、營銷方面的經驗等。大學生有理想與抱負，但容易眼高手低，很多人沒有任何實際經營經驗，在這種情況下，本著「摸著石頭過河」的戰略方針開始創業之路，其過程中的一個個小問題如果沒辦法及時有效地解決，很容易變成一顆顆炸彈，一旦爆發，也就宣告該次創業失敗。

（三）心態問題

創業者空有創業激情，心理準備不足。從創業失敗的情況看，許多創業者熱情很高，但缺乏吃苦耐勞和堅持不懈的精神。尤其大學生創業群體受年齡及閱歷等方面的限制，對創業風險沒有清醒的認識，缺乏對可能遭遇到風險和失敗的必要準備，並且，在創業時如果缺乏前期市場調研和論證，只是憑自己的興趣和想像來決定投資方向，結果注定失敗。創業首先要有風險意識，要能承受住風險和失敗，其次還要有責任感，要對公司、員工、投資者負責，另外務實精神也必不可少，必須踏實做事。

（四）創新能力薄弱

創新能力，也稱為創新力，是運用知識和理論，在科學、藝術、技術和各種實踐活動領域中不斷提供具有經濟價值、社會價值、生態價值的新思想、新理論、新方法和新發明的能力。創新能力是企業競爭的核心力，創新能力並不意味著要斥巨資，開發出劃時代的新技術。大學生創業企業既沒有這樣的資源條件，更沒有時間。大學生在創業過程中，一方面由於風險比較大，不具備進行產品（服務）技術創新的條件；另一方面，缺少專業性人才對產品（服務）進行升級換代改造的研究，同時缺少資金使得企業用於創新和研發的經費很少，導致企業創新能力薄弱。

（五）資金問題

資金是企業經濟活動的第一推動力，是經營企業的本錢。大學生要想憑藉自己的技術或創意獲得應有的回報，就必須解決好資金的籌措問題。萬事開頭難，如果資金不足，那麼創業就更難。目前，大學生創業缺資金少經驗是普遍存在的問題，表現為急於得到資金，給小錢讓大股份，賤賣技術或創意。另外也表現為對風險投資不負責任，「燒」別人的錢圓自己的夢。

除此之外，社會的大環境也讓大學生創業感到有些艱難。創業所需要的各種服務

還不完善。比如律師事務所制度、會計師事務所制度等。

三、凝練創業計劃的執行概要

執行概要是創業計劃書的精華，執行概要要涵蓋創業計劃書的要點，以求一目了然，這是對創業者描述自己的公司的寫作功底的最高挑戰。當你的計劃書與成百上千份的其他計劃書同時爭取同一個投資者的關注時，此概要往往決定著你的計劃能否成功。執行概要不可以完全機械地照搬其他模板，沒有哪一個模板是可以適用於所有公司的，只需把每個要點都照顧到就行。需要考慮的是，對公司而言，哪些部分是最重要的，哪些是無關緊要的，哪些需要強調，哪些可以一筆帶過。

執行概要沒有固定的格式，但長度不應該超過 2 頁（美國有些創業投資公司規定執行摘要最多 55 字）。創業者必須在這麼短的篇幅內，介紹其所擁有的資源以及其計劃發展的方向。

執行概要應包括：

目的陳述——計劃書的目標（即為了籌資，用作政策指南等）

公司背景

公司的產品或服務

戰略概述——產品或服務的獨特性

市場潛力——研究成果

至少未來 3 年的財務預測

管理團隊的資質條件

資金需求——企業計劃如何使用募集到的資金

以上這些概括要點並不是商業計劃書概要的硬性要求，或是教條，沒有能涵蓋所有創業項目的執行概要，但是要確保每一個關鍵問題都要提到。要突出創業項目中的關鍵點和自身的優勢。如果關鍵點被忽略了，就會是一個危險信號，投資人對整個創業計劃的第一印象會轉向負面。

四、把創業構想變成文字方案

創業方案是創業構想的文字體現，準備創業方案是一個展望項目的未來前景，細緻探索其中的合理思路，確認實施項目所需各種必要資源，尋求所需支持的過程。

需要注意的是，並非任何創業方案都要完全包括上述大綱中的全部內容。創業內容不同，相互之間差異也很大。

創業計劃書的編寫包括六個階段：

第一階段，經驗學習。

第二階段，創業構思。

第三階段，市場調研。

第四階段，方案起草。

前四個階段完成了創業方案的全文。寫好全文，加上封面，將整個創業要點抽出來寫成概要，然後按下面的順序將全套創業方案排列起來：第一，市場機遇與謀略；第二，經營管理；第三，經營團隊；第四，財務預算；第五，其他與創業者有直接關

係的信息和材料，如企業創始人、潛在投資人甚至家庭成員和配偶。

第五階段，最後修飾階段。首先，根據你的報告，把最主要的東西做成一個1～2頁的摘要，放在前面。其次，檢查一下，千萬不要有錯別字之類的錯誤，否則別人會懷疑你做事是否嚴謹。最後，設計一個漂亮的封面，編寫目錄與頁碼，然後打印、裝訂成冊。

第六階段，檢查。檢查可以從以下幾個方面進行。

① 你的創業計劃書是否顯示出你具有管理公司的經驗。
② 你的創業計劃書是否顯示了你有能力償還借款。
③ 你的創業計劃書是否顯示出你已進行過完整的市場分析。
④ 你的創業計劃書是否容易被投資者所領會。創業計劃書應該備有索引和目錄，以便投資者可以較容易地查閱各個章節，還應保證目錄中的信息流是有邏輯的和現實的。
⑤ 你的創業計劃書中是否有計劃摘要並放在了最前面。計劃摘要相當於公司創業計劃書的封面，投資者首先會看它。為了保持投資者的興趣，計劃摘要應寫得引人入勝。
⑥ 你的創業計劃書是否在語法上全部正確。
⑦ 你的創業計劃書能否打消投資者對產品（服務）的疑慮。

如果需要，你可以準備一件產品模型。

【學習導航】

有一次我因為坐在飛機的前排位置，所以是第一個下飛機的旅客。我提著手提箱，快步走向出口處，後面的旅客緊跟而來。當我走到出口處時見燈光暗淡，空無一人，心想必定是出口處又在施工了。於是捨棄原出口，直接向前走，直走到旅客候機大廳，才發現不對勁，回頭一看，但見後面的旅客居然全部跟上來，心中暗叫不妙，趕緊躲進廁所，後面的旅客才一哄而散，轉身走回原路出口，邊罵邊離去。

鄉下人養的鴨群在走路時，常有一只帶頭的領軍，後面的鴨群遂盲目跟隨而來。帶頭的這只鴨子，其實不見得知道要何去何往，只是較敢做決定罷了，於是它便成為鴨群中的領袖。

人也是一樣，一般人都懼於做決定。因為做決定要負責任，於是大部分的人都會逃避做決定。有領袖魅力的人，則勇於做決定，勇於領導，勇於負責任。「做決定」是一種能力，它可由後天的行事態度來培養。

要成為領導者的人，不可不察。

資料來源：王品集團董事長戴勝益先生《戴大哥愛說笑》。

五、創業計劃書的撰寫和展示技巧

(一) 創業計劃書的格式

創業計劃書與投資建議書是有區別的。後者篇幅較短並且較少涉及細節問題，而創業計劃書可能長達幾十頁甚至幾百頁，涵蓋的內容包括多方面。可以這樣說，投資建議書是創業計劃書的縮略本。

本節列出以下幾種創業計劃書格式供讀者參考（見表5-1、表5-2），在具體編製創業計劃書時，讀者可以根據自己的選題內容，選擇以下適合自己選題的創業計劃書格式。另外也可根據實際情況對以下計劃書進行前後次序和內容增刪的調整。

表5-1　　　　　　　　創業計劃書格式一（適用於生產型企業）

一、前言
1. 企業名稱和地址
2. 負責人姓名及簡介
3. 企業的性質
4. 對所需籌措資金的陳述
5. 報告機密性陳述
二、計劃執行概述（對創業計劃書進行的概括性綜述）
三、行業分析
1. 對將來的展望和發展趨勢
2. 競爭者分析
3. 市場劃分
4. 行業預測
四、創業企業的描述
1. 產品
2. 服務
3. 企業的規模
4. 辦公設備和人員
5. 創業者背景
五、生產計劃
1. 製造過程
2. 廠房
3. 機器和設備
4. 原材料供應商情況
六、營銷計劃
1. 定價
2. 分銷
3. 促銷
4. 產品預測
5. 控制

表5-1(續)

七、組織計劃
1. 所有權的形式
2. 合作者或主要股權所有者的身分
3. 負責人的權利
4. 管理團隊的背景
5. 組織成員的角色和責任
八、風險的估計
1. 企業弱點的評價
2. 新技術
3. 應急計劃
九、財務計劃
1. 損益表預測
2. 資產負債表預測
3. 現金流量表預測
4. 盈虧平衡分析
5. 成本費用的預測
十、附錄（必要補充材料）
1. 市場調查數據
2. 租約或合同
3. 供應商的報價單
4. 相關重要資料

表5-2　　　　　創業計劃書格式二（適用於服務型企業）

一、執行總結（對創業計劃書進行的概括性綜述，起到創業計劃書的摘要作用）
1. 公司概述（對創業公司的目標、任務和關鍵因素等進行描述）
2. 市場機會和競爭優勢
3. 產品（服務）前景
4. 投資與財務
5. 團隊概述
二、公司背景描述
1. （國內外）發展歷史及現狀
2. 公司所處的環境及創立背景
3. 創業立項的重要性及必要性分析
4. 創業公司經營業務及內容
5. 創業公司設立程序及其日程表
6. 預計資本金

表5－2(續)

三、產品服務介紹

1. 產品服務描述（特徵、主要客戶對象等）

2. 產品服務優勢

四、市場調查和分析

1. 市場容量估算

2. 預計市場份額

3. 市場組織結構

五、公司戰略

態勢分析法（SWOT）

1. SWOT 分析報告

2. 公司總體戰略

3. 公司發展戰略

六、營銷策略

1. 目標市場

2. 產品和服務

3. 價格的確定

4. 分銷渠道

5. 權力和公共關係

6. 政策

七、產品製作管理

1. 工作流程圖以及生產工藝流程圖

2. 生產設備及要求

3. 質量管理措施及方法

八、管理體系

1. 公司性質及組織形式

2. 部門職能

3. 管理理念及公司文化

4. 團隊成員任職及責任

九、投資分析

1. 股本結構與規模

2. 資金來源與運用

3. 投資收益與風險分析（報酬率、回收淨值、回收期等計算）

表5-2(續)

4. 可以引入的其他資本
十、財務分析
1. 財務預算的編製依據分析
2. 未來 3 年的預計會計報表及附表
3. 財務數據分析（主要財務指標分析、敏感分析和盈虧平衡分析等）
十一、機遇與風險
1. 機遇分析
2. 外部風險分析
3. 內部風險分析
4. 解決方案和應對措施
十二、風險資本的退出
1. 撤出方式
2. 撤出時間
十三、附錄（必要補充材料）

事實上，創業計劃書的格式並不是固定的，創業企業最好根據創業公司自身的特點編製適合自己公司特點的創業計劃書。

(二) 創業計劃書編寫要點

一個創業計劃通常包括公司介紹、主要產品和服務範圍、市場概貌、營銷策略、銷售計劃、市場管理計劃、管理者及組織、財務計劃、資金需求等情況。就編寫創業計劃書的部分要點問題概括如下：

1. 摘要（執行總結）

摘要（執行總結）是整個創業計劃書的概括性總結，通常計劃書的讀者在閱讀了創業計劃書的摘要（執行總結）後，對此份創業計劃書是否再有興趣讀下去已做出判斷。在摘要（執行總結）中通常要簡單回答以下問題：

(1) 創業企業所處的行業、企業經營的性質和範圍。

(2) 主要產品的內容。

(3) 創業企業的市場在哪裡，誰是新企業的顧客，他們有哪些需求。

(4) 創業企業的合夥人、投資人是誰。

(5) 創業企業的競爭對手是誰，競爭對手對企業的發展有何影響。

2. 產品（服務）介紹

在進行投資項目評估時，投資人最關心的問題就是創業企業的產品、技術或服務在多大程度上能夠解決現實生活中的問題，或者創業企業的產品（服務）能否幫助消費者節約開支，增加收入，能否節約能源。因此，產品（服務）介紹是創業計劃書中不可缺少的內容。

在產品（服務）介紹部分，企業家要對產品（服務）做出詳細的說明，說明要準確、通俗易懂，使得非專業型的投資者也能明白。產品介紹最好附上產品實物照片或其他資料。在產品（服務）介紹中通常要回答以下問題：

（1）消費者希望產品（服務）能解決什麼問題，消費者從企業的產品（服務）中獲得什麼好處。

（2）與競爭對手相比創業企業的產品有哪些優點，消費者為什麼會選擇本企業的產品。

（3）你為自己的產品（服務）採取了何種保護措施，擁有哪些專利、許可證，或與已經申請專利的廠家達成哪些協議。

（4）為什麼產品定價可以使創業企業產生足夠的利潤，為什麼消費者會大批量購買本企業的產品。

（5）創業企業採用何種方式改進產品的質量、性能，企業對發展新產品有哪些計劃等。

在產品介紹中，雖然誇獎自己的產品是推銷所必需的，但應注意，企業創業計劃書中的每一項承諾，都要努力去兌現。

3. 人員及組織結構

要想組成一支有戰鬥力的創業管理隊伍，這支隊伍的組成應該是互補型的，而且要具有團隊精神。創業企業通常要求具備負責產品設計與開發、市場營銷、生產作業管理、企業理財等專業人員。

除此之外，還應對公司的組織結構進行簡要介紹，提供公司的組織結構圖、各部門的功能與責任、各部門的負責人及主要成員、公司的報酬（分配）體系、公司的股東名單、公司的董事會成員、各位董事的背景資料等。

4. 市場預測

市場預測是對將來商品的供求變化、相互關係以及各種影響因素的變化進行估計和預算。開展市場預測的意義和作用有：市場預測是制定企業發展戰略的依據；市場預測是選擇目標市場的重要前提；市場預測是提高企業競爭能力和市場反應能力的手段。

市場預測的內容如下：

（1）市場需求預測

用專門的手段和方法（通常用統計學的方法），對市場需求、消費者購買力及其投向、商品價格的變動趨勢、商品市場的壽命週期、市場的佔有率、營銷的發展趨勢、產品所需的資源等進行預測。

（2）市場預測的程序

第一，確定預測目標，包括預測的內容、範圍、要求、期限等。

第二，擬訂預測方案，包括根據預測目標的內容和要求，編製預測計劃和參加人員。

第三，搜集整理資料，包括通過各種調查方式搜集、整理、篩選、分析與主體有關的資料。

第四，建立預測模型，包括選擇適當的預測方法和評估方法，確定經濟參數，分析各種變量之間的關係，建立反應實際的預測模型。

第五，進行分析評估，包括利用選定的預測模型和方法，對各種變量數據進行具體計算，並將結果進行分析、檢驗和評價。

（3）預測方法

經驗判斷預測法（憑藉直覺、主觀經驗和綜合判斷能力）；德爾菲法；時間序列分析預測法；因果分析預測法。

5. 營銷策略

影響營銷策略的主要因素有消費者的特點、產品的特徵、企業自身的狀況和市場環境。在創業計劃書中，營銷策略主要包括市場結構和營銷渠道的選擇、營銷隊伍和管理、促銷計劃和廣告策略、價格決策等。

6. （生產）製造計劃

創業計劃書中的生產製造計劃主要包括產品製造和技術設備現狀、新產品投產計劃、技術提升和設備更新的要求、質量控制和質量改進計劃。通常，生產製造計劃要求回答以下問題：

（1）生產製造所需的廠房、設備情況如何。
（2）怎樣保證新產品在進入規模生產時的穩定性和可靠性。
（3）誰是原材料供應商。
（4）生產線的設計與產品組裝是怎樣的。
（5）供貨者的前置期和資源的需求量如何。
（6）生產週期標準的制定以及生產作業計劃的編製。
（7）物料需求計劃及其保證措施。
（8）質量控制的方法是怎樣的。
（9）其他相關問題。

7. 財務計劃

財務計劃需要花費較多的時間和精力，編製預計財務報表，專業性較強。在財務計劃中，通常要回答以下問題：

（1）產品在每一個（會計）期間發出量有多少。
（2）什麼時候開始產品線的擴張。
（3）單位產品的生產費用是多少。
（4）單位產品的定價是多少。
（5）使用什麼分銷渠道，所預期的成本和利潤是多少。
（6）需要雇用哪幾種類型的人員，雇用何時開始，工資預算是多少。

在計劃書的財務計劃中還應提供的資料有創業計劃書的條件假設、預期的資產負債表、預期的損益表、現金收支分析、資金的來源與使用分析。

（三）創業計劃書的展示技巧

一份好的計劃書可以吸引投資者或者潛在投資者對這一項目的關注，而要達到這一目的，一方面需要合理安排創業計劃書的內容，另一方面就需要在展示的過程中利

用一些技巧，從而可以使投資者在最短的時間內瞭解這一項目的基本內容。通常，從內容上而言，在展示計劃書的過程中需要注意以下方面：

1. 創業計劃書應適當簡短

創業計劃書除了要求對準備創業計劃的目的、過程和結果進行全面描述外，還要求簡短，盡量避免長篇的贅述，要做到主題突出。

2. 創業計劃書的結構要有邏輯性，可以進行適當包裝

創業計劃書中的目錄、執行摘要、正文等內容之間都有很強的連貫性和邏輯性，在書寫的過程中要注意內容之間的相互呼應，不得出現相互矛盾的現象。同時，對於創業計劃書的裝訂也可以進行適當的包裝，但要體現莊重、大方，不要過度修飾，喧賓奪主。

3. 創業計劃書中的預測數據要突出、合理

計劃書不是對已經發生事情的描述，而是對項目的預期收益進行闡述，通過對投資回收期、投資報酬率等指標的計算和預測來說明項目投資的價值。但提供的預測數據也要有根據，令人信服，避免誇大其詞。

除了在書面內容方面要注意展示的技巧外，創業計劃書有時候還需要與投資者進行面對面的交流，在這個過程中也需要注意展示的技巧。

創業計劃書兼具演講和報告的雙重特點，一方面要求內容的準確和嚴謹，另一方面也要求具有一定鼓動情緒的作用，激情在創業計劃展示中發揮著重要的作用。在面對面進行展示的過程中，一方面要字正腔圓，表情豐富，動作優美，感情充沛，另一方面要以理服人。

【本節要點】

創業計劃包括封面、目錄、執行概要、主體內容和附件等。撰寫創業計劃是創業者（團隊）反覆思考、推理並討論的過程。展示創業計劃的基本方法，激情在創業計劃展示中發揮著重要作用。

【案例分析】

中國大學擴招後，大學生就業難已成為不爭的事實。據統計，2011年中國大學畢業生超過640萬人，而每年約有30%的應屆畢業生找不到工作，2008年中國累計擇業大學生就已經超過了800萬人。2003年隨著大學生自主創業優惠政策的出拾，大學生自主創業的比例連年上升，然而能夠堅持到最後並且成功的比例卻少之又少。大學生創業是一項開拓性的事業，不僅需要自身素質方面的準備，同時也需要來自各個方面的支持，尤其是來自家庭、社會等方面的幫助。因而，學生應該根據自身的情況去選擇是自主創業還是自由擇業。

情緒化的言行、未經大腦的決斷、人情包圍的應允、突發性的靈感、率性的反應、沒有評估的專案、毫無經濟概念的計劃，95%以上都存在著「早知如此，何必當初」，另外5%的成功是因緣機會的獲得，而非「吉人自有天相」的先見。因而創業不是突發奇想，不可能一蹴而就，創業必須建立在對自己、對市場清晰的分析和認識上，必

須有完備的計劃。

一個快樂且成功的人，一定是在適當的時機找適當的人，用適當的方法來達成適當的目的的人。創業不是一時興起，一定要有一份完善的創業計劃。創業計劃是創業者的創業指南或行動大綱，創業者通過清晰地分析創業的影響因素，可以讓自己保持清醒的頭腦。同時創業計劃也是創業者向投資者推銷和宣傳自己的工具以及企業對內部加強管理的依據。

【作業與思考題】

一、名詞解釋

　　1. 創業計劃
　　2. 產品（服務）創意
　　3. 競爭者分析

二、填空題

　　1. 創業計劃的基本結構：一是＿＿＿＿＿；二是＿＿＿＿＿；三是＿＿＿＿＿。
　　2. 創業可能遇到的困難和問題：一是＿＿＿＿＿；二是＿＿＿＿＿；三是＿＿＿＿＿；四是＿＿＿＿＿；五是＿＿＿＿＿。
　　3. 非全面調查主要包括：一是＿＿＿＿＿；二是＿＿＿＿＿；三是＿＿＿＿＿；四是＿＿＿＿＿；五是＿＿＿＿＿。

三、簡答題

　　1. 簡述創業計劃的內容。
　　2. 簡述創業計劃的執行概要。

四、論述題

　　1. 試述在撰寫創業計劃的過程中應注意哪些問題。
　　2. 試結合自己的專業和興趣撰寫一份創業計劃。

【教學設計】

第一時段：2 課時，100 分鐘
課前準備：5 分鐘。點名，介紹本章教學內容、課時和教學計劃安排。
開課問題：5 分鐘。就主體案例提出啟發性問題。
講授內容：50 分鐘。圍繞著主體案例，以教材為內容，系統提煉講解創業計劃的概念和內容。
延伸案例：30 分鐘。以設計創業計劃書為引線，鼓勵學生組成團隊進行創業計劃設計和研討。
布置問題：10 分鐘。選擇 5 個小組長，每人 1~2 個問題。
第二時段：2 課時，100 分鐘
課前準備：5 分鐘。點名，對上一節課所講的創業計劃進行溫習。

163

開課問題：5 分鐘。提問，針對創業計劃的構想和思路進行提問。

講授內容：60 分鐘。圍繞主體案例，以學習教材為內容，系統提煉講解第二節的內容。

延伸案例：25 分鐘。以學習導航為引導，啓發學生撰寫一份創業計劃書執行概要。

布置問題：5 分鐘。布置創業計劃書的具體撰寫要求，闡述對於按照作業要求完成的同學老師會根據完成情況進一步推薦給系裡參加相關比賽。

【創業案例】

大學生賣廢品年入 30 萬

辛苦的大學生創業者

2012 年 8 月 14 日凌晨 5 點 30 分，趙馥鬱掙扎著從床上爬起來，揉了揉惺忪的睡眼，走到院子裡，啓動等待了一夜的大貨車，這輛車上裝著昨天已經打包好的廢鐵，他要把這一車廢鐵送到都江堰的一個鐵廠。這一切，對於他來說，已經是輕車熟路。

2007 年，趙馥鬱從中南財經政法大學畢業。因為之前自學了設計，於是他把大學期間做家教掙來的錢和借來的資金拿來創業，做廣告設計。那段時間，他自己跑單、設計、聯繫印刷廠。第一個星期，他就做了武漢高校素材的臺歷，進帳 7,000 元，之後，他把武漢所有高校的臺歷都做了。

開始的成功讓他有了更大的計劃。2008 年，當很多企業都在金融危機陰影下壓縮非必要開支的時候，趙馥鬱卻把業務擴大了，結果遭遇慘敗。「當時心太急、太大了，資金投入太多，攤子鋪大了，能力各方面又跟不上。」對於這次失利，趙馥鬱不願多說。眼看著投入廣告設計的錢打了水漂，他回到了成都。

從武漢回到成都後，趙馥鬱曾到很多地方上班，如中國航天集團下轄的研究所、地產公司、證券公司……每份工作他做的時間都不長。他說：「一般這些工作給的工資也不會太高，一個月幾千塊錢，房價這麼高，而且弟弟、妹妹還要上學，靠工資完全看不到希望。」

趙馥鬱出生在資中配龍鎮的一個村子，家裡有三個孩子，祖上是教書先生，到了他父親這一輩，家境貧寒，父親在農村裡收廢品，供他和弟弟、妹妹上學，而他作為家中的長子，似乎從小便有意識要挑起家裡的擔子。「我想讓這個家更加和睦、更加溫馨、更加有凝聚力。」小時候，他便跟著他的父親收廢品、磨刀。在高中的最後一年，他整個暑假都在配龍鎮周圍的幾個鄉鎮磨刀，湊夠了當時的學費。

「逼上梁山」賣廢品

「5·12」地震後，趙馥鬱正式做了決定：不再上班，不再給人打工，要自己創業。當時，他身上只有 4,000 元。儘管父親就在收廢品，但家裡所有的人都反對他的決定：辛辛苦苦養出一個大學生，怎麼能畢業後去收廢品呢？而且是走街串巷，流動收購。

趙馥鬱笑了笑：「他們都反對，但我還是做了。我是一個想到了就要去做的人，沒人勸得住。」從小，他就是這樣。

他父親記得一件事情：「趙馥鬱從小膽子就大，10 多歲的時候就在配龍鎮擺攤收古董，收了拿到成都來賣，那個時候他還從來沒來過成都，賺了 100 多塊錢，安全地坐

車回來了。」

「膽子大」這個特點一直伴隨著他。他畢業的時候，一沒關係，二沒背景，三沒資金，四沒技術，有的只是上大學欠下的助學貸款和第一次創業時欠下的債務。趙馥鬱思來想去，最終選了收購廢品這個生意。在他看來，創業項目的選擇，當然需要看自己有什麼核心資源，而他最大的資源，就是不怕苦、不怕累、不怕丟臉、不怕沒面子，而收廢品這一行所需啟動資金相對來說比較少，也沒有太多的技術含量。

一開始，趙馥鬱在溫江長安橋附近租了一個鋪面，蹬著三輪到社區和附近一些工廠收購廢品，收回來後，找貨車拉去賣。一來二去，趙馥鬱發現自己並沒有賺到錢。2009年年初，趙馥鬱只賺了1萬多元。趙馥鬱分析：「司機可能從中摳了油水吧，他們收了運費，還會在價格和斤兩上給我少報。」為瞭解決這個問題，這一年，趙馥鬱自考了貨車駕照，貸款5萬元，買了輛標示載重0.99噸的小貨車，開始自己拉貨。

財富轉機

2009年，為了尋找穩定的貨源，趙馥鬱拿著自己的畢業證，找到溫江當地的一些超市和工廠的負責人，告訴他們自己是個收廢品的大學生，希望能幫他們處理廢棄物。趙馥鬱並沒有怎麼思考過被拒絕的問題，他覺得，有些事情其實並不是那麼難，而只在於你有沒有邁開步子去跑、去爭取。這次的結果出乎意料的順利。趙馥鬱說：「他們看了我的證書，看我這個人戴個眼鏡，斯斯文文，也不像騙子，把這個機會給了我。」

另外，他還開始擺攤收零散的廢品，雇用了幾個員工負責把收到的廢品分門別類，而他自己去尋找下游的買家，把廢鐵賣給鐵廠、廢紙賣給紙廠。

第一次賣廢鐵時，趙馥鬱花了很長時間，那個時候，他只知道都江堰有個鐵廠，具體位置不清楚，只有邊開車邊問。趙馥鬱的一位同齡人對此很感慨，一般「80後」做這種事情前，都是先聯繫好再行動，而趙馥鬱卻是直接上門。由於跑得勤，自然銷貨的地方就多了。

每次交貨後，趙馥鬱就打個電話回店裡，告知員工當天的價格，並要求他們按廠價收購囤積廢品，等漲價的時候交給工廠。這一來，他開出的價格相對於其他地方高一些，收荒匠也更願意到他這裡交貨。同時，他在收荒的地方擺放了足夠的水，來交貨的收荒匠可以隨意免費取用，趙馥鬱很注重和這些人拉攏感情。他說：「我平時菸也常發，跟他們吹吹牛，他們有生意也願意介紹給我。」

有了超市和工廠的穩定貨源，再加上收荒匠給他帶來的生意，趙馥鬱的生意慢慢好了起來，但他的勞動強度也越來越大。他要把收到的廢品分門別類打包裝車，每天早上6點左右起床拉貨，晚上往往要忙著打包第二天要運出去的廢品，等到忙完，大多都在晚上10點左右了。

2009年，趙馥鬱的廢品生意賺了近10萬元，他用這些錢還清了上學時的助學貸款和創業時的債務，並供弟弟和妹妹上學。這個時候，他相中了公平鎮的一個3,000平方米的院子，想租過來，擴大業務。那個院子已經荒蕪多年，長滿了雜草，沒有人知道院子的業主是誰。

為此，他用盡渾身解數，網上查資料，四處打聽，但始終無法找到業主的聯繫方式。後來，他找到了一個受託照看這個院子的老人，這個老人每個月會來院子兩三次，

並不容易碰到。起初老人並不願意透露業主信息，因為自己每年照看院子，能拿幾千塊錢，如果被別人租了下來，就會失業。於是趙馥鬱承諾：租下院子後每年給老人5,000元。這才找到了業主的聯繫方式，以每年6萬的價格租下了院子。這一年，趙馥鬱還花了20多萬購置設備：一輛標示載重1.99噸的大貨車、一臺液壓的切割機、一臺液壓打包機。

未來目標：轉行搞農業

趙馥鬱走到了液壓打包機前，從散發著酸臭味的易拉罐堆裡挑挑揀揀，並教育著自己的員工：「這個是鋁，不要跟鐵混到一起，這樣子搞是要虧本的哦。」剛剛拖走了一車貨的倉庫空空蕩蕩，塑料、廢紙、廢鐵並不太多。不時有收荒匠拉著廢品來交貨。

雖然只是倒賣垃圾，但趙馥鬱很關注宏觀經濟形勢。趙馥鬱說：「其實今年我收貨不是很多，有些拉過來我都沒要，今年的經濟形勢不好，成品的鋼材才3,700元左右一噸，去年的廢鐵都是這個價格。」

他算了一個毛帳，自己這些年做廢品生意，營業額大概有兩三百萬，這些錢分散到了幫他裝貨的工人、購置的設備和還以前的債務上。

但每當有人問到他究竟賺了多少錢時，趙馥鬱總是指著散落在院落裡生鏽的鋼條和那些破舊的床墊說：「這些都是錢。」

趙馥鬱告訴記者，自己可能做不了多長時間了，不喜歡為了掙錢而掙錢。「我想過段時間把這裡轉讓出去，去考個教師資格證，回鄉下教書，休息一段時間。」

他想回到老家，把自己的戶口落到農村。「本質上，我覺得自己還是個農民，家族意識很強，我喜歡一大家人在一起其樂融融的感覺。現在，儘管我的弟弟、妹妹都從學校畢業了，組成了各自的家庭，但他們還是經常回來，很依戀這個家，或許這才是我最大的財富，這些東西不是錢能買到的。」

他還有個構想：「我是個文科生，有點濟世的情懷，現在看起來，也許我改變不了一個省、改變不了一個縣。但我想盡自己的努力，帶一群人擺脫他們現在的處境。」

他想在家鄉資中配龍鎮搞一個類似農村合作社的組織，每家每戶出點錢，員工就從出錢的人家裡面招聘，種植一些有市場需求的農作物。「『三農』問題一直在提，為啥老是解決不了呢？主要還是市場信息沒跟農民對接。我想我要做的就是這個工作，幫他們找到市場，對接信息，帶大家致富奔小康。」

資料來源：中國網濱海高新網

第六章　新企業的開辦

【本章結構圖】

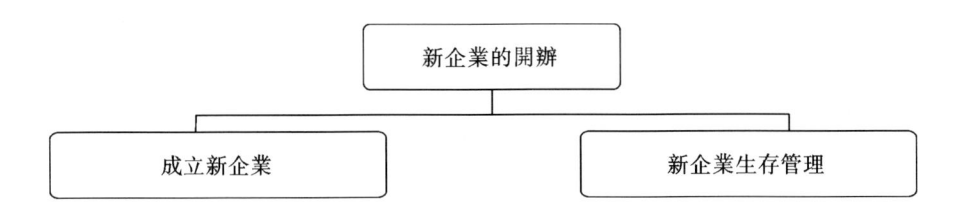

```
                    新企業的開辦
                    ┌─────┴─────┐
                成立新企業      新企業生存管理
```

【本章學習目標】

1. 瞭解企業的本質、建立企業的流程。
2. 理解新企業成立相關的法律問題和新企業風險管理。
3. 掌握創辦企業必須關注的問題。

【主體案例】

迅速發展的綠色之星果汁（Green Planet）餐廳倒閉了

1990年，堅寶果汁連鎖餐廳（Jamba Juice）創始於加州聖路易斯·奧比斯波市（San Luis Obispo），主要出售健康飲品。它起步非常成功，1993年就新增了兩家店面。目前，它總共有數百家餐廳，從夏威夷到波士頓都隨處可見。實際上，堅寶果汁餐廳的成長從獲得風險資本那一刻起就變得非同尋常了，因為風險資本青睞的是高科技或生物技術企業。毫無疑問，向它投資的基準風險投資公司堅信健康飲品是回報豐厚的。

1994年，史恩·尼科爾森（Sean Nicholson）和艾倫·索扎（Aaron Souza）兩位創業者注意到堅寶果汁餐廳的成長，便決定親自創辦一家出售健康食品的餐廳，並取名為綠色之星果汁餐廳（Green Planet Juicery）。尼科爾森和索扎極其推崇堅寶果汁餐廳，在若干領域都追隨它。例如，堅寶果汁餐廳往往選址在大學校園附近，因為在那裡健康飲品十分流行，綠色之星果汁餐廳的第一家店就開在加州大學附近，經營中還借用了堅寶果汁連鎖餐廳的菜單和其他文字材料，如有關海藻、豆腐、蜂蜜和啤酒花等食物的營養成分說明，甚至還借用了促銷口號「吃綠色食品，保持靚麗青春」。它一擊即中，幾個月後就開始盈利，第一年的銷售額就超過了50萬美元。

此後，綠色之星果汁餐廳迅速擴張，在創立不到兩年的時間內就新開了3家店，且都位於薩克拉門托附近。第一家店位於一所中學附近，而第二家店開在了折扣店旁邊。為了開辦第三家店，綠色之星果汁餐廳不得不與投資者將它組建成合夥企業，因

此綠色之星果汁只能獲得餐廳利潤中的一部分。

綠色之星果汁餐廳在迅速擴張後遇到了很大的經營困難，同時遭到堅寶果汁餐廳的侵權起訴，並向對方進行了巨額賠償。

由於經營不善，經歷了最初輝煌的綠色之星果汁餐廳僅僅成立三年就倒閉了。

問題：試分析該企業倒閉的原因。

資料來源：創建新企業習題（http://cec.shfc.edu.cn）

第一節　成立新企業

【本節教學目標】

1. 瞭解註冊成立新企業的原因。
2. 掌握新企業註冊的程序與步驟和新企業選址的影響因素。
3. 理解新企業獲得社會認同的必要性和基本方式。

【主要內容】

在開始創業前，創業者首先要瞭解中國的基本法律和創業所在地的政策環境，完成設備、資金、成員、場所、企業名稱等方面的前期準備工作。創業者需要按照法律法規，到相關部門辦理註冊手續，取得營業執照，才能開始營運新創企業。

一、企業組織形式選擇

企業在設立之前，必須確定其組織形式。按照法律規定，目前中國企業的基本組織形式通常有四種：個人獨資企業、合夥企業、有限責任公司和股份有限公司。

（一）個人獨資企業組織形式及其特點

個人獨資企業是最常見的企業組織形式。根據《中華人民共和國個人獨資企業法》的規定，個人獨資企業是指依法設立，由一個自然人投資，財產為投資人個人所有，投資人以其個人財產對公司債務承擔無限責任的經營實體。

個人獨資企業具有以下特點：①只有一個出資者。②出資人對企業債務承擔無限責任。在個人獨資企業中，出資人直接擁有企業的全部資產並直接負責企業的全部負債，也就是說出資人承擔無限責任。③獨資企業不作為企業所得稅的納稅主體。一般而言，獨資企業並不作為企業所得稅的納稅主體，其收益納入所有者的其他收益一併計算交納個人所得稅。

由於個人獨資企業創設條件簡單，易於組建，所以大多數的小企業按個人獨資企業組織設立。

（二）合夥企業組織形式及其特點

如果是創業團隊成員共同創業，那麼合夥企業組織形式則是最常用的企業組織形式。根據《中華人民共和國合夥企業法》的規定，合夥企業是依法設立，由各合夥人訂立合夥協議，共同出資，合夥經營，共享收益，共擔風險，並對合夥企業債務承擔

無限連帶責任的營利性組織。

合夥企業具有以下特點：①有兩個以上所有者（出資者）；②合夥人對企業債務承擔連帶無限責任，包括對其他無限責任合夥人集體採取的行為負無限責任；③合夥人通常按照他們對合夥企業的出資比例分享利潤或分擔虧損；④合夥企業一般不繳納企業所得稅，其收益直接分配給合夥人。

石油、天然氣勘探和房地產開發企業通常按合夥企業組織形式組建。

（三）有限責任公司組織形式及其特點

根據《中華人民共和國公司法》的規定，有限責任公司是在中國境內依法設立的，股東以其認繳的出資額為限對公司承擔責任，公司以其全部資產為限對公司的債務承擔責任的企業法人。

有限責任公司具有以下特點：①有 1～50 個出資者。需要說明的是一人有限責任公司是在 2005 年 10 月 27 日第十屆全國人大第十八次會議上通過的《新公司法》中新加入的。②股東出資須達到法定資本最低限額。一人有限責任公司註冊資本的最低限額為 10 萬元人民幣，而一般有限責任公司註冊資本的最低限額為 3 萬元人民幣。③有限責任公司不能公開募集股份，不能發行股票。④有限責任。股東對公司的債務承擔有限責任，倘若公司破產清算，股東的損失以其對公司的投資額為限。

（四）股份有限公司組織形式及其特點

在現代企業的各種組織形式中，股份有限公司在企業組織形式中占據主導地位。根據《中華人民共和國公司法》的規定，股份有限公司是依法設立，其全部股本分為等額股份，股東以其所持股份為限對公司承擔責任，公司以其全部資產對公司的債務承擔責任的企業法人。股份有限公司是與其所有者即股東相對獨立的法人，對公司債務承擔有限責任。

股份有限公司和以上三種組織形式相比具有以下特點：①有限責任。這一點與有限責任公司相同，股東對股份有限公司的債務承擔有限責任，倘若公司破產清算，股東的損失以其對公司的投資額為限。而對獨資企業和合夥企業，其所有者可能損失更多，甚至個人的全部財產。②永續存在。股份有限公司的法人地位不受某些股東死亡或轉讓股份的影響，因此，其壽命較之獨資企業或合夥企業更有保障。③可轉讓性。股份有限公司的股份轉讓比獨資企業和合夥企業的權益轉讓更為容易。④易於籌資。從籌集資本的角度看，股份有限公司是最有效的企業組織形式。由於其永續存在以及舉債和增股的空間大，股份有限公司具有更大的籌資能力和彈性。⑤對公司的收益重複納稅。作為一種企業組織形式，股份有限公司也有不足，最大的缺點是對公司的收益重複納稅：公司的收益先要交納公司所得稅；稅後收益以現金股利分配給股東後，股東還要交納個人所得稅。

二、企業註冊流程

成立新企業需要按照以下工作流程進行註冊。

1. 核名

選定名稱後到工商網站或工商核名窗口提交預核准企業名稱，通過後打印《名稱

（變更）預先核准通知書》，全體股東親筆簽字。憑全體股東簽字後的《企業名稱（變更）預先核准通知書》領取正式的《企業名稱預先核准通知書》，領取人必須是股東。

2. 入資

可以到辦理大廳的入資銀行窗口直接入資，也可以通過銀行轉帳匯入銀行入資帳戶，如果是通過銀行轉帳匯入銀行入資帳戶的，匯款後必須到入資銀行窗口領取入資單，取入資單時可以由股東帶上身分證原件及匯款單親自辦理，也可由代理人辦理。

3. 驗資

驗資人需要提交的材料有《企業名稱預先核准通知書》、入資單、股東身分證複印件、詢證函和法人、董事、經理人員名單及身分證明等。

4. 預約

取到名稱核准件後，到相關工商註冊登記網登記註冊，審核通過後打印材料，通過電話預約辦理登記註冊手續。

5. 刻章

需要刻的章有公章、財務章、法人名章、合同章，刻章前需到公安局備案窗口辦理備案手續。

6. 辦理組織機構代碼證

所需材料物品有營業執照、法人身分證、公章和工本費。

7. 辦理稅務登記證

要先辦理地稅，後辦理國稅。取到組織機構代碼證書後，到地稅局網站點擊註冊。用註冊的用戶名和密碼在本界面登陸，填寫稅務登記信息，保存後退出。到稅務登記窗口領取《稅務登記表》《印花稅納稅申報表》《房屋、土地情況登記表》，填寫完畢後，到稅務登記窗口辦理登記手續。

8. 銀行開戶

開立銀行存款帳戶。

9. 劃資

需要準備的材料有：工商行政管理部門開具的劃資單、入資銀行入資時開具的股東帳戶入資信息卡片、開戶銀行許可證原件及複印件、公章和營業執照副本原件等。

10. 稅務所報到

領取稅務登記證時地稅和國稅窗口同時會給企業一張《報到單》，按照《報到單》上標明的時間和地點到稅務所報到。到國稅部門、地稅部門窗口報到時，同時辦理網上納稅申報手續。

11. 工商所報到

領到執照後，還需要到轄區工商行政管理部門報到。

三、企業註冊相關文件的編寫

企業在註冊成立時要提交相應文件材料，不同組織形式對於需要提交的文件材料有不同要求。

（一）個人獨資企業設立登記應提交的文件材料

（1）投資人簽署的《個人獨資企業設立登記申請書》。

（2）投資人身分證明。包括投資人的居民身分證或戶籍證明。

（3）企業住所證明。投資人自有的住所，應當提交房管部門出具的產權證明；租用他人的場所，應當提交租賃協議和房管部門的產權證明。沒有房管部門產權證明的，提交其他產權證明。企業住所在農村，沒有房管部門頒發產權證明的，可提交村委會出具的證明。

（4）國家工商行政管理總局規定提交的其他文件。

（二）合夥企業設立登記應提交的文件材料

（1）全體合夥人簽署的《合夥企業設立登記申請書》。

（2）全體合夥人的主體資格證明或者自然人的身分證明。合夥人為自然人的，提交居民身分證複印件。合夥人是企業的，提交營業執照副本複印件。

（3）全體合夥人指定的代表或者共同委託的代理人的委託書。

（4）全體合夥人簽署的合夥協議。

（5）全體合夥人簽署的對各合夥人認繳或者實際繳付出資的確認書。

（6）主要經營場所證明。合夥人自有經營場所作為出資的，提交房管部門出具的產權證明；租用他人的場所，提交租賃協議和房管部門的產權證明。沒有房管部門產權證明的，提交其他產權證明。在農村，沒有房管部門頒發的產權證明的，提交場所所在地村委會出具的證明。

（7）全體合夥人簽署的委託執行事務合夥人的委託書；執行事務合夥人是法人或其他組織的，還應當提交其委派代表的委託書和身分證明複印件。

（8）合夥人以實物、知識產權、土地使用權或者其他財產權利出資，經全體合夥人協商作價的，提交全體合夥人簽署的協商作價確認書；經全體合夥人委託法定評估機構評估作價的，提交法定評估機構出具的評估作價證明。

（9）法律、行政法規規定設立特殊的普通合夥企業需要提交合夥人的職業資格證明的，提交相應證明。

（10）辦理了名稱預先核准的，提交名稱預先核准通知書。

（11）法律、行政法規或者國務院決定規定在登記前須經批准的項目，提交有關批准文件。

（三）有限責任公司設立登記應提交的文件材料

（1）公司法定代表人簽署的《公司設立登記申請書》。

（2）全體股東簽署的《指定代表或者共同委託代理人的證明》（股東為自然人的由本人簽字；自然人以外的股東加蓋公章）及指定代表或委託代理人的身分證複印件（本人簽字）；應標明具體委託事項、被委託人的權限、委託期限。

（3）全體股東簽署的公司章程（股東為自然人的由本人簽字；自然人以外的股東加蓋公章）。

（4）股東的主體資格證明或者自然人身分證明複印件。股東為企業的，提交營業執照副本複印件；股東為事業法人的，提交事業法人登記證書複印件；股東為社團法

人的，提交社團法人登記證複印件；股東為民辦非企業單位的，提交民辦非企業單位證書複印件；股東為自然人的，提交身分證複印件。

（5）依法設立的驗資機構出具的驗資證明。

（6）股東首次出資是非貨幣財產的，提交已辦理財產權轉移手續的證明文件。

（7）董事、監事和經理的任職文件及身分證明複印件。

（8）法定代表人任職文件及身分證明複印件。

（9）住所使用證明。

（10）企業名稱預先核准通知書。

（11）法律、行政法規和國務院決定規定設立有限責任公司必須報經批准的，提交有關的批准文件或者許可證書複印件。

（12）公司申請登記的經營範圍中有法律、行政法規和國務院決定規定必須在登記前報經批准的項目，提交有關的批准文件或者許可證書複印件或許可證明。

（四）股份有限公司設立登記應提交的文件材料

（1）公司法定代表人簽署的《公司設立登記申請書》。

（2）董事會簽署的《指定代表或者共同委託代理人的證明》（由全體董事簽字）及指定代表或委託代理人的身分證複印件（本人簽字）；應標明具體委託事項、被委託人的權限、委託期限。

（3）公司章程（由全體發起人加蓋公章或者全體董事簽字）。

（4）發起人的主體資格證明或者自然人身分證明。

（5）依法設立的驗資機構出具的驗資證明。

（6）股東首次出資是非貨幣財產的，提交已辦理財產權轉移手續的證明文件。

（7）董事、監事和經理的任職文件及身分證明複印件。

（8）法定代表人任職文件及身分證明複印件。

（9）住所使用證明。

（10）企業名稱預先核准通知書。

（11）募集設立的股份有限公司公開發行股票的還應提交國務院證券監督管理機構的核准文件。

（12）公司申請登記的經營範圍中有法律、行政法規和國務院決定規定必須在登記前報經批准的項目，提交有關的批准文件或者許可證書複印件或許可證明。

（13）法律、行政法規和國務院決定規定設立股份有限公司必須報經批准的，提交有關的批准文件或者許可證書複印件。

四、註冊企業必須考慮的法律與倫理問題

　　創業者在創建和經營企業的過程中，必須瞭解和遵守有關法律法規，以確保自身和他人的利益沒有受到非法侵害。與創業有關的法律主要包括《中華人民共和國專利法》《中華人民共和國商標法》《中華人民共和國著作權法》《中華人民共和國反不正當競爭法》《中華人民共和國合同法》《中華人民共和國產品質量法》《中華人民共和國勞動法》等。

（一）法律問題

創業者在創建和經營企業的過程中，面臨眾多的法律問題，因而必須瞭解和遵守有關法律法規，以確保自身和他人的利益不受侵害。

1. 規定企業設立、組織、解散的法律

規定企業設立、組織、解散的法律包括《中華人民共和國公司法》《中華人民共和國合夥企業法》《中華人民共和國個人獨資企業法》《中華人民共和國公司登記管理條例》《中華人民共和國企業破產法》等。創業者在設立企業之前，必須瞭解這些法律法規的有關規定，包括設立企業要符合的條件、企業的組織機構的設置、企業的規章制度應如何制定等。

2. 規範企業勞動關係的法律

規範企業勞動關係的法律包括《中華人民共和國勞動法》《中華人民共和國勞動合同法》《中華人民共和國就業促進法》《社會保險費徵繳暫行條例》《社會保險登記管理暫行辦法》《工傷保險條例》《最低工資規定》等。每個企業都需要用人，要處理好企業與勞動者之間的關係，使勞動者充分發揮積極性，必須嚴格按照有關法律法規辦理相關手續。

3. 與知識產權相關的法律

與知識產權相關的法律包括《中華人民共和國專利法》及其實施細則、《中華人民共和國商標法》及其實施條例、《信息網絡傳播權保護條例》、《計算機軟件保護條例》等。通過掌握知識產權法律法規，創業者能夠更有效地保護自己的知識產權，也避免侵犯他人的知識產權。

4. 規範企業市場交易活動的法律

規範企業市場交易活動的法律包括《中華人民共和國合同法》《中華人民共和國擔保法》《中華人民共和國產品質量法》《中華人民共和國反不正當競爭法》《中華人民共和國反壟斷法》《中華人民共和國廣告法》《中華人民共和國消費者權益保護法》等。這部分法律法規主要解決企業合法經營、公平交易問題。

5. 規範國家宏觀調控行為的法律

規範國家宏觀調控行為的法律包括《中華人民共和國環境保護法》《中華人民共和國對外貿易法》《中華人民共和國企業所得稅法》《中華人民共和國金融法》《投資法》等。國家宏觀調控視角下，政府是調控者，企業是被調控的對象。企業如果對政府的行為有異議，可以通過行政復議、行政訴訟等途徑申訴自己的權利。

6. 與創業糾紛解決相關的法律

與創業糾紛解決相關的法律包括《中華人民共和國民事訴訟法》《中華人民共和國行政訴訟法》《中華人民共和國仲裁法》《中華人民共和國勞動爭議調解仲裁法》等。

（二）倫理問題

創建新企業時應注意的倫理問題，包括創業者與原雇主之間、創業團隊成員之間、創業者和其他利益相關者之間的倫理問題等。

1. 創業者與原雇主之間的倫理問題

由於許多創業者是離職後開辦新企業，那麼離職時必須做好下面四方面的工作：

（1）離職人員要坦白且真誠地向原雇主說明離職緣由，並預留一段時間給公司尋找適當人員接替，不要等到離職再提出。

（2）按照公司相關規定，向原雇主提出正式書面申請。

（3）離職人員在辭職報告尚未批准的時間內，要繼續認真工作，保證在離職當天處理完先前分配的工作任務。

（4）離職後要尊重所有雇傭協議。一般情況下，雇員都簽署了保密協議和非競爭協議。對於準備創業的離職人員來說，應充分知曉並尊重其簽署的雇傭協議，避免引起法律糾紛。

2. 創業團隊成員之間的倫理問題

創業團隊成員之間要有科學合理的利益分配方案、決策程序、崗位職權劃分和務實的商業計劃，這些內容對於新企業和諧、高效、持久發展至關重要。

（1）股份的劃分。新企業的初始股份劃分要科學。①擬定總股份數，將公司的股份劃分成若干股，結合新企業融資情況將一定比例的股份暫時封存以備以後年度按貢獻值分股和新的投資人進入；②根據團隊成員對項目的貢獻情況規定一個管理股份比例，這部分不應超過總股份數的1/5；③企業運作一段時間後讓每位團隊成員根據新企業的營運情況，結合自己的力量，對剩餘的股份進行認購。

（2）股份的轉讓。如果有合夥人中途退出，原來享有的管理股繼續享有，但僅有分紅權，也可以名義價格轉讓給其他合夥人或新合夥人，原來的合夥人享有優先權；而原來以現金認購的股份，退出人可以保留，也只享有分紅權，如不保留則由公司按照退出的資產淨值回購，也可以由其他人受讓；退出時沒有分配的股權，按名義應該由退出人享有的，由公司以名義價格回購。

（3）團隊成員的工資制度。團隊成員首先要以能力優點定崗，按崗定酬。不過新建企業在最初營運時，通常採用團隊成員相同的基本工資和大家都同意的績效工資制度相結合的方式，多勞多得。

（4）商業計劃的制訂。創業不是僅憑熱情和夢想就能支撐起來的。因此，在創業前期制訂一份完整、可行的創業計劃書是創業者必做的功課。通過調查和資料參考，規劃出項目的短期及長期經營模式，以及預估出能否賺錢、賺多少錢、何時賺錢、如何賺錢以及所需條件等。當然，以上分析必須建立在現實、有效的市場調查基礎上，不能憑空想像，主觀判斷。根據計劃書的分析，再制訂出創業目標並將目標分解成各階段的分目標，同時訂出詳細的工作步驟。

（5）職位、職權的確定。為了保證團隊成員有效執行新企業的計劃、順利開展各項工作，必須預先在團隊內部進行職位、職權的劃分。創業團隊的職位、職權的確定要根據執行創業計劃的需要，結合每位團隊成員的特長，具體確定每個人擔任的職位和承擔的職責以及相應享有的權限。團隊成員間職權的劃分必須明確，既要避免職權的重疊和交叉，也要避免無人承擔造成工作上的疏漏。此外，由於還處於創業過程中，面臨的創業環境又是動態複雜的，會不斷出現新問題，例如團隊成員的不斷更換。因此，創業團隊成員的職權也應根據需要不斷進行調整。

（6）企業決策的決定。決策是一項既複雜又極其重要的工作，正確的決策可以使

新開辦企業由平凡走向輝煌,而錯誤的決策會使企業走向失敗甚至破產。新企業在做出決策前要認真聽取創業團隊成員的意見,博採眾長。在遇到意見不一致的情況時,通常可以採用投票的方式或根據所持股份的多少來做出決策。

3. 創業者和其他利益相關者之間的倫理問題

創業者和其他利益相關者之間的倫理問題涉及三個方面:

(1) 人事倫理問題。目前存在於企業與員工的人事倫理問題表現形式多樣而複雜,其中最為突出的是員工安全隱患和不公平待遇問題。企業應為員工提供安全的工作環境,以免員工在工作過程中被工作環境中的事物和人員傷害到身體或心理。同時企業應不分民族、性別、年齡、膚色、宗教等,公平對待每位員工。

(2) 利益衝突。在企業營運過程中,經常會發生員工利益與企業利益衝突的情況,如果解決不好,任其發展下去,將會引起利益失衡而導致雙方利益受損,甚至兩敗俱傷、產生法律糾紛等後果。因此,企業一方面要為員工提供比較滿意的福利和工作環境,另一方面應加強員工的職業道德教育,讓員工明白,當他的利益與公司整體利益一致時,員工的利益才能得到保證。

(3) 顧客詐欺。在創業初期,創業者往往過於重視企業效益,忽視尊重顧客或公眾安全等問題,例如銷售明知不安全的產品、拍攝誤導性廣告等,這將給企業帶來毀滅性打擊。創業者應該站在顧客的角度看待即將推出的產品或服務,不斷監督自己的工作,尋找能讓顧客更滿意的方法。

五、新企業選址策略和技巧

新企業的選址是指如何運用科學的方法來決定設施的地理位置,並使之與企業整體營運系統有機結合,以便有效、經濟地達到企業的營運目的。新企業選址需要綜合考慮政治、經濟、技術、社會和自然等影響因素,其中經濟因素和技術因素對選址決策起基礎作用。

(一) 影響因素

1. 政治因素

政治因素是指企業所在地的穩定狀況和國家基本政策,包括產業政策、稅收政策、政府訂單和補貼政策等。企業只有充分瞭解當地的政治環境,嚴格遵守國家法律法規,認真貫徹黨和國家的政治路線、方針和政策,才能保持企業的長期穩定運行。

2. 經濟因素

與企業成本直接相關的因素均列入經濟因素的範疇,主要包括以下五個方面:

(1) 運輸條件與費用。生產的投入與產出都有物料的進出,職工上下班、顧客到達都需要交通運輸。不同的運輸條件——水運、鐵路、公路、空運各有其特點和利弊。企業需結合產品及服務的特點與性質,考慮企業是接近原材料產地還是接近消費市場,綜合確定選址方案。

一般選擇接近原材料或材料產地的企業主要是:

①原材料笨重而價格低廉的企業。

②原材料易變質的企業。

③原料笨重，產品由原料中的一小部分提煉而成的企業。
④原料運輸不便的企業。

選擇接近消費市場的企業主要是：
①產品運輸不便的企業。
②產品易變化和變質的企業。
③大多數服務業企業。

（2）勞動力資源情況與費用。隨著現代科學技術的發展，單憑體力幹活的勞動力需求越來越受到限制。只有受過良好教育的職工才能勝任越來越複雜的工作，對於需要大量具有專門技術員工的企業，人工成本佔製造成本的比例很大，而且員工的技術水平和業務能力又直接影響產品的質量和產量，勞動力資源情況和成本就成為選址的重要條件。

（3）能源可獲性與費用。沒有燃料（煤、油、天然氣）和動力（電），企業就不能運轉。對於耗能大的企業，如鋼鐵、煉鋁、火力發電廠，選址應該靠近燃料、動力供應地。

（4）基礎設施。廠址所在區域的基礎設施條件會影響到企業建設和營運的效率。如果該區域供電、供氣、排水、交通、通信設施情況完備，就可以減少企業的初始投資和建設週期。

（5）廠址條件和費用。廠址的地形地勢、地質條件以及利用情況都會影響到建設投資。如在平地上建廠比在丘陵或山區建廠要容易施工得多，造價也低得多；在地震區建廠，則所有建築物和設施都要達到抗震要求；在有可能出現滑坡的地方建廠，需要做好相應的防範措施，這些措施都將導致投資增加。

3. 技術因素

20世紀以來，科學技術發展迅猛，產品結構發生了巨大的變化，整個世界處在新的產業革命時期。技術因素涉及以下三個方面：

（1）基礎通用技術，指應用廣泛、體現基礎性的通用技術。
（2）本行業技術，指形成企業產品的重要技術。
（3）相關技術，指介於基礎技術和本行業技術之間的技術。

4. 社會因素

社會因素包括當地的社會結構、人口環境、社會風俗、生活習慣、文化教育、宗教信仰、價值觀念、行為規範、生活方式、文化傳統和生活水平等。社會因素強有力地影響著人們態度的形成和改變。

5. 自然因素

一個國家的自然資源與生態環境，包括生產的佈局、人的生存環境、自然資源、生態平衡等方面的變化，也會給企業帶來一些環境威脅和機會，因而也是企業選址和經營戰略制定時必須重視的問題。自然因素包括區域氣候、氣象要素特徵值、各項水文指標等。

（二）企業選址戰略

企業選址是一項帶有戰略性的經營管理活動，因此要有戰略意識。選址工作要考

慮到企業生產力的合理佈局、市場的開拓，要有利於獲得新技術新思想。

1. 經濟戰略

企業首先是經濟實體，經濟利益對於任何企業都是重要的。新建企業在選址時要綜合考慮運輸成本、勞動力成本、能源使用費用、廠區建設費用和基礎設施的配套情況等多種因素，使企業資本投入最少、效益產出最大。

2. 就近戰略

這是任何企業都應考慮的戰略，如銀行、儲蓄所、郵電局、電影院、醫院、學校、零售業等都應考慮就近戰略。許多製造企業也把工廠建到消費市場附近，以降低運費和損耗。另外，就近的企業選址會給員工上下班帶來便利，會為企業留住員工創造條件。

3. 聚合戰略

周圍的企業建築密集程度及競爭情況是影響企業經營的重要因素之一。制定選址戰略時，必須分析附近的企業密集度與競爭對手。在企業相對集中的地方，必須努力在產品優勢、經營特色、價格、服務等方面與眾不同，才可能在競爭中脫穎而出。這種聚合戰略會使集中在一起的企業相互間既存在競爭，又相互依附、相互促進，企業需要充分利用好這種關係。

4. 人氣戰略

每個企業都知道，店鋪選址首先要選擇客流量較集中的核心商圈。客流多少是確定選址戰略時必須考慮的重要因素。足夠多的客流量是購買量及銷售額甚至是利潤的基本保障，選址前瞭解客流的特點是必不可少的。

（三）企業選址技巧

1. 選擇路口位置

根據漏門理論，位於干道轉進巷弄的第一家企業，會像漏門一樣，最先吸引顧客。因此，為了讓客戶率先看到自己，很多新成立的企業將地址選擇在路口。這種做法的弊端是隨著車流量的不斷增大，緊鄰大馬路或主幹道而產生的噪聲、廢氣污染與綠色、生態、環保、健康的流行居住趨勢背道而馳；另外路邊店由於受市政規劃不確定因素的影響，遭受拆遷等未來的風險要大得多，因為政府對城市改造、規劃的不斷深入，越來越多的道路會面臨著拓建、改造的可能，這對路邊店的影響將十分巨大。

2. 選擇同行密集的地段

同行密集客自來，這是經商古訓。商業經營中，在某一些街道或地點，集中經營同一類商品，以其商品品種齊全、服務配套完善為特色，可吸引大量慕名而來的顧客。這種經營方法對生產者、消費者都有利，對商品經營者來講，是適應市場需要的一種競爭舉措。

3. 選擇地勢較好的道路及路面

企業選址要考慮所選位置的道路及路面地勢情況，因為這會直接影響商店的建築結構和客流量。通常，企業地面應與道路處在一個水平面上，這樣有利於顧客出入，是比較理想的選擇。但在實際選址過程中，路面地勢較好的地段地價都比較高，企業在選擇位置時競爭也很激烈，所以，在有些情況下，企業不得不將地址選擇在坡路上

或路面與商店地面的高度相差很多的地段上。在這種情況下，最重要的就是必須考慮企業門面、階梯、招牌的設計等，一定要方便顧客，並引人注目。

4. 選擇正確走向

走向是指企業所選顧客流動的方向。中國的交通管理制度規定人流、車流均靠右行駛，所以人們普遍養成右行的習慣，所以企業在選擇地址位置的進口時就應以右為上。

六、新企業的社會認同

對於新建企業而言，在營運過程中要堅持誠信，勇於承擔社會責任，才能得到社會的認同，才能健康、長遠地發展。企業的社會責任主要包括企業對投資者、雇員、國家、社會、債權人、客戶以及環境資源等多個方面的責任，本書已在第二章第二節創業團隊的社會責任部分進行了論述，這裡不再贅述。

【學習導航】

中國特許經營歷史上的十個第一：

(1) 第一家進入中國的國外特許人企業：肯德基，1987年11月12日，北京前門。

(2) 第一次公開的特許經營講座：1992年10月，香港。

(3) 中國本土的第一家實施特許經營體系構建的企業：李寧。

(4) 中國第一家連鎖經營協會：上海連鎖經營協會，1994年4月。

(5) 第一個國家領導人對連鎖發展批示：1995年，總理「要積極發展商業連鎖經營」。

(6) 第一份明確提出特許經營的官方文件：1997年3月，《連鎖店經營管理規範意見》。

(7) 第一部特許經營法規：1997年11月14日，《商業特許經營管理辦法（試行)》。

(8) 第一屆正規的特許經營展覽會：1998年的國際特許經營巡展，環球資源主辦。

(9) 特許人總數全球第一的時間：2006年，2,600多家。

(10) 第一部特許經營法規：《商業特許經營管理條例》，2007年5月1日起施行。

【本節要點】

一家新企業可以選擇的組織形式有多種，主要有：個人獨資企業、合夥企業、有限責任公司（包括一人有限責任公司）和股份有限公司。創業者在創建和經營企業的過程中，必須瞭解和遵守有關法律法規，以確保自身和他人的利益沒有受到非法侵害。與創業有關的法律主要包括《中華人民共和國專利法》《中華人民共和國商標法》《中華人民共和國著作權法》《中華人民共和國反不正當競爭法》《中華人民共和國合同法》《中華人民共和國產品質量法》《中華人民共和國勞動法》等。創建新企業時應注意倫理問題，包括創業者與原雇主之間、創業團隊成員之間、創業者和其他利益相關者之間的倫理問題等。新企業選址需要綜合考慮政治、經濟、技術、社會和自然等影

響因素。其中經濟因素和技術因素對選址決策起基礎作用。企業註冊成立後，除遵紀守法外，還需要主動承擔社會責任，才能獲得社會認同。

第二節　新企業生存管理

【本節教學目標】

1. 瞭解針對新企業的管理重點與行為策略。
2. 掌握新企業管理的獨特性。
3. 瞭解創辦新企業後對風險的應對策略與技巧。

【主要內容】

對於新企業而言，首先要經歷從無到有，謀求生存的企業家精神主導的成長時期，本階段最明顯的特點就是依靠創業者的個人創造性和英雄主義，強調研發，重視市場，把產品銷售出去，讓企業能迅速成長。其管理側重於生產和銷售，組織結構是非正式的、簡單的、靈活而集權的，高層管理風格崇尚個人主義和創業精神，管理控制體系以追求市場結果為導向，創業者擁有所有權。

一、新企業管理的特殊性

創業者開辦企業的基本理由是對市場需求的把握和預測，並能夠組織資源開發出適合市場需求的新產品（服務）。新企業成立初期易遭遇資金不足、制度不完善以及因人設崗等問題，企業主要把希望寄托在產品（服務）的市場前景和創業者的企業家精神上，而企業的財務資本、人力資本、技術水平、治理結構和管理制度都十分有限，更沒有品牌、商譽等無形資產，生存是企業的首要任務。因此，企業不僅要面臨外部環境競爭的極大壓力，還要面對各種資源短缺的壓力。

（一）新企業創業初期是以生存為首要目標的行動階段

新企業成立初期的首要任務是在市場中生存下來，讓消費者認識和接受自己的產品。而這時的產品或業務往往是單一的，甚至只是為其他企業做加工和銷售，企業的控制力較弱，目標就是生存下去，獲取一定的利潤，推動企業往前走，追求規模型成長。因而，在新企業創業初期，發展重點就是確定有利的市場定位和開發產品，從市場定位出發，開發差異化產品或服務，找準市場、擁有客戶，使企業得以生存。

（二）新企業創業初期是主要依靠自有資金創造自由現金流的階段

新企業創業初期，企業需要大量的資金用於購買機器、廠房、辦公設備、生產資料、技術研究與開發、銷售等，而該時期企業的資金來源有限、風險較大、風險承受能力有限，產品剛投入市場，銷路尚未打開，造成產品積壓，現金的流出經常大於現金的流入，資金相對匱乏。由於一般投資者無法承受巨大的風險，而企業又沒有過去的經營記錄和信用記錄，因此新企業從銀行獲取貸款的可能性和向新投資者獲取權益性資金的可能性均很小，企業主要依靠創業者自己或朋友親戚的資金資助，通過加大

營銷力度，擴大市場份額和規模來創造自由現金流，以解決企業的生存問題。

（三）新企業創業初期是充分調動「所有的人做所有的事」的群體管理階段

新企業創業初期組織結構比較簡單，創業者或經理不僅對部門負責，而且和部門負責人一起面對企業的全體員工及其崗位，創業者或核心管理者常常既是管理者又是技術人員或市場業務員，甚至總經理、總工程師、市場部經理等都是創業者一人兼任。企業組織很不正規，沒有明確的分工，採取個人獨立工作或分散的小組運作方式，通常有許多人同時擔任好幾種職責，但效率高。

（四）新企業創業初期是一種「創業者親自深入運作細節」的階段

新企業創業初期由於企業規模較小，組織管理的層次較少，管理上基本都是直線控制指揮，一般為企業家、創業者直接領導，他們處於最強有力的位置，採用仁慈獨裁式或獨裁式領導。事無鉅細，一般要創業者直接參與決策，甚至創業者本人到第一線直接參與經營活動。創業者是企業的核心，控制並參與企業的全部經營業務，包括原材料、能源、經營、資產與合作。

二、新企業成長的驅動因素

人才、技術、市場與資本是構成創業的核心要素，而企業成長的推動力量則主要包括創業者、創業團隊、市場、組織、資源和創新。

（一）創業者

創業者的素質與能力是創業成功的第一要素。拉瑞·葛雷納（L. E. Greiner）認為新企業創業初期是因為創新而成長，這時候靠的是領導人或合夥人的領導魅力。創建一個成功企業，需要解決的主要挑戰及問題是界定市場需要和開發適當的產品（服務）來滿足顧客需要。解決這些問題所需要的是典型的企業家技巧：探明市場需要的能力，承擔投資風險，建立一個滿足這種需要的企業願望，以及創建一個能夠提供這種產品（服務）的組織的能力。創業初期主要利用企業家的創新能力，識別可行的市場並確定有競爭力的產品，進入新的市場空間，開發新的縫隙。建立創業團隊同樣取決於創業者的能力和作用，在新企業創業初期，創業者通常擔任很多職務，在組建團隊時需要對創業者自身進行精確分析，需要對創業戰略進行精確評價，需要對企業資源進行具體評價等。因此，企業家是管理並運作一個企業的最高層的管理人員，是決定企業成長的關鍵力量，是企業的精神領袖。優秀的企業家是一種稀缺資源，他們在經營中表現出與眾不同的優秀品格，如強烈的進取心、較強的內控能力、善於把握機會、敢於冒險、富於創新、不斷挑戰自我、超越自我的精神。

（二）創業團隊

一個好的創業團隊對新創企業的成功起著舉足輕重的作用。一個喜歡獨立奮鬥的創業者固然可以謀生，然而一個團隊的營造者卻能夠創建出一個具有發展潛力的組織或公司。創業團隊的凝聚力、合作精神、立足長遠目標的敬業精神會幫助新創企業渡過危難時刻，加快成長步伐。另外，團隊成員之間的互補、協調以及與創業者之間的補充和平衡，對新創企業起到了降低管理風險、提高管理水平的作用。一項針對104家高科技企業的研究報告指出，在年銷售額達到500萬美元以上的高成長企業中，有

83.3%是以團隊形式建立的；而在另外73家停止經營的企業中，僅有53.8%有數位創始人。

（三）市場

企業的存在是因為能夠滿足市場的需要，如果沒有市場需求，新創的企業就沒有生存的價值。在競爭激烈的市場環境下，創業者如果不能開拓並管理好市場，即使擁有最好的技術、雄厚的資金，也可能導致企業夭折。創業者應堅持「創造市場」的理念去開拓市場、管理市場。

（四）組織

組織工作做得好，可以形成整體力量的匯聚和放大效應；否則，就容易出現「一盤散沙」，甚至造成力量相互抵消的「窩裡鬥」局面。有位管理學家這樣說過，高水平的組織就如同原子核裂變一樣，可以放射出像「蘑菇雲」一樣巨大的能量。可以說，組織結構之於企業，就像人的骨骼系統之於身體，是企業生存發展所不可缺少的重要條件。

新創企業的組織結構比較簡單，企業管理常常處於一個層次，總經理與各部門中間沒有層次障礙。創業者可以直接深入一線，普通員工可以直接與創業者對話，這樣便於控制。但伴隨著企業的成長，組織結構也需要隨著企業的發展而變化。創業家需要使組織創新與技術創新、市場創新、管理創新等相一致，相融合，協調發展，這樣才不至於使新企業過早地老化以至於創業失敗。

（五）資源

企業是一個資源的集合體，企業成長的過程就是資源的獲取與累積的過程，沒有足夠的資源，企業就不可能沿著既定的方向發展。在知識經濟時代，企業的資源已經有巨大的拓展，人、財、物是企業的基本資源，其他的利益相關者、知識、信息等企業的無形資產、各種市場與關係網絡甚至競爭對手都是企業的資源。在企業成長過程中，努力獲取資源，善於整合和平衡利用資源，並使資源轉化為企業的能力是企業高速成長的關鍵。

（六）創新

創新是企業的唯一生命主線，失去創新，企業將停滯不前，甚至衰亡。企業得以生存與發展的根本是能滿足人類社會不斷增長的物質與精神的需要，企業能夠滿足不斷發展變化的社會需求，唯一的依賴是創新。企業作為社會組織中的一個細胞，只有順應社會的發展，才能生存與發展下去，因此，創新是創業企業成長之根本。

三、新企業成長管理的技巧和策略

創業初期的企業往往處於高風險期，抵抗內、外部風險的能力都很弱。因此，企業在創業初期管理的主要任務是設法保證自身存活，管理的重點主要有如下幾方面：

（一）整合外部資源，追求外部成長

市場環境日新月異，對企業來說既是挑戰也是機遇，環境的變化使得一些前所未聞的問題層出不窮，但同時機會也接踵而至。機會稍縱即逝，任何企業的資源結構都不可能適合於所有情況，也沒有企業總是能夠在第一時間找到合適的新資源，於是整

合外部資源，快速應對新情況是新企業成長的利器。

新企業的人力、財力、物力資源相對匱乏，注重借助別人（既包括競爭對手也包括合作者）的力量，發展壯大自身，便顯得尤為重要，這也是快速成長企業特別擅長的策略。據一項調研表明，融資方式的選擇是影響中小企業經營的一個重要因素，如何選擇融資方式，怎樣把握融資規模以及各種融資方式的利用時機、條件、成本和風險，對企業的生存和發展都至關重要。而通過上市獲得短缺資源並迅速擴大規模是企業實現成長的捷徑之一。

（二）保持持續成長的人力資本

美國著名管理學者托馬斯·彼得斯（Thomas Peters）認為：「企業或事業唯一真正的資源是人，管理就是充分開發人力資源以做好工作。」在創業要素中，人是最核心的要素。人力資源是任何企業中最寶貴的資源，經濟學家稱之為第一資源。快速成長企業的一個共同成功要素是其強有力的人力資源管理。企業根據創業戰略，分析新企業在環境中的人力資源供給與需求狀況，制定相應的政策和措施，確保在需要的時間和需要的崗位上獲得各種需要的人才，創造良好的人力資源環境，使人與事圓滿結合，事得其人，人盡其才。快速成長企業的經營者並不一定要受過高等教育，但他們要雇傭一大批有能力的下屬，他們通過構建規模較大的管理團隊讓更多的人參與決策。

（三）實現從創造資源到管好用好資源的轉變

新企業的成長是靠資源的累積實現的。創業者能否成功地創造出機會，進而創建新企業或開拓新事業，在很大程度上取決於他們掌握和能整合到的資源以及對資源的利用情況。

新企業成長需要從注重創造資源轉向管理好已經創造出來的資源，從資源「開創」到資源的「開發利用」。創業者要注意挖掘資源價值，從價值創造的角度分析資源，而不是一味地追求資源佔有的數量，因為資源獲取本身也需要承擔成本，佔有資源而沒有創造價值就是浪費資源，必將為此付出代價。目前，有的企業上市的主要目的是籌集資金，籌集到的資金因為沒有好的投資項目而閒置，從而造成很大的損失。

新企業成長需要採取必要的措施，管理好客戶資源，管理好有形無形資產，通過現有資源創造最大價值。在企業生存階段，切忌因為市場的擴大而忽視顧客。顧客需求的滿足是企業成長的根本理由，通過運用和客戶相接近的能力，滿足客戶的要求，保證他們的忠誠，認真對待客戶，使他們在交往中感覺良好是一種本質的回報。

（四）形成比較固定的企業價值觀和文化氛圍

一個公司要想發展起來，不僅要靠硬件設施，還要靠文化這個軟件。因此，一個公司要發揚團隊精神也不能只靠口號、希望、標語，還要靠在無形中影響人的企業文化。

企業價值觀是企業文化的核心，構建企業文化的關鍵是確立並發展企業共同價值觀。「利潤只是把工作做好的副產品」，這是耐克公司的價值觀，耐克公司的成功依賴對價值觀的執著——建立與發展共同價值觀。對於新創立的企業或創建初期的企業文化建設，應該全面構建企業物質、制度和精神文化。而大多數快速成長企業都有比較固定的企業價值觀，用以支持企業的健康發展。

新創立的企業要想成長起來並保持長期競爭優勢，創業者的素養、觀念意識是十分關鍵的，並且它們對企業文化有重要的導向作用。創業者創建企業文化，既是艱苦創業的需要，也是創業企業能夠迅速健康成長的需要，企業文化的雛形對今後企業文化的發展影響重大。所以，快速成長企業的創建者非常熱愛他們自己所從事的事業，他們審時度勢，樹立符合社會發展的價值觀念，並傾注全部心血使企業的價值觀延續下去。

（五）注重用成長的方式解決成長過程中出現的問題

　　美國著名的組織學者、哈佛大學教授拉瑞·葛雷納（L. E. Greiner）指出，組織的變革伴隨著企業成長的各個時期，組織變革與組織演變相互交替，進而促使組織發展。組織成長中兩個時期之間是否能夠正常過渡決定著企業的成長方向。

　　第一，注重在成長階段主動變革。企業應明確發展戰略，制定、實施戰略決策，將精力集中於影響企業經營績效的那些關鍵因素和環節，注重自身的發展方向與未來環境的適應性，積極主動地應變，利用環境變化中存在的各種機會，使自身在變化的環境中發展壯大。

　　第二，善於把握變革的切入點。英特爾公司總裁葛洛夫（Andi Goove）先生有一句話：「當一個企業發展到一定規模後，就會面臨一個戰略轉折點。」就是說，你要改變自己的管理方式、管理制度、組織機構，否則你就難以駕馭和掌控企業，更不用說持續經營。所以，在企業管理中要正確把握企業成長的各個階段，針對各個階段不同的特點和企業實際情況，進行重點管理，採取新的管理方式和手段，平穩轉折、實現突破。

　　第三，重視人力資源的開發。新創企業在生存階段，新員工湧入給企業原有的價值觀和行為規範帶來巨大的衝擊，領導者不可能再管到每個人，中層管理者希望有更多的權力和權威，人員素質和水平越來越不能滿足公司發展的需要。因此，對於一個新創立的企業，需要的是合理的人力資源配置，如果配置不合理，一方面可能使某些人員多餘，另一方面又造成需要的人才嚴重短缺，使創業過程人力資源成本加大，使工作效率降低，甚至使創業夭折。

　　第四，注重系統建設。在創業初期，迫於生存壓力，企業一切以顧客和市場為中心，這樣做的本質是單純以獲取資金為中心，並不是真正意義上的市場導向。企業的全體員工只重視結果，而不重視過程，只重視所得，而不重視成本，以至於企業的銷售量和銷售收入都在快速增長，但利潤沒有增長，反而下降，「紅紅火火不賺錢」。企業發展起來後，規模擴大了，要解決組織成長問題，基礎是企業必須形成自己的使命、願景和核心價值觀並為組織成員所認同，並在此基礎上建立公司的組織架構和人力資源管理系統。

（六）從過分追求速度轉到突出企業的價值增加

　　當企業經過一段時間的奮鬥並取得一定成果後，企業基本步入正軌，隨著產品打開市場局面，企業業務得以快速發展。與此同時，顧客的產品知識也日益豐富，對質量、價格、交貨期等方面提出了更高的要求，競爭對手增加，競爭範圍擴大，企業面對價格競爭的壓力也越來越大。因此，當企業發展到一定程度時，就需要向價值增加

快的方面轉移和延伸，以獲得最大的價值增加。

突出價值增加的另一方面就是企業品牌的打造。品牌在本質上代表著某種產品的特徵、能給消費者帶來利益和服務的承諾，是消費者識別企業的重要依據。因此對於新創企業來說，給自己的產品打造獨特的品牌就顯得更為重要。

四、新企業的風險控制和化解

風險和收益往往存在著對應關係，高風險通常會帶來較高的收益，如果一味地迴避高風險，有可能就放棄了獲得高收益的機會。因而，新企業應根據不同條件、不同環境選擇不同的風險控制和化解措施，制訂風險管理計劃，通過對風險監控來增強防範、化解風險的主動性，減少風險損失。

（一）制訂風險緩解計劃

新企業對風險採取主動的方法，其中避免永遠是最好的措施，這可以通過採取風險緩解計劃來達到。例如，新企業的人員流動風險，基於以往歷史和管理經驗，人員流動概率為60%，這對企業成長具有嚴重的影響。因此，企業首先要找出人員頻繁流動的原因——是工作環境差、報酬待遇低還是競爭激烈等。然後，針對原因提出改善方案，通過工作復審讓多人熟悉同一工作，對關鍵技術崗位指定後備人員，從而確保人員離開時的工作連續性。

（二）構築風險監控體系

創業者對新創企業要建立風險監控體系，確保企業運作正常，包括設置事前、事中、事後三道防線，健全風險預警、風險控制、風險補償三級制度；嚴格資金管理，嚴格區分客戶資金和自由資金，使資金調撥安全迅速。三種管理手段並舉，為公司營運保駕護航，使企業的發展規範、健康、有序和持續。

（三）實施風險化解措施

所有風險分析活動都只有一個目的，就是幫助項目組找到處理風險的策略。

（1）強化團隊支持，避免獨立的項目結構。通過有效的團隊建設增進團隊之間的項目支持，可以有效避免一些風險。

（2）提高項目經理的權限。有些問題可以在項目經理的層次解決而不需要向更高一層匯報，這樣可以有效縮短化解風險的時間。

（3）改善溝通。通過加強和改善信息流通來促使一些問題得到合理解決。

（4）經常進行監督、檢查和管理。

【本節要點】

新企業成立初期應以生存為首要目標，其特徵是主要依靠自有資金創造自由現金流，實行充分調動「所有的人做所有的事」的群體管理以及「創業者親自深入運作細節」。新企業成立初期易遭遇資金不足、制度不完善、因人設崗等問題。企業成長的推動力量包括創業者（團隊）、市場和組織資源等。新企業成長的管理需要注重整合外部資源追求外部成長；管理好保持企業持續成長的人力資本；及時實現從創造資源到管好用好資源的轉變；形成比較固定的企業價值觀和文化氛圍；注重用成長的方式解決

成長過程中出現的問題；從過分追求速度轉到突出企業的價值增加。

【案例分析】

綠色之星果汁餐廳（Green Planet Juicery）僅僅經營了3年就倒閉了，其實導致該餐廳倒閉的是經營者對法律的無知和管理的失誤。

1. 發展過於迅速

綠色之星果汁餐廳的成長速度太快了。堅寶果汁餐廳修煉了3年才開辦第二家店，與此不同，綠色之星果汁餐廳迅速擴張，在創立不到2年的時間內就新開了3家店。由於急速擴張，資金遇到困難，在成立第三家店鋪時不得不與投資者將它組建成合夥企業，因此綠色之星果汁餐廳只能獲得餐廳利潤中的一部分。

2. 選址出現重大失誤

綠色之星果汁餐廳放棄了在大學校園附近選址的初衷，所有新開店面都位於薩克拉門托附近。新開的3家店中，有2家店在苦苦掙扎，究其原因，是這2家店的選址非常糟糕。第一家店位於一所中學附近（學校禁止學生在午餐時間出校門），而第二家店開在了折扣店旁邊，這兩家店鋪都出現了顧客稀少的局面。

3. 缺乏法律知識

綠色之星果汁餐廳借用了堅寶果汁餐廳的菜單和其他文字材料，如有關海藻、豆腐、蜂蜜和啤酒花等食物的營養成分說明，還借用了其促銷口號「吃綠色食品，保持靚麗青春」。由於綠色之星果汁餐廳的上述行為侵犯了堅寶果汁餐廳的知識產權，不得不向堅寶果汁餐廳進行巨額的賠償。

綠色之星果汁餐廳的倒閉告訴我們：缺乏法律知識和管理失誤會給企業帶來巨大的傷害，尤其是在新企業生命初期。

【作業與思考題】

一、填空題

1. 哈佛大學教授拉瑞‧葛雷納（L. E. Greiner）提出的五階段模型將企業成長分為_____、_____、_____、_____和_____。
2. 新企業成長的驅動因素包括_____、_____、_____、_____、_____和_____。

二、名詞解釋

1. 企業倫理
2. 企業社會責任

三、簡答題

1. 新企業選址的影響因素有哪些？
2. 新企業的註冊流程包括哪些內容？
3. 創建新企業需要瞭解哪些法律法規？

4. 如何看待企業的社會責任？
5. 如何理解新企業管理的獨特性？
6. 新企業生存階段如何管理？

【教學設計】
第一時段：2節課，100分鐘
課前準備：5分鐘。點名，介紹本章教學師資、課時、教學計劃安排。
開課問題：5分鐘。就主體案例提出3個啓發性問題。
講授內容：70分鐘。圍繞主體案例，以教材為內容，系統講解新企業成立的內容。
案例討論：15分鐘。以江西喬家柵食品有限公司為引導，鼓勵學生參與企業知識產權保護方面的內容討論。
布置問題：5分鐘。選擇5個小組長，每人1~2個問題。
第二時段：2節課，100分鐘
溫習案例：10分鐘。抽選5個小組長或小組代表回答上次課布置的問題。
講授內容：60分鐘。以教材為主線，系統提煉講解第二節內容。
案例討論：10分鐘。至少調動5名學生主動發言。
案例分析：17分鐘。針對主體案例進行系統剖析。
布置作業：3分鐘。布置作業。

【創業案例】

聯想成長之路

柳傳志，1966年畢業於西安軍事電訊工程學院（現西安電子科技大學），1970年調入中國科學院計算所工作，1984年柳傳志毅然「下海」辦起了公司，成為中科院「一院兩種運行機制」的先行者。

聯想人沒有把主要精力放在買賣電腦上，他們選擇了另外一條路——計算機服務。1985年，中科院把500臺電腦的驗機、培訓、維修交給了他們。這一年，聯想掙了70萬元人民幣。

這是一筆他們中任何人都未見過的巨大財富。20多名創業者選擇了同一條道路——把資金投向未來的事業。柳傳志此時已看準了當時國內在計算機應用過程中急需解決的漢字輸入問題，毅然聘請計算所漢字信息處理技術專家倪光南等加盟。

倪光南的漢字系統，早在1983年就研製出來了。當時他找了四家公司推廣這一產品，但直到1984年年底，銷量還不到600臺。柳傳志請來倪光南後，首先讓倪光南完成向個人電腦（PC）的移植工作，把漢字系統集成到一塊芯片上。兩人緊密合作，倪光南加入聯想不到半年，便完成了最後的移植工作，研製出了第一塊漢卡。樣品出來了，聯想有了自己的產品，經過1986年、1987年兩年的打拼，聯想基本站穩了腳跟。

推出聯想電腦

1990年，基於對整個中國市場乃至世界市場的判斷，聯想推出了自己的品牌電腦。1992年，中國電腦市場還小，全國一年的需求也只有20萬臺左右，而國際商業機

器公司（IBM）在全世界的銷量是幾百萬臺。但柳傳志預見到了以後可能發生的情況：隨著電腦的普及，家用電腦將很快走進中國家庭，未來，中國電腦需求量將呈幾何級數增長。

1992年，聯想開始籌備，1993年推出家用電腦。他們將自己的家用電腦命名為「聯想1＋1」，聯想人沒有向社會對「聯想1＋1」做明確的解釋，他們把這個懸念留給了社會。

聯想推出的第一代「聯想1＋1」家用電腦零售價只要3,000元。這種電腦沒有硬盤，使用黑白顯示器，從運行軟件和學習電腦來看，這種電腦可以滿足要求。便宜而易於使用的第一代「聯想1＋1」把電腦對於中國家庭的兩層神祕性去掉了。電腦有了進入收入不多、文化水平不高的中國家庭的機會。

1994年，聯想推出了第二代「聯想1＋1」電腦。第二代電腦保持了第一代電腦易使用的特性，並且開發出一系列家庭用電腦軟件，在電腦配置等各個方面都比第一代高級很多，零售價也提高到一萬多元。

經營好人才

通過13年的努力，聯想集團成就了數十億的家業。柳傳志認為：「辦公司就是做人。」故聯想集團在意欲成為百年老字號的發展過程中，始終精心實施著自己的人才戰略。

聯想集團培養人的第一個方法叫作「縫鞋墊」與「做西服」。柳傳志認為，培養一個戰略型人才和培養一個優秀的裁縫有相同的道理。一開始不能給他一塊上等毛料去做西服，而是應讓他從縫鞋墊做起，不能拔苗助長、操之過急，要讓他一個一個臺階爬上去，最後才能做出好的西服。

聯想集團培養人才的第二個方法是「在賽馬中識別好馬」。聯想從1990年開始大量使用年輕人。幾乎每年都會有數十名年輕人得到提拔。開始時，多數年輕人在副職崗位上，由一個資深聯想人擔任正職，在這樣的結構中貫徹「在賽馬中識別好馬」的策略，對出類拔萃者大膽起用。今天的聯想，在一線戰場領軍與強大對手展開競爭的90%以上已經是新一代的聯想人。

聯想集團培養人才的第三個方法是訓練他們搭班子、協調作戰的能力。1994年，聯想成立了總裁辦公室，將一些具有良好可塑性的人才集中到總裁辦，這些人中有一線業務部的經理，有職能管理部門的經理。凡總裁需要決策的項目都會事先拿到總裁辦討論，因為這些成員將來極有可能要管理整個公司，現在提前把大家聚在一起議事，彼此脾氣秉性和價值觀逐步融合，一個團結堅強的班子才有可能搭成。

塑造良好的企業形象

聯想的形象分為兩部分：一部分是改善公司生存發展環境的策劃，包括媒介的新聞報導、各種類型的研討以及社會公益活動；另一部分是對產品促銷的策劃。

具體的形象戰略設計與實施工作又包括了四個層次：第一個層次是產品廣告活動；第二個層次是市場促銷的公關活動；第三個層次是企業發展所需的具體條件的政府公關活動；第四個層次是發展所需的行業環境、政策環境、輿論環境的營造和培養活動。

聯想的形象戰略起點是較高的，從一開始就在前三個層次齊頭並進。到1994年，聯想已進入了中國一流企業行列，第四個層次的工作便擺到了十分重要的位置。

1988年聯想集團的形象推廣工作被正式提上議事日程，公司成立了公關部，負責編輯一份企業內部報紙和一份提供給用戶的技術類雜誌，同時還負責在兩種計算機專業報紙上做公司的產品廣告。他們的職責用副總裁李勤的話說，就是要把公司推銷出去。這一年聯想漢卡榮獲「國家科技進步獎」，這一獎項成為聯想集團1990年前獲得的重要榮譽，同時聯想的廣告又在中國中央電視臺（CCTV）第一套節目黃金時間播出，達到了良好的促銷效果。

1994年，聯想的形象戰略工作向一個更高層次發展，聯想開始對企業發展所需的環境進行策劃。這包括兩部分：一部分是政策和輿論環境，另一部分是市場環境，聯想的形象戰略從此有了新的內容。這年年初，《人民日報》頭版頭條報導：聯想集團面對世界一流企業的強大競爭壓力，明確提出要堅決扛起民族工業大旗，引起了社會廣泛關注。之後，所有的宣傳策劃中都貫徹了這一主題。聯想這一行動至少對於中國融入世界經濟大潮具有啟示作用，這對創造一個好的政策、輿論環境是有幫助的。

創新經營

聯想的創新經營主要表現在組織創新、市場創新和產品技術創新三個方面。

（1）順應市場要求，調整組織結構

在管理上，聯想曾經採用了三種模式。

第一種模式叫「平底快船」，1987年前聯想處在這一階段。「平底快船」用通俗的話說就是人員少、部門少，人員和部門一專多能，只要市場需要，什麼事都要幹。資金分多批量投放，然後快速回籠，他們稱作「小步快跑」，而權力則高度集中。這種模式對規模很小且處於創業階段的聯想是十分有效的，這也是聯想初期組織創新的一個特點。

第二種模式叫「大船結構」，這一模式是從1988年開始的。聯想營業額當年首次突破億元大關，除去自製產品外，聯想還與幾家外國公司建立了產品代理關係。這時聯想已基本上是一個中型企業了，「平底快船」模式已不能適應企業發展的要求。於是他們在「集中指揮、統一作戰」兩個因素之外又加了「專業化分工」的內容，重新組建了五六個以產品類型劃分的銷售部，組建了以創辦和管理分公司為主要任務的業務部，成立了以項目課題劃分的若干個研究室組成的「研究開發中心」。

第三種模式叫「艦隊結構」。1993年，聯想進入它的第三個管理階段，稱為「艦隊模式」。所謂「艦隊結構」管理體制，即將以前的業務部門按產品區分組成事業部，把市場策略、科研開發和生產控制的權力下放給事業部，事業部要自己制訂經營計劃，自己負責生產和科研，自己制訂產品價格，建立銷售渠道和服務網絡；年底根據銷售業績，自己制訂獎金分配方案。這一管理模式的調整，為聯想在以後的發展中保持旺盛的活力和強大的市場競爭力提供了重要幫助。

（2）增強系統運籌能力，搞好市場創新

在搶占市場地位時，聯想的第一步是「海外戰略」。首先，他們選擇了與幾個畢業於英國倫敦帝國大學理工學院的年輕人創辦的、技術實力和資本實力不太強的「導遠

電腦有限公司」進行合作，組成了香港聯想電腦有限公司。之後就是如何從零起步擠入國際市場。聯想採取了「汾酒質量、二鍋頭價格」的策略，憑藉這一策略在國際市場一步步推進，電腦板卡由虧損到盈利，又由盈利到佔有全球市場一定份額，全部過程用了5年時間。

聯想集團搶占市場的第二步，是1990年聯想電腦在中國問世後，聯想通過市場創新確立了在國內電腦市場的地位。聯想選擇了「大眾名牌」的道路。「買得起、用得放心」，便成為聯想電腦大眾品牌的核心內容。1995年聯想電腦年銷售量達到10萬臺。

1996年2月，籌劃已久的聯想人突然向社會公布：聯想集團各種型號電腦大幅度降價，其中一款電腦降價幅度達到25%以上，從而贏得了1996年這個轉折點。這場價格戰是聯想集團市場創新的一個重大舉措，具有重要的戰略意義，也是中國電腦民族工業與世界一流企業一次至關重要的正面交鋒。繼聯想之後，又有四五家中國電腦企業宣布了降價消息，從而形成了中國電腦企業的一次集團行動。這樣的行動對聯想這樣的企業乃至中國電腦行業的意義是不言而喻的，它是中國電腦行業開始走向成熟的一個重要標誌。

（3）保持產品技術性能的先進性

聯想推出的產品不一定是技術上最先進的，但卻是市場最需要的、恰到好處的、恰到時機的。比如，聯想漢卡是聯想集團至今為止最具創新意義的產品。它填補了市場空白而且技術更新快，幾乎每年推出兩個型號。雖然1986—1991年間，許多企業也在推出漢卡類產品，但聯想漢卡始終以極強的技術更新能力保持著產品性能價格比一馬當先的優勢。1992年，根據世界計算機技術的變化，聯想把漢字技術集成在電腦顯示卡上，給聯想漢卡作為電腦配套商品的歷史畫上了句號。1996年聯想推出了「幸福之家」和「我的辦公室」全中文操作界面，以及家庭適用的應用軟件和軟硬件一體化的設計，因此在市場上受歡迎的程度比那些外形美觀或創意稍稍領先的廠商高得多。1997年聯想推出的「天琴電腦」在更廣泛的層面上考慮了用戶需求，設計了帶電話鍵盤、低音炮音箱等獨具特色的部件，並有13項設計獲國家專利，受到了消費者的普遍歡迎。

在中國計算機行業，經常出現一個產品或一個企業像新星一樣驟然升起，但沒多久又像流星一樣猝然消失的現象。聯想集團一次次的成功是聯想人智慧的體現，一次次成功的神奇之處及其作用不能不讓人由衷地欽佩。

資料來源：中國企業成功之道聯想案例研究組．聯想成功之道［M］．北京：機械工業出版社，2012．

創業型人才素質測試模擬試題

（時間：70 分鐘）

一、IQ 測試題

請在 30 分鐘內完成以下 30 題。

1. 選出不同類的一項（　　）。
   A. 蛇　　　　　　　B. 大樹　　　　　　C. 老虎
2. 在下列分數中，選出不同類的一項（　　）。
   A. 3/5　　　　　　B. 3/7　　　　　　C. 3/9
3. 男孩對男子，正如女孩對（　　）。
   A. 青年　　　　　　B. 孩子　　　　　　C. 夫人　　　　　　D. 姑娘
   E. 婦女
4. 如果筆相對於寫字，那麼書相對於（　　）。
   A. 娛樂　　　　　　B. 閱讀　　　　　　C. 學文化　　　　　D. 解除疲勞
5. 馬之於馬廐，正如人之於（　　）。
   A. 牛棚　　　　　　B. 馬車　　　　　　C. 房屋　　　　　　D. 農場
   E. 樓房
6. 2, 8, 14, 20（　　），請寫出（　　）處的數字。
7. 下列四個詞是否可以組成一個正確的句子？（　　）。
   生活　水裡　魚　在
   A. 是　　　　　　　B. 否
8. 下列六個詞是否可以組成一個正確的句子？（　　）。
   球棒　的　用來　是　棒球　打
   A. 是　　　　　　　B. 否
9. 動物學家與社會學家相對應，正如動物與（　　）相對。
   A. 人類　　　　　　B. 問題　　　　　　C. 社會　　　　　　D. 社會學
10. 如果所有的婦女都有大衣，那麼漂亮的婦女會有（　　）。
    A. 更多的大衣　　　　　　　　　　　　B. 時髦的大衣
    C. 大衣　　　　　　　　　　　　　　　D. 昂貴的大衣
11. 1, 3, 2, 4, 6, 5, 7（　　），請寫出（　　）處的數字。
12. 南之於西北，正如西之於（　　）。
    A. 西北　　　　　　B. 東北　　　　　　C. 西南　　　　　　D. 東南

13. 找出不同類的一項（　　）。
   A. 鐵鍋　　　　　B. 小勺　　　　　C. 米飯　　　　　D. 碟子
14. 9, 7, 8, 6, 7, 5（　　），請寫出（　　）處的數字。
15. 找出不同類的一項（　　）。
   A. 寫字臺　　　　B. 沙發　　　　　C. 電視　　　　　D. 桌布
16. 961（25）432, 932（　　）731，請寫出（　　）內的數字。
17. 選項 ABCD 中，哪一個應該填在 XOOOOXXOOOXXX 後面？（　　）。
   A. XOO　　　　　B. OO　　　　　C. OOX　　　　　D. OXX
18. 望子成龍的家長往往（　　）苗助長。
   A. 揠　　　　　　B. 堰　　　　　　C. 偃
19. 填上空缺的詞（　　）。
   金黃的頭髮（黃山）刀山火海
   讚美人生（　　）衛國戰爭
20. 選出不同類的一項（　　）。
   A. 地板　　　　　B. 壁櫥　　　　　C. 窗戶　　　　　D. 窗簾
21. 1, 8, 27（　　），請寫出（　　）內的數字。
22. 填上空缺的詞：
   罄竹難書（書法）無法無天
   作奸犯科（　　）教學相長
23. 在括號內填上一個字，使其與括號前的字組成一個詞，同時又與括號後的字也能組成一個詞：
   款（　　）樣
24. 填入空缺的數字：
   16（96）12, 10（　　）7.5
25. 找出不同類的一項（　　）。
   A. 斑馬　　　　　B. 軍馬　　　　　C. 賽馬　　　　　D. 駿馬
   E. 駙馬
26. 在括號上填上一個字，使其與括號前的字組成一個詞，同時又與括號後的字也能組成一個詞：
   祭（　　）定
27. 在括號內填上一個字，使之既有前一個詞的意思，又可以與後一個詞組成詞組：
   頭部（　　）震盪
28. 填入空缺的數字：
   65, 37, 17（　　）
29. 填入空缺的數字：
   41（28）27, 83（　　）65
30. 填上空缺的字母：

CFI DHL EJ（　　）

二、EQ 測試題

請在 25 分鐘內如實選答以下 25 題。

1. 我有能力克服各種困難。
   A. 是的　　　　　　　　B. 不一定　　　　　　　　C. 不是的

2. 如果我能到一個新的環境，我要把生活安排得：
   A. 和從前相仿　　　　　B. 不一定　　　　　　　　C. 和從前不一樣

3. 一生中，我覺得自己能達到我所預想的目標：
   A. 是的　　　　　　　　B. 不一定　　　　　　　　C. 不是的

4. 不知為什麼，有些人總是迴避或冷淡我。
   A. 不是的　　　　　　　B. 不一定　　　　　　　　C. 是的

5. 在大街上，我常常避開我不願打招呼的人。
   A. 從未如此　　　　　　B. 偶爾如此　　　　　　　C. 有時如此

6. 當我集中精力工作時，假使有人在旁邊高談闊論：
   A. 我仍能專心工作　　　B. 介於 A、C 之間
   C. 我不能專心且感到憤怒

7. 我不論到什麼地方，都能清楚地辨別方向。
   A. 是的　　　　　　　　B. 不一定　　　　　　　　C. 不是的

8. 我熱愛所學的專業和所從事的工作。
   A. 是的　　　　　　　　B. 不一定　　　　　　　　C. 不是的

9. 氣候的變化不會影響我的情緒。
   A. 是的　　　　　　　　B. 介於 A、C 之間　　　　C. 不是的

10. 我從不因流言蜚語而生氣。
    A. 是的　　　　　　　　B. 介於 A、C 之間　　　　C. 不是的

11. 我善於控制自己的面部表情。
    A. 是的　　　　　　　　B. 不太確定　　　　　　　C. 不是的

12. 在就寢時，我常常：
    A. 極易入睡　　　　　　B. 介於 A、C 之間　　　　C. 不易入睡

13. 有人侵擾我時，我：
    A. 不露聲色　　　　　　B. 介於 A、C 之間　　　　C. 大聲抗議，以洩私憤

14. 在和人爭辯或工作出現失誤後，我常常感到震顫、精疲力竭，而不能繼續安心工作。
    A. 不是的　　　　　　　B. 介於 A、C 之間　　　　C. 是的

15. 我常常被一些無謂的小事困擾。
    A. 不是的　　　　　　　B. 介於 A、C 之間　　　　C. 是的

16. 我寧願住在僻靜的郊區，也不願住在嘈雜的市區。
    A. 不是的　　　　　　　B. 不太確定　　　　　　　C. 是的

17. 我被朋友、同事起過綽號、挖苦過。
   A. 從來沒有　　　　　　　B. 偶爾有過　　　　　　　C. 這是常有的事
18. 有一種食物使我吃後嘔吐。
   A. 沒有　　　　　　　　　B. 記不清　　　　　　　　C. 有
19. 除去看見的世界外，我的心中沒有另外的世界。
   A. 沒有　　　　　　　　　B. 記不清　　　　　　　　C. 有
20. 我會想到若干年後有什麼使自己極為不安的事。
   A. 從來沒有想過　　　　　B. 偶爾想到過　　　　　　C. 經常想到
21. 我常常覺得自己的家庭對自己不好，但是我又確切地知道他們的確對我好。
   A. 否　　　　　　　　　　B. 說不清楚　　　　　　　C. 是
22. 每天我一回家就立刻把門關上。
   A. 否　　　　　　　　　　B. 不清楚　　　　　　　　C. 是
23. 我坐在小房間裡把門關上，但我仍覺得心裡不安。
   A. 否　　　　　　　　　　B. 偶爾是　　　　　　　　C. 是
24. 當一件事需要我做決定時，我常覺得很難。
   A. 否　　　　　　　　　　B. 偶爾是　　　　　　　　C. 是
25. 我常常用拋硬幣、翻紙牌、抽籤之類的游戲來預測凶吉。
   A. 否　　　　　　　　　　B. 偶爾是　　　　　　　　C. 是

第 26～29 題：下面各題，請按實際情況如實回答，回答「是」或「否」，在你選擇的答案下打「✓」。

26. 為了工作我早出晚歸，早晨起床我常常感到疲憊不堪。
   是_____　否_____
27. 在某種心境下，我會因為困惑陷入空想，將工作擱置下來。
   是_____　否_____
28. 我的神經脆弱，稍有刺激就會使我戰栗。是_____　否_____
29. 睡夢中，我常常被噩夢驚醒。是_____　否_____
30. 工作中我願意挑戰艱鉅的任務。
   （1）從不（2）幾乎不（3）一半時間（4）大多數時間（5）總是
31. 我常發現別人好的意願。
   （1）從不（2）幾乎不（3）一半時間（4）大多數時間（5）總是
32. 能聽取不同的意見，包括對自己的批評。
   （1）從不（2）幾乎不（3）一半時間（4）大多數時間（5）總是
33. 我時常勉勵自己，對未來充滿希望。
   （1）從不（2）幾乎不（3）一半時間（4）大多數時間（5）總是

三、職業能力與財商測試題

請在 15 分鐘內如實回答以下 25 題。

說明：每題有 5 個答案可供選擇，選一個與你個人情況最符合的，其中：

A. 完全像我

B. 很像我

C. 無所謂像不像我

D. 不太像我

E. 完全不像我

測試題：

1. 即使身邊的人都力求表現突出，我也覺得做好我本職內的事也就令人滿意了。
(　　)
2. 當事情變得越來越不好解決時，我認為退後一步，比爭強好勝要強。(　　)
3. 人生中有太多比爭強好勝更重要的事。(　　)
4. 我喜歡和大家一起共事，這樣可以互相給予幫助。(　　)
5. 我寧願表現一般，也不願意犧牲太多的個人時間而成為「超級巨星」。(　　)
6. 我並不通過拿自己和別人相比來衡量自己是不是成功。(　　)
7. 我認為比我成功的人並非事事都很優秀，所以沒什麼好比的。(　　)
8. 我認為不把別人踩在腳下也可往前邁進。(　　)
9. 運動競技只是好玩，輸贏無所謂。(　　)
10. 我喜歡單獨比賽，不喜歡團體戰，因為無法確定我的「隊友」表現如何。
(　　)
11. 我經常夢想與比我強的人對調位置相處。(　　)
12. 對於我知道的事，我最煩有人不懂裝懂，在我面前班門弄斧。(　　)
13. 我喜歡剛開始時不順，但最後超越那些跑在前頭的人。(　　)
14. 要是不可能獲勝，我就放棄，不參與。(　　)
15. 當我一個人獨處時，我喜歡用一些小事來測試自己（如體能、工作速度等）。
(　　)
16. 為了引起別人的注意，我會自願做一些別人根本不考慮的工作。(　　)
17. 看到別人開好車，會令我想超越對方，買部更好的。(　　)
18. 我最得意的是，有個吸引眾多同事的異性和我關係非同一般。(　　)
19. 我最討厭聽人說：「凡事不必太計較，因為人總有所長、有所短。」(　　)
20. 我的家用電器是頂尖的。(　　)
21. 有人向我請教時，即使不懂我也會裝懂。(　　)
22. 有人問我的個人生活情況時，即使不怎麼樣，我也會說很棒。(　　)
23. 如果能受到特別的肯定與承認，成為一個工作狂是值得的。(　　)
24. 我老想比同事穿戴得更好。(　　)
25. 看到老朋友成功，會激勵我比過去更加努力。(　　)

創業型人才素質測試模擬試題評分標準

一、IQ 測試題評分標準

　　1. B　2. C　3. E　4. B　5. C　6.26, 7. A　8. A　9. A　10. C　11. 9, 12. B　13. C　14. 15. D

16. 38, 17. B 18. A 19. 美國 20. D 21. 64, 22. 科學 23. 式 24. 60, 25. E 26. 奠 27. 腦 28. 5, 29. 36, 30. O

評分方法：每題答對得 5 分，答錯不得分。

二、EQ 測試題評分標準

第 1～9 題，每回答一個 A 得 6 分，回答一個 B 得 3 分，回答一個 C 得 0 分。

第 10～16 題，每回答一個 A 得 5 分，回答一個 B 得 2 分，回答一個 C 得 0 分。

第 17～25 題，每回答一個 A 得 5 分，回答一個 B 得 2 分，回答一個 C 得 0 分。

第 26～29 題，每回答一個「是」得 0 分，回答一個「否」得 5 分。

第 30～33 題，從左至右分數分別為 1 分、2 分、3 分、4 分、5 分。

三、職業能力與財商測試題評分標準

1～9 題：選 A 記 1 分，選 B 記 2 分，選 C 記 3 分，選 D 記 4 分，選 E 記 5 分。

10～25 題：選 A 記 5 分，選 B 記 4 分，選 C 記 3 分，選 D 記 2 分，選 E 記 1 分。

國家圖書館出版品預行編目(CIP)資料

創業基礎 / 鄭曉燕，相子國 主編. -- 第二版.
-- 臺北市：財經錢線文化出版：崧博發行, 2018.10
　面；　公分

ISBN 978-986-97059-9-8(平裝)

1.創業

494.1　　　107017683

書　名：創業基礎
作　者：鄭曉燕、相子國 主編
發行人：黃振庭
出版者：財經錢線文化事業有限公司
發行者：崧博出版事業有限公司
E-mail：sonbookservice@gmail.com
粉絲頁　　　　　網　址：
地　址：台北市中正區延平南路六十一號五樓一室
8F.-815, No.61, Sec. 1, Chongqing S. Rd., Zhongzheng Dist., Taipei City 100, Taiwan (R.O.C.)
電　話：(02)2370-3310　傳　真：(02) 2370-3210
總經銷：紅螞蟻圖書有限公司
地　址：台北市內湖區舊宗路二段 121 巷 19 號
電　話:02-2795-3656　傳真:02-2795-4100　網址：
印　刷：京峯彩色印刷有限公司（京峰數位）

　　本書版權為西南財經大學出版社所有授權崧博出版事業有限公司獨家發行電子書及繁體書繁體版。若有其他相關權利及授權需求請與本公司聯繫。
定價：400元
發行日期：2018 年 10 月第二版
◎ 本書以POD印製發行